特种火灾
扑救及典型案例

商靠定　王 铁　刘 静　张庆利　编著

化学工业出版社

·北京·

本书详细介绍了冷库火灾、带电设备线路火灾、寒冷季节火灾、危险化学品火灾、古建筑火灾、地震状态下火灾、船舶火灾、井喷火灾和放射性区域火灾等特殊种类火灾的扑救方法。本书各章节均从火灾对象基本情况、火灾特点、火灾扑救的技战术方法以及典型案例分析几方面全方位地进行介绍和阐述，最大特色是结合实际火灾案例进行阐述和说明，贴合灭火工作实际情况。

本书文字简洁、案例典型、通俗易懂，适合于公安消防部队、企业消防队等人员阅读使用，也可作为消防指挥相关专业的辅助教材。

图书在版编目（CIP）数据

特种火灾扑救及典型案例/商靠定等编著. —北京：化学工业出版社，2017.10（2024.11重印）
ISBN 978-7-122-30509-1

Ⅰ.①特… Ⅱ.①商… Ⅲ.①灭火-案例 Ⅳ.①TU998.1

中国版本图书馆 CIP 数据核字（2017）第 208215 号

责任编辑：窦　臻　　　　　　　　　文字编辑：向　东
责任校对：宋　玮　　　　　　　　　装帧设计：关　飞

出版发行：化学工业出版社（北京市东城区青年湖南街 13 号　邮政编码 100011）
印　　装：北京天字星印刷厂
710mm×1000mm　1/16　印张 19½　字数 365 千字
2024 年 11 月北京第 1 版第 7 次印刷

购书咨询：010-64518888（传真：010-64519686）　售后服务：010-64518899
网　　址：http://www.cip.com.cn
凡购买本书，如有缺损质量问题，本社销售中心负责调换。

定　价：78.00 元

前　言

　　灭火救援工作是我国公安消防部队的重要任务。在执行灭火救援任务过程中，消防部队会遇到多种火灾情况，除了常见的建筑火灾、堆垛火灾、石油化工类火灾外，还会遇到冷库火灾、带电设备线路火灾、寒冷季节火灾、危险化学品火灾、古建筑火灾、地震状态下火灾、船舶火灾、井喷火灾和放射性区域火灾等特殊种类的火灾。在上述特殊种类火灾的扑救过程中，经常会遇到燃烧、爆炸、中毒、腐蚀、辐射等多种危险，处置难度增加。例如，冷库火灾中经常会涉及制冷剂液氨泄漏事故，带来人员中毒和气体爆炸危险；带电设备火灾扑救中，作战人员容易发生触电危险；寒冷季节火灾扑救中，作战环境恶劣，灭火剂供给困难；危险化学品火灾扑救中，不可知因素非常多，爆炸、中毒、腐蚀、窒息等危险无处不在；而古建筑火灾扑救中，由于建筑材料的易燃特性，以及建筑本身的无分割特点，往往会遇到"火烧连营"、水源不足等情况；而地震状态下，火灾扑救的任务重点与常规状态下大相径庭；船舶火灾由于环境的特殊性，导致火灾扑救困难，且容易导致溺水事故；井喷火灾中，可燃物带压喷射，普通方法难以灭火；而放射性区域火灾的扑救过程有辐射危险。因此，深入了解上述火灾对象的基本情况、火灾特点以及火灾扑救的技战术方法，对提升消防人员的战斗力，具有一定的实际意义。

　　本书各章从火灾对象基本情况、火灾特点、火灾扑救的技战术方法以及典型案例分析几方面，全方位地介绍冷库火灾、带电设备线路火灾、寒冷季节火灾、危险化学品火灾、古建筑火灾、地震状态下火灾、船舶火灾、井喷火灾和放射性区域火灾等特殊种类火灾的扑救方法，可供消防队的指战员、相关单位工作者、学校的师生以及从事灭火与应急救援工作的有关人员参考。本书的最大特色是结合实际火灾案例进行阐述和说明，在介绍基本知识的基础上，贴合灭火工作实际情况。

本书由商靠定、王铁、刘静、张庆利共同编著，作者均为工作在消防指挥专业教学、科研第一线的教师，其中，商靠定编写第一、二章；王铁编写第三、四、五章；刘静编写第六、七章；张庆利编写第八、九章。全书由商靠定统稿。

由于时间仓促，编者水平有限，书中不足之处在所难免，恳请读者批评指正。

编者
2017 年 3 月

目 录

第六章　地震火灾扑救　/ 159

第九章 放射性区域火灾扑救 / 281

第一章 →→→
冷库火灾扑救

冷库是指冷冻加工和低温储存物品的专用仓库。冷库主要由隔热保温效果良好的库房及有制冷能力的机房组成。库内温度能保持在−23～−18℃，储存的物品大多是肉类、鱼类、水果等带有水分的不燃或难燃物品。但冷库火灾时有发生，主要是在新建或维修过程中，使用大量易燃、可燃保温材料，并动用明火所致。冷库一旦发生火灾，极易造成较大财产损失。

第一节　冷库概述

冷库火灾扑救危险性大，事故处置难度大，均与其建筑结构、所用材料等有关。对冷库建筑组成、结构、材料等的了解掌握是消防员正确认识冷库火灾扑救危险性，并采取合理有效的技战术措施予以处置的前提。

一、冷库的分类和组成

（一）冷库的分类

冷库建筑的种类很多，可按照不同的方式分类，不同的分类方法侧重点不同。了解掌握冷库的分类，是认识冷库的前提。冷库的分类方法如图 1.1 所示。

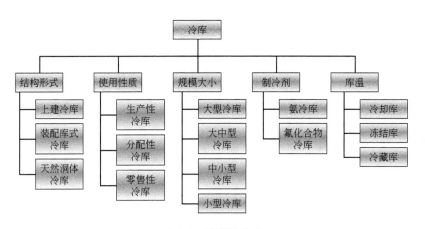

图 1.1　冷库的分类

本书重点介绍冷库按建筑结构形式、规模和制冷剂分类的三种分类方式。

1. 按结构形式分类

冷库按建筑结构，可分为土建冷库、装配式冷库和天然洞体冷库三种。

（1）土建库 这种冷库采用土建方法构筑固定的库体，是一种土建库体围护结构及采用隔热防潮措施的冷库。其主体结构（库房的支撑柱、梁、楼板、屋顶）和地下承重结构采用钢筋混凝土，围护结构采用砖石砌成，墙体、地板、屋顶及楼板均进行了隔热、防潮处理。土建库如图 1.2 所示。

图 1.2 某土建库实景

（2）装配库 这种冷库的库体采用专门厂家生产的库体底板、侧板、顶板和角板组装而成。库板内外表面为钢板或铝板，两板之间充注聚氨酯泡沫塑料作隔热层。装配库如图 1.3 所示。

图 1.3 某装配库实景

（3）天然洞体冷库 利用天然洞体的自然保冷、隔热效果实现制冷的冷库，被称为天然洞体冷库。

2. 按照规模大小分类

依据《冷库设计规范》（GB 50072—2010）及条例说明，冷库按规模分为大型、大中型、中小型和小型冷库四类，如表1.1所示。

表 1.1　冷库按规模分类

规模分类	冷藏容量/t	冻结能力/（t/d）	
		生产型冷库	分配性冷库
大型冷库	10000及10000以上	120～160	60～80
大中型冷库	5000～10000	80～120	40～60
中小型冷库	1000～5000	40～80	20～40
小型冷库	＜1000	20～40	＜20

3. 按冷库制冷系统使用的制冷剂分类

（1）氨冷库　利用氨作为制冷剂的冷库。

（2）氟化合物冷库　此类冷库制冷系统使用氟利昂等氟化合物作为制冷剂。

（二）冷库的建筑组成

冷库，特别是大中型的冷库，其不只是作为物品的储存仓库，还集生产、加工、运输等功能于一体，是一个工业园区式的建筑群。冷库建筑主要由主体建筑、制冷压缩机房和其他附属建筑三大部分组成，如图1.4所示。

主体建筑是冷库生产加工储存的主要场所，主要包括冷却间和冻结间、冷却物冷藏间和冻结物冷藏间、冰库、穿堂、包装间、分拣间、配送间等。

制冷压缩机房及设备间主要包括制冷压缩机房、设备间、变（配）电站和制冰间。制冷压缩机房通常独立于主库外建造，有时也会出现在多层大型冷库的底层。在压缩机房内安装有制冷压缩机、中间冷却器、调节站以及其他功能设备等。设备间一般毗邻压缩机房，其内配备有氨泵、储液桶、冷凝器、储氨器、循环储液桶等设备。

对于一些生产型冷库，建筑组成还包括屠宰间、理鱼间、加工车间等厂房。此外，冷库还包括有一些办公楼、职工宿舍、食堂等人员办公生活场所。值得注意的是，有些冷库，特别是一些大型冷库中设有用来储存润滑油、氨制冷剂和其他易燃易爆危险品的危险品仓库。

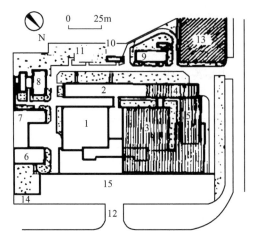

图 1.4　某大型冷库建筑平面布置图

1—高温冷藏间；2—机房；3—低温冷藏间；4—制冰、储冰；5—冻结间、理鱼间；

6—办公、仓库；7—机修、车库；8—食堂；9—浴室、锅炉房；10—循环泵房；

11—木工房；12—传达、业务办公；13—职工生活区；14—商店；15—回车场

二、冷库的制冷系统

（一）制冷原理

冷库制冷属于人工制冷，也属于相变制冷，即采用一些调控的方法或手段，利用一些机械设备使制冷剂在整个系统中不断发生相变，制冷剂的相变伴随着热量的吸收与释放，从而实现对环境温度的调控，进而达到制冷保冷的效果。

1. 制冷剂

制冷剂，又称"制冷工质"，是在整个设备系统中不断实现气液两相的往复变换，从而发生热传导吸放热量的物质。目前，国内国际冷库通常采用的制冷剂包括氨、氟化合物（氟利昂 R12、氟利昂 R22）以及新型的 R134a（$C_2H_2F_4$）。氟利昂是比较典型的含氟制冷剂，但会破坏臭氧层，已逐步禁止或减少使用。

氨（NH_3），符号 R717，是目前运用最广泛的制冷剂，其理化性质见表1.2。液氨是氨气加压到 0.7～0.8MPa 液化后形成的一种无色液体，腐蚀性强，易蒸发。液氨蒸发时要吸收大量的热，液氨在 0.2MPa 压力下蒸发，可以获得−15℃的低温，在 0.04MPa 压力下蒸发，则可达−50℃。氨单位体积制冷量大，易取价廉，氨制冷机体积小，所以氨是应用最为广泛的制冷剂。

表 1.2 氨的理化性质

项目	内容	项目	内容
性状	无色有刺激性恶臭的气体	溶解性	易溶于水、乙醇、乙醚
熔点/℃	−77.7	相对密度(水＝1)	0.82(−79℃)
沸点/℃	−33.5	相对密度(空气＝1)	0.59
饱和蒸气压/kPa	506.62(4.7℃)	燃烧热/(kJ/mol)	382.9
临界温度/℃	132.5	最小引燃能量/mJ	680
临界压力/MPa	11.40	温室效应潜能值(GWP)	0
消耗臭氧潜能值(OPD)	0		

2. 载冷剂

载冷剂,又称为"冷媒",在制冷过程中相态稳定,是热量传递的中间物质。在大型的冷库中,制冷范围广、面积大,如果采用液氨直接蒸发式制冷,则需要铺设的涉氨管道较长,潜在的氨泄漏危险性就大。因此,在大型的冷库制冷系统中,用水、盐水、乙二醇等作为冷量的载体,作为对制冷剂的补充,实现间接制冷。

(二) 制冷设备

冷库中,整个制冷循环主要分为蒸发、压缩、冷凝和节流四个流程,如图1.5 所示。涉及的制冷设备主要有压缩机、蒸发器、冷凝器、节流阀,以及其他一些辅助设备。

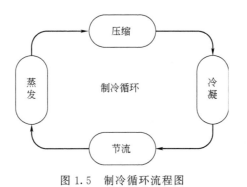

图 1.5 制冷循环流程图

1. 压缩机

在循环制冷系统中,主要起加压压缩的作用,低压状态的氨蒸气经过氨压缩机后被不断压缩,压力增大变为高压氨蒸气,高压氨蒸气降温后即可形成液态氨。

2. 冷凝器

冷凝器是制冷剂发生相态变化的主要场所，高压的氨蒸气所携带的热量在冷凝器中被不断吸收，实现对高压氨蒸气的冷凝降温，从而使其由气态变为液态。

3. 蒸发器

蒸发器中也存在有明显的制冷剂相态变化，液氨在蒸发器中吸收外界热量蒸发，从而实现对预定环境的降温制冷作用。

4. 节流装置

经过冷凝器冷凝作用后形成的液态氨仍然属于高压态，在通过蒸发器蒸发前还需降压工序使其降为低压态，节流装置即为通过控制流量和流速实现降压的一种装置。

5. 其他辅助设备

在冷库制冷系统中，除了上述四种主要的制冷设备外，还需要一些其他的辅助设备以保证系统的可靠运行，并提高制冷效率。这些辅助设备主要分为五大类：润滑油的分离及收集设备（油分离器、集油器）、制冷剂的分离及收集设备（气液分离器、储液器、低压循环储液器，其中的储液器含有液氨较多）、制冷剂的净化装置（干燥器和空气分离器）、制冷系统辅助换热设备（中间冷却器、回热器和蒸发冷凝器）和液体制冷剂的输送设备（泵）。

（三）氨制冷工艺流程

1. 直接蒸发式制冷

直接蒸发式制冷，区别于载冷剂间接制冷，是指制冷剂直接进行蒸发吸热，实现制冷的循环过程。直接蒸发式制冷可以分为单级压缩制冷和双级压缩制冷。

单级压缩制冷工艺流程如图 1.6 所示，液氨在蒸发器中吸收热量形成气态的氨蒸气，经过压缩机的压缩后形成高温高压的氨蒸气，经过冷凝器的冷却降温形成高压液氨，再经过节流阀形成低压的液氨，流经蒸发器完成吸热形成氨蒸气，再被压缩机吸入，从而完成整个制冷循环过程。

双级压缩制冷是在单级压缩制冷的基础上发展形成的，有时经过一次压缩后的氨蒸气的压力达不到冷凝器的降温液化要求，此时还需高压压缩机进行二次加压提高氨蒸气压力，即为双级压缩制冷工艺，如图 1.7 所示。

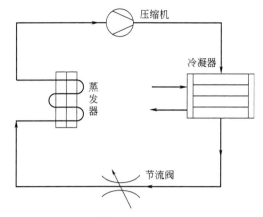

图 1.6　单级压缩制冷工艺流程

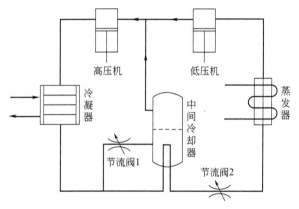

图 1.7　双级压缩制冷工艺流程

2. 载冷剂间接制冷

载冷剂间接制冷工艺流程如图 1.8 所示。这种制冷工艺主要用在一些大型的冷库中。在间接制冷系统中，用的是一种既有冷凝功能又有蒸发功能的冷凝蒸发器，低压液氨先经过冷凝蒸发器，在冷凝蒸发器中蒸发吸收热量，实现对载冷剂的降温；被降温后的载冷剂进入蒸发器中蒸发，实现对环境的制冷和降温。

3. 复叠式制冷

在一个复杂的制冷循环中，为了实现更好的制冷效果，有时需采用两种或两种以上的制冷剂共同配合制冷，这种制冷方式即为复叠式制冷，如图 1.9 所示。复叠式制冷系统主要用于需要低温或超低温制冷的场所。在复叠式制冷工艺中，氨作为中温制冷剂，在冷凝蒸发器中对低温制冷剂进行制冷，高温部分制冷剂的

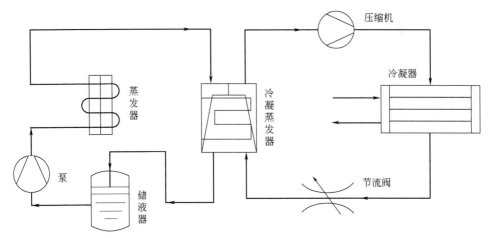

图 1.8　载冷剂间接制冷工艺流程

蒸发是为了冷凝低温部分的制冷剂。因此，复叠式制冷是高温制冷与低温制冷间接组合式的一种制冷方式。

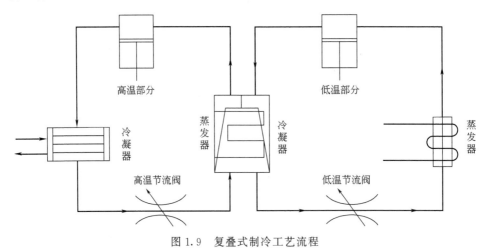

图 1.9　复叠式制冷工艺流程

（四）液氨储存方式及设备管道辨别

　　了解冷库液氨储罐的储存方式及各类设备管道的辨别对于灭火救援工作至关重要。储罐储存方式主要有三种：全压力式储存（即加压液化）、全冷冻式储存（即加冷液化）和半冷冻式储存。冷库中液氨的储存主要是通过加压压缩液化储存于储液罐（桶）中，因此其管壁材质为耐压钢，而非不耐压深冷钢。液氨在高压下不制冷，所以罐表面没有保温材料；但在低压管线中，液氨会吸热变为气态氨，会制冷，所以在管线表面会包覆保温材料。

冷库制冷设备和管道通常会按照高、低压系统和制冷剂所处的不同相态进行不同颜色的刷漆涂色，以便识别，见表 1.3。作为消防人员，了解和掌握不同设备和管道的颜色，对于在技术人员的配合下进行现场辨认和处置均十分必要。

表 1.3　制冷设备和管道的涂色

名称	颜色	名称	颜色
高压储液桶	黄色	高压气体管	深红色
冷凝器	银白色	低压气体管	浅灰色
压缩机及其他辅助设备	浅灰或银灰色	高低压液体管	黄色
膨胀阀手柄	深红色	油管	棕色
截止阀手柄	黄色	水管	天蓝色
氨罐（瓶）	黄色	盐水管	绿色

三、冷库建筑的特点

冷库最根本的特点就是"冷"，一切的建筑结构、制冷工艺、建筑材料都是围绕如何"防冷""制冷""保冷"来建造使用的。

（一）建筑结构特点

1. 附属建筑多，人员密度大

冷库既是工厂又是仓库，一些大型的冷库不只是作为存储食品、物品的仓库来使用，还是集生产、加工、运输为一体的综合性园区式建筑群，因此涉及的场所和附属建筑较多，内部从事生产加工的人员较密集，安全隐患多。如吉林德惠"6·3"火灾事故中的宝源丰公司就是集生产、加工、冷冻等于一体的厂区，火灾发生时，在厂内的人数为 375 人，这也是造成大量人员伤亡的主要原因。

2. 隔热防潮性能好，门窗开口少

由于冷库要达到"保冷"，使得冷库建筑内外温差较大，要保持冷库的制冷效果，就必须设置具有阻挡外界热源的隔热层。同时，为了保护隔热层不受水汽的破坏，通常还要在隔热层的高温侧设置隔汽层，如图 1.10 所示。因此，冷库的建筑结构形同一个"闷罐"。为了减少热量的散失并更好地保温，冷库一般设置的门窗开口较少，一个冷藏间一般只设置一道门，通常处于关闭状态，而且冷

库库门处均设置有空气幕，防止外部热气进入内部。这也给消防部队扑救冷库火灾带来了很大的困难。

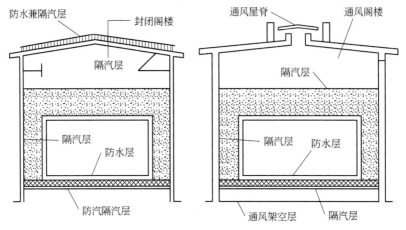

(a) 冷库隔汽层位置示意图

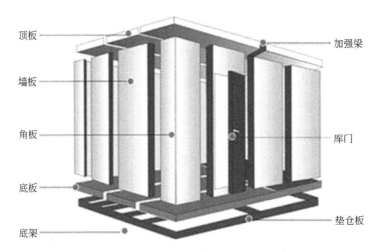

(b) 隔热层位置示意图

图 1.10　冷库内部夹层结构示意图

3. 跨度大、层高高，部分采用轻钢结构

对于一些大型的冷库，其跨度大，空间高。通常在设计中要求冷库每层高度一般在 5m 左右，跨度通常在 60m 以上，结构形式为排架结构和门式钢架结构，柱、梁等支撑构件采用钢结构，外围基体为钢框架轻质预制板装配结构。由于大跨度钢结构冷库的特殊结构组成，一旦发生火灾可能会发生坍塌，给灭火工作带来许多困难，使得大跨度钢结构冷库火灾扑救呈现出新的特点。

(二) 材料特点

1. 大量使用隔热、隔汽、防潮材料

为了达到隔热保冷的效果，冷库中大量使用了隔热材料，冷库的隔热材料种类很多（表1.4），选用何种材料要综合考虑到性能、施工和经济费用等因素。一般应选择热导率低、容重小、吸湿性小、耐久抗冻、施工简单、价格便宜的隔热材料。实地调研发现，目前一些新建的冷库大多采用硬质聚氨酯泡沫作为隔热材料，采用直接发泡工艺。一些旧式冷库，多采用松散的稻壳等作为主要隔热材料。冷库中使用的隔汽防潮材料种类较少，主要是沥青及其制品，以及新兴出现的聚氯乙烯塑料薄膜。

表 1.4　冷库建筑常用的隔热材料

分类	种类	使用情况
有机隔热材料	软木	适用于冻结间等隔热要求高的仓库
	稻壳	用于冷库的阁楼和外墙隔热层
	聚苯乙烯泡沫塑料	一般用于冷库门、顶棚、墙壁、设备管道的隔热层
	硬质聚氨酯泡沫塑料	质轻、隔热效果好,施工简单,应用广泛
无机隔热材料	铝箔波形保温隔热纸板	属于反射性隔热材料,一般用于小型的冷藏库
	玻璃纤维	一般用于小型冷库中,不常用
	膨胀珍珠岩	一般用于冷库地坪工程中
	炉渣	热导率大,所以已经逐渐被淘汰
	泡沫玻璃	隔热最佳材料之一,但产量小、价格高,故很少采用
	泡沫混凝土	抗冻性、耐久性、耐火性较好,但吸湿性大

2. 隔热材料具有一定的燃烧性能

冷库建筑所使用的材料，特别是隔热材料，很多具有可燃性，且一旦燃烧，会释放出大量的有毒有害气体。用于冷库保温隔热的聚苯乙烯泡沫（EPS）夹心板，无阻燃处理的EPS易燃，其氧指数为18；经过阻燃处理后属难燃级别，其氧指数在25以上，但难燃不等于不燃，当温度高于500℃时其与未经阻燃的EPS几乎一样，且会释放出溴化氢（HBr）有毒气体，在局部高温或火焰的直接作用下，能够被引燃熔融，造成建筑结构变形坍塌并加速火焰蔓延传播。在冷库保温材料中，应用最为广泛的另一种材料就是硬质聚氨酯泡沫，这种材料经过阻

燃工艺，可以达到 B2 级，但由于某些厂商偷工减料、工艺不精，导致一旦发生火灾，会释放出大量有毒有害烟气。

（三）制冷特点

冷库中制冷工艺复杂，主要有以下几点：

1. 制冷设备和装置众多

如前节所述，冷库制冷系统中除了主要的压缩机、蒸发器、冷凝器、节流阀等装置外，还有大量的辅助设施。

2. 管线林密，布置范围广

冷库中各种制冷管线布置于库房中，包括供液管线和回气管线。这些管线有的埋置于墙壁屋顶内，有的裸露于室内环境中。管线设备在压缩机房最为密集，在其他库房场所也有布置。若发生火灾，很容易造成管道破裂，特别是涉氨管道，破裂后泄漏出的氨气达到爆炸极限遇到明火又很容易爆炸，使得火势扩大。

3. 高压设备和管线众多

在冷库的制冷工艺中，既有低压设备，又有高压设备；既有低压管线，又有高压管线。通常压缩机至冷凝器之间的管线为高压气态管线，冷凝器至节流阀之间属于高压液态管线，节流阀至蒸发器属于低压液态管线，蒸发器至压缩机为低压气态管线。

第二节　冷库火灾危险性

冷库在正常使用情况下，较少发生火灾，其火灾主要发生在新建和维修过程中，少量火灾则发生在冷库建成后氨压缩机房及管道发生氨泄漏事故，从而引起燃烧或爆炸。冷库一旦发生火灾，初起火点隐蔽，沿夹墙迅速蔓延，扑救难度大，且易对消防人员构成威胁。

一、制冷剂危险性大

冷库中使用的制冷剂主要是氨。氨的危险性主要包括毒性、可燃性和爆炸性、腐蚀性，以及其他冻伤、灼伤等附属危险性。

1. 氨的毒性

在《高毒物品目录（2003 年版）》（卫法监发［2003］142 号）中，将氨归于高毒物品。氨通过呼吸道吸入或通过皮肤进入人体后会使呼吸减慢，甚至窒息；大脑中的氨含量增加，会对人的神经造成损伤；浓度很高的氨会引起细胞组织器官溶解。我国规定车间内氨存在的极限浓度为 $30mg/m^3$。人体接触氨主要是嘴鼻吸入和通过眼睛皮肤接触。轻度吸入氨会表现出鼻炎、咽炎、咽喉灼痛、胸闷等。若由于管道或阀门破裂等原因造成液氨泄漏，液氨会迅速汽化为气态氨（体积扩大约 884 倍，0℃，101.325kPa），使人员急性吸入氨中毒，表现为呼吸道黏膜灼伤和强烈的刺激，大量严重吸入会出现喉头水肿、肺水肿，甚至呼吸道黏膜脱落，造成器官阻塞引起窒息。不同的浓度其症状表现见表 1.5，人吸入高浓度的氨和空气的混合气体，几分钟内就可能死亡。

表 1.5　氨气的毒性和危害程度

浓度/（mg/m³）	作业时间/min	对人体的伤害
0.7	45	感觉到气味
9.8	45	无刺激作用
67.2	45	鼻咽有刺激感
70	30	呼吸变慢
140	28	眼睛和呼吸不适、恶心、头痛
175～350	30	鼻、眼刺激，呼吸及脉搏加速
553	30	刺激强烈
700	30	立即咳嗽
1750～4500	30	可危及生命
3500～7000	30	立即死亡

2. 氨的燃烧爆炸性

液氨不易燃烧，但汽化后的氨蒸气与空气形成的混合气体，若与火源连续接触则会燃烧，当氨气浓度达到爆炸极限 15%～27% 时（因制冷系统中氨夹杂有一定的油，所以其爆炸极限会降低），还会引起爆炸。例如 1982 年 11 月 23 日，河北省承德市一肉联厂冷库火灾扑救中，由于氨气泄漏爆炸，造成 4 名战士牺牲，6 人受伤。氨的爆炸性还表现在受高温（约 400～500℃）影响会受热分解为 H_2 和 N_2。若存在铁和镍等催化剂，则分解更加容易，300℃就可以分解，分解

出来的 H_2 遇火源会加剧爆炸。

需要注意的是冷库中若发生氨泄漏，极易发生"二次爆炸"现象。在发生火灾时，若液氨储罐或管道受到火势炙烤，内部温度上升、压力骤升，大于储罐或管道的承压极限后，会发生物理性爆炸，爆炸泄漏出来的氨又会燃烧爆炸，使火势扩大，这种情况是极其危险和难以控制的。

【例】 2013 年，吉林德惠"6·3"火灾爆炸事故中，事后发现有 23 处管道破损点，使得大量氨气泄漏介入燃烧。泄漏的液氨流入到保温夹层或氨气在密闭空间内集聚残留，若火势蔓延扩大，则有极大的发生"二次爆炸"或"多次爆炸"的风险。

【例】 2008 年韩国利川冷库火灾爆炸事故中，就先后发生多次爆炸。

3. 环境污染

氨极易溶于水，常温、常压下 1 体积水能溶解 900 体积氨，在 273K 时，1 体积水能溶解 1200 体积氨。氨溶于水后形成氨水，氨水的 pH 值急剧上升，若处置不当，会造成环境污染。一是对水生生物和水禽具有很强的毒性作用；二是会对植物造成枝叶干枯、烧焦和死亡；三是由于硝化作用，氨在水中会转化为硝酸盐，被泥土、沉积物等吸附，在一定条件下又会重新释放出来。

4. 冻伤、烧伤、灼伤

液氨泄漏后蒸发会吸收大量的热，会造成局部温度极低，可能会达到 $-62 \sim -73℃$，若泄漏区存在液氨池，则其温度至少在 $-33.5℃$ 左右。这种低温环境会对深入处置的消防官兵产生冻伤危险。同时，液氨呈现强碱性，若喷溅到人的皮肤上，会造成烧伤和灼伤等伤害，潮湿的皮肤接触氨会引起疼痛和灼伤，被腐蚀部位会发生深度组织破坏。氨蒸气接触到人的眼睛也会造成强烈的刺激性，严重的可导致角膜发炎、浑浊、水肿、白内障、失明等并发症。

二、保温材料危险性大

在火灾中，材料的性质直接决定着火灾烟气的特性。烟气是火灾中产生的含有大量热量的气、液、固态物质与空气的混合物，也是各类火灾事故中造成人员伤亡最主要的原因。冷库由于其制冷特点和保温材料的特性，呈现出不同于一般建筑火灾的特点，其危险性也更大。

1. 材料燃烧发烟量大

冷库建筑材料多使用聚苯乙烯夹芯板，新型的冷库所使用的保温材料不再是稻、糠等传统材料，而是大量使用了聚氨酯泡沫作为保温材料。这些保温材料虽然经过了一定的阻燃处理，但遇到火源仍会燃烧。燃烧发烟量大，会产生浓而黑的烟，具有很强的遮蔽性，对人员的逃生和消防人员的侦察、内攻带来很大危险。

2. 烟气遮蔽性强、毒性大

① 初期呈现低温"冻烟"的特点。由于冷库中温度较低，特别是发生氨泄漏后，低温使得火灾产生的烟气在初期大量聚集在下部，由下部逐渐上升，而非正常状态的烟气先升到顶部再向四周沉降。下部烟气集聚，会阻碍人员的视线，这给初期消防人员进入内部搜救和火情侦察带来不利。

② 聚氨酯泡沫等在燃烧时还会产生大量的有毒有害气体，包括一氧化碳、二氧化碳、光气、氰化氢（CO、CO_2、$HCHO$、HCN）等有毒气体，特别是 HCN，属于剧毒化学品，吸入少量高浓度 HCN 气体即可致人死亡。

三、结构复杂、危险性大

1. 易形成立体火灾

冷库中存在着大量保温夹层，若由于电气短路或电焊施工等原因造成夹层内起火，则初期起火点不易被发现。加之夹层内空气稀薄，库内温度低，材料易阴燃，所以冷库火灾初期阶段发展慢、阴燃时间较长。冷库内存放有大量货物，进入发展阶段后，由于火灾荷载大，因此燃烧猛烈；而且采用的聚苯乙烯夹芯板属于板间直接相连，发生火灾后，两板之间很容易形成空腔，形成烟囱效应，而且板材受热熔融，滴到哪燃到哪，都会加速火灾蔓延和扩大。冷库整个库房是个大空间的单体，一旦一处着火，若控制不利整个库房都会着火，且如果爆炸或防火间距不足，造成隔墙坍塌，火势会快速蔓延到其他区域。而且对于大空间冷库，火势会沿冷库保温层空心夹墙横纵两向蔓延，极易形成立体火灾，给消防人员控制火势发展蔓延造成困难。

2. 建筑结构易坍塌

冷库发生火灾易坍塌，主要原因有四点：

① 新型的冷库多为钢框架配聚苯乙烯夹芯板和彩钢板的组合式冷库，聚苯乙烯夹芯板受热易变形熔融坍塌；

② 对于大型冷库的大跨度钢结构，在高温长时间的作用下，性能受损，承载力降低，也很容易发生坍塌；

③ 冷库库房内部货架林立，消防员在内攻、撤离时容易受阻，且货架一旦倒塌极易砸伤队员；

④ 冷库由于制冷原因，部分建筑结构温度较低，受火势蔓延炙烤或射水冷却，冷热交替，使结构变形坍塌。

冷库建筑发生火灾易坍塌的特性，使得消防人员在内攻灭火救人和向外撤离时都面临着很大的安全风险。

【例】 2005 年马鞍山市"8·2"蒙牛乳业有限公司北冷库火灾扑救行动中，由于冷库突然局部坍塌，造成 3 名战士被埋压并牺牲。

3. 开口少

冷库由于保温的需要，其开口较少，给消防人员的内攻带来很大危险性。

① 进出口通道少，内攻路线受阻。火灾时进出冷库的通道通常也是高温烟气的排出口，因此水枪手很难接近。

② 开口少，排烟困难。烟气不利于排放，大量积聚于内部，使得能见度低、温度高。消防员在内攻进入后很难看清货架摆放情况，难以摸清路线，行进中稍有不慎就会被绊倒或砸伤。

③ 内攻不易撤离。冷库进出口通道少、开口少，加之大量烟气集聚能见度低，使得消防人员在深入内攻时一旦空气呼吸器气体不足要撤出时极其困难。例如美国伍斯特冷库火灾中，6 名消防员分为 3 组先后进入内部搜寻人员，均是空气呼吸器气体不够，在撤离时受阻而造成牺牲。

四、工艺复杂、危险性大

冷库的制冷工艺复杂，处置危险性强，难度大。冷库的制冷系统工艺极其复杂。

1. 制冷设备众多

众多制冷设备使得泄漏源及泄漏的可能性大大增加，而且其中既有高压设备，也有低压设备，消防人员在对这些设备没有了解清楚的情况下，或在没有或缺少单位技术人员支持下，贸然处置极有可能发生危险。

2. 制冷管线林密，穿插布置范围广

一个制冷系统的管道并非集中固定在压缩机房，而是遍布于整个冷库库房，因此一旦发生火灾，管道容易受热破裂造成氨泄漏。吉林德惠"6·3"宝源丰火灾爆炸事故中，就是由于火灾高温，造成约 23 处管道破裂、一个低压循环桶保

温层开裂、液氨泵开裂，使得大量氨泄漏，增加了其危险性。

3. 冷库制冷设备众多制冷工艺复杂，危险性大

冷库制冷原理简单，但制冷工艺极其复杂。特别是对于直接蒸发式制冷，由于氨充斥于各个设备、管线、厂房内，一旦泄漏对人员的危害性增大，同时受火势威胁发生爆炸的可能性也大增。

五、扑救困难

冷库的建筑结构危险性、制冷工艺危险性、制冷剂危险性以及材料危险性直接决定着消防部队在冷库火灾扑救中面临的难点，主要表现在以下几点：

1. 内攻困难

① 冷库建筑门窗开口少使得内攻路线选择性小；

② 液氨泄漏毒性、燃烧爆炸危险性，建筑易坍塌的特性使得内攻危险性增大；

③ 建筑保温材料等燃烧烟大、温度高、能见度低，使得内攻人员容易迷失方向；

④ 冷库建筑结构纵深深，跨度大，加之存在一些金属货架，使得内攻人员一旦进入不易撤离；

⑤ 钢架结构冷库对信号的屏蔽作用明显，一旦深入内攻，通信不畅。

【例】 美国伍斯特冷库火灾中的 6 名消防员就是内攻进入后迷失方向，通信不畅，空呼不够用，未能及时撤离而先后牺牲的。

2. 控火困难

① 火灾荷载大，稀释降毒任务重，灭火需要的用水量大；

② 火势蔓延迅速，且易发展成为立体火灾；

③ 存在重大危险源——氨，在灭火过程中需确保重点；

④ 保温层初期起火点隐蔽，且易阴燃，灭火时准确打击火点不易且灭火结束后火场仍需长时间监护防止复燃。

3. 协同困难

冷库一旦发生火灾或氨泄漏事故，危险性强，处置难度大，所需的救援力量多。

【例】 吉林德惠"6·3"火灾爆炸事故中先后调集了113辆消防车、18辆挖掘机和铲车、61辆救护车，800名消防官兵、600名武警官兵、2000余名公安干警和210名医护人员到场救援；安徽马鞍山蒙牛乳业冷库火灾中共调集了5个消防中队、4个专职消防队共25辆消防车、108名指战员、34名企业专职人员到场处置。如此多的力量如何协调起来协同作战，困难较大。

第三节　冷库火灾灭火措施

扑救冷库火灾，要在迅速组织火情侦察的基础上，区别情况，采取有针对性的灭火措施，及时控制火势，消灭火灾。

一、加强首批力量的调集

冷库一旦发生火灾，起火点比较隐蔽，可燃物资多，可能会发生氨气泄漏、爆炸等危险。因此，消防作战指挥中心接到扑救冷库火灾的报警后，必须加强第一出动，调足灭火力量。

调警人员要根据火场供水需要，调集大功率、大吨位水罐消防车，包括环卫部门的洒水车、绿化部门的绿化车、远程供水装备到场，以保障火场灭火需要。要根据火势控制、人员救助、现场洗消、火场破拆和物资疏散的需要，调集高喷消防车、抢险救援消防车、防化洗消消防车等车辆装备到场；调集社会力量的挖掘机、推土机、吊车等重型机械设备到场协助；调集医疗部门的医护人员和救护车辆；请求调集当地驻军、武警、公安等力量参加物资疏散。

二、侦察掌握现场情况

冷库火灾情况复杂，扑救难度大，特别是存在液氨这一危险源，因此需要侦察掌握的情况就必须要细致。

（一）外部观察

通过外部观察，了解冷库着火部位及燃烧程度。一是根据烟雾的大小和流动情况来判断；二是通过观看库房墙壁颜色变化以及触摸墙壁温度来判断。

（二）内部侦察

内部侦察应查明：火源的准确位置、燃烧物的性质、制冷剂管道是否发生泄漏；制冷剂的种类、存放地点及数量，特别是氨气储罐是否受到火势威胁；被困人员的数量、位置及抢救路线；火势发展蔓延的主要方向和途径；初步确定进攻路线和灭火阵地的设置位置。

开始时火场内部情况不明，行动环境恶劣，随时可能遇到各种危险，侦察人员应由身体条件好、专业技术过硬、火场经验丰富的人员来担任。同时考虑到便于协调和任务的完成，一般应由干部、单位知情人和通信员 3 人组成。在较大规模和情况复杂的火场，应同时组成多个侦察小组，以满足若干个方向同时侦察或长时间轮换侦察的需要。

三、内攻近战

冷库由于开口少，空间密闭，在外围很难查明内部燃烧情况，外部射水灭火效果不明显，只起到防护冷却的作用。在扑救冷库火灾中，侦察和灭火均需深入冷库内部，因此必须坚持"内攻为主，外攻为辅"的战术原则，在确保安全的前提下坚决内攻、深入强攻，只有这样才能准确找到起火点，彻底消灭火灾。

（一）内攻的时机

内攻时一定要把握好内攻的时机。盲目内攻不仅不会扑灭火灾，反而有可能助长火势并使消防人员陷入危难。

冷库火灾初期阶段，起火范围不大，烟气浓度较小，危险性较小，是控制消灭火势的最佳时机。因此，当救援力量到达现场后，若判断火灾仍然处于初期阶段，必须果断地进行内攻。判断是否为初期阶段有以下几种方法：

一是向着火冷库的人员询问起火时间，进行初期判断；

二是通过外部观察冷库结构外围是否有明显的烟气或火焰痕迹，若窗口或屋顶缝隙（特别是上风方向）有大量烟气外溢或有火焰已突破外围结构，则说明火灾已进入发展阶段，若无则说明火势还未扩大；

三是用手轻触摸库门，感受其温度，若温度较低，则火势未扩大；

四是组织侦察组进入内部进行侦察。

(二) 要先破拆排烟，后内攻

冷库发生火灾其内部烟大温度高，能见度低，消防人员很难进入。因此在内攻前可在库门口设置排烟机进行直接排烟，并破拆通风口进行排烟散热，降低内部压力，减少库门处阻力，然后再内攻。

(三) 内攻的路线

内攻路线的选择至关重要。冷库火灾内攻入口首选门，进入内部后要沿墙进攻，防止屋顶坍塌；同时行进路线要尽量走直线，防止水带被冷库内部货架阻挡、缠绕。若情况需要，内攻入口还可采用"砸墙破洞"开辟，但内攻不应将窗口作为入口，防止易进难出。

若门窗部位无法突破进入，则内攻突破口应选择破拆不受火势威胁的墙体，通常冷库穿堂处的墙体突破较易，可作为内攻入口。

对于多层冷库，内攻路线首选楼梯。内攻组可以采用沿梯进攻、交替强攻的方法进行内攻。

(四) 内攻的方法

内攻的方法主要是"梯队进攻，交替强攻"。一个内攻组应由两个战斗小组组成，每组两人，梯队进攻。第一梯队顶前，出枪排烟降毒灭火；第二梯队距离第一梯队一定距离，出喷雾水枪对第一梯队进行冷却降温掩护，并对屋顶等结构进行冷却降温，隔一定时间，两个梯队可以互换位置，边冷却边推进，进行交替强攻。

(五) 内攻注意事项

① 采用掩护进攻方式推进时，保护梯队应出开花水或喷雾水，两支水枪距离不得超过 3m。

② 内攻人员数量不宜过多，但要保证基本任务展开的需求。一个内攻小组的总人数一般保持在 3～4 人。

③ 内攻人员携带的水带数量应能满足内攻最大延伸距离的需要。

④ 不论是内攻侦察还是内攻灭火，均要做好安全保障。

一是要携带空气呼吸器等最基本的个人防护装备；

二是要携带红外热成像仪，进行火势侦察和人员定位；

三是要携带导向绳，最好是发光导向绳，沿内攻路线进行铺设，作为撤离时所用；

四是应携带多只强光手电，布置在内攻路线的拐角之处，作为撤离时的"路标"。

⑤ 冷库建筑结构多为大空间大跨度仓储建筑，受火势威胁较易坍塌。特别是采用彩钢夹芯板作为壁面的一些组合式冷库，其内部的支撑承重为钢架结构，更易坍塌。因此内攻小组在灭火的同时要不间断地对钢架进行冷却降温，并提高安全意识，随时注意坍塌征兆。同时要做好内外夹攻，外部可以利用高喷车、车载炮、大功率水枪进行射水，对屋顶钢架冷却，并掩护内攻。在对钢结构冷却时，要全面冷却，均匀射水，防止框架局部骤冷而坍塌，因此宜使用开花喷雾水冷却降温。

⑥ 要设置安全员，在外部对冷库建筑结构进行不间断的监护，一旦出现倒塌征兆，要及时通知内攻人员撤离；要记录内攻人员空呼气压，作业一定时间后要及时提醒内攻人员进行撤离换气；内攻人员自身要提高安全意识，一旦发现有结构变形或异常声响时，要及时果断撤离。

四、破拆

对于冷库火灾，破拆是一种常用的技战术措施，是开辟内攻入口的前提，也是排烟的重要保障，掌握冷库建筑破拆的方式方法对于火灾的成功扑救作用巨大。

(一) 破拆部位选择

若破拆是为了开辟内攻路线，则破拆部位应选择在上风方向冷库的下部进行破拆，这样火势和烟气对内攻人员的威胁性较小；若破拆是为了更好地排烟，则破拆部位应选择在下风方向冷库较高部位，这样更符合烟气流动的特点，有利于烟气的排出。破拆部位的选择如图 1.11 所示。

对冷库破拆应首选自然破拆点，即门、窗等结构，避免破坏冷库建筑的完整性，造成更大的损失。但有时为了灭火救援的需要必须对非自然破拆点进行破拆时，应与冷库单位人员沟通，尽可能地选择损失度较少的部位。非自然破拆点主要是指墙壁、屋顶等冷库固定建筑结构，其破拆难度较大。本节主要针对非自然破拆点进行破拆研究。

(二) 土建冷库墙体破拆

1. 土建冷库墙体构造

对冷库墙壁的破拆主要有两类：土建冷库墙壁破拆和组合式冷库壁面破拆。

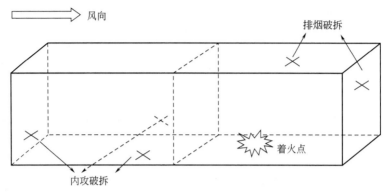

图 1.11　破拆部位的选择

土建冷库的墙体结构主要由外表层、主墙层、隔汽层、隔热层和内衬层五部分构成，如表 1.6、图 1.12 所示。

表 1.6　冷库隔热外墙的组成及层次布置

墙体组成	作用	使用材料
外表层	减少太阳辐射,防止风雨侵蚀,保护墙体	20～30mm 厚 1 : 2 的水泥砂浆
主墙层	属于结构承重墙,是其他各层的支撑体	240mm 或 370mm 厚的砖墙
隔汽层	防止水汽渗透进入隔热层,使隔热层受潮失效	20mm 厚水泥砂浆,加沥青和油毡
隔热层	墙体的主要组成部分,起隔绝内外热量的作用	一种为软木、泡沫混凝土等板状、板块材料
		一种为稻壳、膨胀珍珠岩等松散填充材料
		一种直接采用聚氨酯喷涂
内衬层	衬于隔热层内侧,保护隔热层不致受潮和损坏	当隔热层为松散材料时,内衬层多为预制钢筋混凝土小柱插板或 120mm 的砖墙或木板墙;当隔热层为块状材料时,内衬为一层钢丝网和水泥砂浆

2. 破拆方法

（1）分层破拆法　由上述图表可知，对于不同的墙体层，其破拆要求不一样，特别是隔汽层使用的沥青油毡，在破拆过程中受热会粘到破拆工具的刀片上，影响破拆；而隔热层中的隔热材料则在破拆过程中受热易燃，应避免过热。

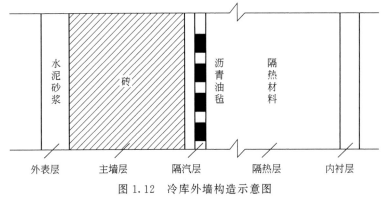

图 1.12　冷库外墙构造示意图

因此对于土建冷库的外墙体，应该采取分层破拆的方法进行破拆。

对于外表层和主墙层，破拆工具可以使用无齿锯装金刚石刀片进行破拆；对于隔汽层，可以采用磨砂刀片（混凝土）型无齿锯进行破拆；对于隔热层，若采用的是稻壳等松散填充性隔热材料，则应采用手动破拆，对填充材料进行挖掘；若采用的是软木、泡沫混凝土等板状、块状隔热材料，则可以使用机动链锯或双轮异向切割锯进行破拆；对于内衬层，若为预制钢筋混凝土，则应使用磨砂刀片（混凝土）型无齿锯破拆；若为水泥砂浆、砖墙或木板墙，则应使用金刚石刀片无齿锯进行破拆。

（2）多点破拆法　多点破拆法是针对单层的较厚的混凝土采取的一种快速高效的破拆法。通常对混凝土墙体的破拆多是四方形连续破拆（图 1.13），这种破拆方法速度较慢，费时费力。多点破拆（图 1.14）就是在壁面先进行点状破拆，再进行点与点之间的破拆，这种方法能够有效地破除壁面混凝土结构，快速省力。

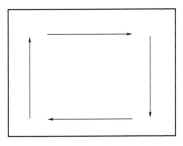

图 1.13　连续破拆示意图

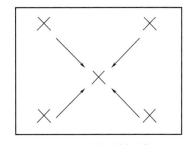

图 1.14　多点破拆示意图

（三）组合冷库库板破拆

1. 库板材料构成

对于大型的组合冷库，其库板多为隔热夹芯板，由面和芯层组成，面板采用的是彩色钢板、镀锌钢板、不锈钢板、铝合金板等材料，厚度一般大于0.5mm。芯层即为隔热层，采用的隔热材料为硬质聚氨酯泡沫塑料或聚苯乙烯泡沫塑料。其组成如图1.15所示。

保护膜
彩色钢板
高强度黏合层
不燃型夹芯层材料(泡沫)
彩色钢板

图1.15　彩钢夹芯板的组成

库板之间相互连接的方式有很多种，一种是以十字硬质材料作为骨架，然后将库板作插板式组装；一种由库板的侧端凹凸槽拼接连接，或采用转动偏心钩来收紧库板之间的接缝；还有一种是用螺栓（尼龙、塑料）进行固定拴紧。其结构如图1.16所示。

2. 破拆方法

（1）拆卸抽取法　对冷库库板的破拆应采用手动破拆与机动破拆相结合的拆卸抽取方法进行破拆。拆卸就是要对固定库板的螺栓、连销、偏心钩等进行松动破拆，既可手动，也可机动破拆。将固定件拆卸后，若库板可以整体拆除则整体拆除，仍然不能整体拆除，则可先将彩钢板壁面拆除，然后对内部的芯层进行抽取，手动为宜，防止机动破拆产生的热量引燃芯层。

（2）"人"字破拆法　"人"字破拆法是主要用于破拆因长期锈蚀而无法拆卸破拆的库板、卷帘门等部件的一种机动破拆方法。采用此种方法破拆时应按照"人"字形状从门或库板的中上部左右各破拆一道切口，形成"三角人形"切面，然后战斗人员从"人"字上部向里缓慢顶推直至可以容纳一人进入，如图1.17所示。采用此种破拆方法一是简单快捷，只需两道切口，二是从上部缓慢顶推使得开口面积逐渐增大，有利于防止回燃的发生。

五、排烟

冷库由于材料、结构的特点，一旦发生火灾，会产生大量烟气，且烟气不易

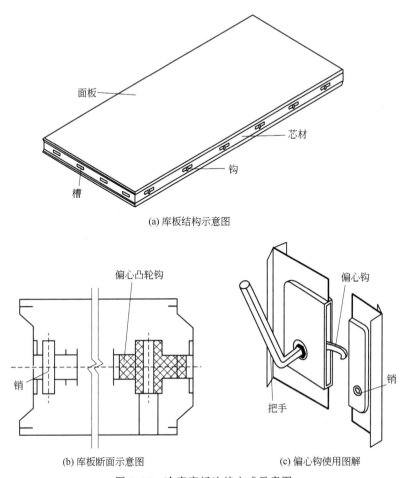

(a) 库板结构示意图

(b) 库板断面示意图 (c) 偏心钩使用图解

图 1.16 冷库库板连接方式示意图

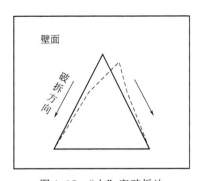

图 1.17 "人"字破拆法

排出，造成内部烟大、温度高、能见度低，给救援人员内攻控制和扑救火势造成困难。因此，加强排烟是人员顺利内攻的前提保障，也是成功扑救火灾的关键措施。冷库火灾排烟可以采用如下方法。

1. 自然排烟

可以利用冷库固有的通风口、排烟口、排烟通道进行排烟，若没有自然排烟口，则可以按照上一节的破拆技术对库体屋顶进行破拆，开辟排烟口。在对屋顶破拆时，可以将云梯车伸向屋顶上部，破拆人员携带破拆工具从云梯登上屋顶实施破拆，并要做好安全保护。

2. 机械排烟

机械排烟就是利用排烟设备进行排烟的方法。可以将正压排烟风机布置在内攻入口处，正压送风进行排烟；若一台排烟机效果不佳，可以在内部继续设置排烟机，组成串并联接力排烟系统。但排烟过程中要确保下风方向或下风侧向有开口，利于烟气排出。

3. 人工排烟

人工排烟应采用多支喷雾水枪立体组合排烟，即将多只喷雾水枪布置在一个垂直平面内，并使喷雾能够全覆盖建筑结构剖面，然后沿着内攻方向向前推进，使烟气从排烟口溢出排放。

六、区分结构采取措施

扑救冷库火灾，要根据火灾发生的具体情况，有针对性地采取灭火措施。

（一）施工中冷库火灾灭火措施

扑救施工中的多层冷库火灾，必须采取外部堵截、沿梯强攻，侧翼策应、纵深强攻，水枪掩护、交替强攻等措施，扑灭火灾。

1. 外部堵截，沿梯强攻

扑救冷库火灾与扑救楼房火灾一样，必须先占领上层。但冷库的楼梯间往往被烟火封锁，水枪手很难突破烟火封锁到达上层。这时可在库外设置阵地，向楼梯间窗口射水堵截火势，掩护内部强攻。外部堵截的方法有：

① 充分发挥举高消防车的作用，在外部举高喷射水流，掩护水枪手内部强攻。

② 在没有举高消防车的情况下，可用大功率消防车抢占有利地形，用水炮向楼梯间窗内射水，掩护水枪手内部进攻。

③ 若系未竣工的多层冷库着火，周围的施工脚手架尚未拆除时，应先组织消防人员攀上脚手架，在外部架设水枪阵地向楼梯间窗口射水，继而攻入楼梯间前室，配合内部消防人员沿楼梯强攻。

2. 侧翼策应，纵深强攻

无论是单层冷库或是多层冷库，库门是烟火的唯一出口。水枪手抵近库门时，开始只能在外部向库内射水，很难攻入库内直接打击火势。遇有这种情况应采取如下措施：

① 如果多层冷库有附属楼，可在附属楼一侧凿墙开洞；单层平房冷库也可一侧破墙开洞，排烟放热，让大量烟火从洞口排出，减轻库门处的烟火压力。

② 再在侧翼洞口部署水枪（炮）向库内射水，压制火势，配合库门水枪手攻入库内，向着火的夹墙内射水，冷却库房结构。

③ 侧翼洞口水枪进入库内后，水枪手要全力向纵深强攻。

3. 水枪掩护，交替强攻

组成两个梯队，穿着隔热服和佩戴空气呼吸器。第一战斗小组持水枪冲进冷库沿夹墙寻找着火源灭火，第二战斗小组相隔一段距离，用开花或雾状水流射向前方人员，进行降温掩护；内攻若干时间后，两组人员对调位置，交替强攻。

（二）冷库阴燃火灾灭火措施

老式冷库保温层着火后，火势在保温层内阴燃蔓延。保温夹层火灾扑救主要表现在：一是起火点不易发现；二是水流无法准确打击火点；三是明火扑灭后仍然可能存在阴燃点，易复燃。针对保温夹层火灾可以采用"上喷下挖"的灭火措施。

① 准确查明火源部位。可以利用"看、摸、测"等多种侦察手段，尽力寻找火源。"看"就是要通过观看夹层墙壁有无焦黄、有无变形、有无熔融来判断火源位置；"摸"就是通过触摸感受墙壁变化点来寻找火源；"测"就是利用先进的仪器，如红外测温仪来观测温度明显较高的部位，此部位极可能就是火源部位。

② 上喷，即在查明夹层起火位置后，在起火部位的上部或斜上方两侧拆卸若干库板，然后从上面喷灌水流，既降温冷却，又能形成阻隔，可以很好地抑制火势蔓延，整个过程中要不断射水对人员进行保护。

③ 下挖，即在着火位置的下部或侧下部破拆板材或开孔洞，然后将内部夹层里的保温材料挖出，清除可燃物，消除阴燃。

④ 防复燃。冷库夹层因其所使用保温材料的性质，极易存在残留火源，隔一段时间便会继续阴燃起火。因此在灭掉夹层内明火后，仍要认真检查是否还有残留火点或阴燃火源，并对其进行彻底清理，且在战斗结束后要在现场留出一部分灭火力量，一旦有冒烟的复燃征兆，要立即采取措施消灭火源。

（三）钢结构冷库火灾灭火措施

钢结构冷库大多是单层的高温冷库，相对低温冷库来说，开口部分面积稍大，少量的设有外窗，而且加工和储存工序一般连在一起。着火的主要对象是储存蔬菜、水果的塑料框、箱等。

1. 排烟散热，强攻灭火

① 消防人员到场后，应立即打开或破拆冷库的门、窗进行排烟散热，必要时破拆冷库的钢结构屋顶进行排烟散热。

② 利用冷库的室内消火栓（一般设于库房外墙上）快速出水灭火，并在主要出入口处建立作战阵地，水枪手铺设支线水带深入内部强攻灭火。

2. 灭疏结合，保护重点

① 在灭火的同时，疏散未着火的塑料框、箱，减少可燃物，并对影响内攻行动的成品包装框、箱进行疏散，加快灭火进程。

② 切断火势蔓延途径，保护受火势威胁的生产流水线，以及射水冷却保护受高温或火焰直接作用的钢结构承重构件，防止建筑结构倒塌。

（四）气调库火灾灭火措施

气密性较好的气调库主要是储存一些蔬菜瓜果。为了减小果蔬的呼吸作用，实现果蔬的长期储存，在气调冷库内通常会通过降低环境内氧含量、增加二氧化碳浓度的方法来保鲜。气调库发生火灾后，可以使用降氧窒息的方法进行灭火。降氧窒息的原理就是利用冷库本身的气调设备，大幅度降低内部着火空间氧气的含量，从而实现窒息灭火。气调冷库中的制氮机、真空泵等设备为此方法创造了有利条件。

1. 自然降氧法

自然降氧法，类似于隔离窒息法，就是在确保内部无被困人员、无氨泄漏、无助燃剂的条件下，封堵空间的出入口、通风口等部位，使内外空间相互隔离，使燃烧自然耗氧，从而实现自然降氧、窒息灭火。在实施封堵时，应先封堵进风口，再封堵出风口和排烟口等通风的部位。

2. 机械降氧法

机械降氧就是利用冷库内的一些机械设备（如真空泵、制氮机等）实现快速降氧，从而达到窒息灭火的目的。可以通过以下两种方法实现：

（1）充氮降氧 即将氮气充入着火空间，并关闭所有通风口，达到快速降氧的目的。既可以把利用制氮机产生的氮气直接强制性地充入着火空间，也可以先使用真空泵抽气，再充入氮气（液氮钢瓶或制氮机均可产生氮气），抽气、充气交替进行，达到降氧目的。

（2）减压降氧 即利用真空泵从着火空间中抽出空气，同时将外界空气减压加湿后补入，通过降低气体密度产生低氧环境，而且补入空气中含有的水分也会抑制火势。

3. 适用条件

降氧窒息法通常只适用于较小型的冷库，或适用与大型冷库中的某一间体量较小的冷藏间。在运用此方法时应首先确保冷库整体结构完整，火势未突破建筑结构包覆，并且要确保充氮机的数量及功效，以使充氮量能够抑制火势发展。

（五）氨压缩机房火灾灭火措施

氨压缩机的阀门、管道一旦破裂损坏，氨气大量泄漏，遇火源会发生爆炸燃烧。

1. 直接扑灭明火

氨易溶于水，可用水扑救。消防队到场后，应在机房外设置水枪阵地，用直流或开花水流直接扑灭机房内的火势。由于机房面积一般不大，火势会很快被控制和扑灭。

2. 关阀断源

在采取关阀措施时，应在冷库技术人员的指导下首先关停压缩机，然后按"先上后下，泄压避火"的原则进行作业。"先上后下"是指对于泄漏部位两端上下游的阀门应该先关闭上游阀门，下游暂开进行泄压，但泄压一定程度后应取泄漏口就近处阀门进行关闭。因为氨制冷系统是一个封闭循环的系统，若只关闭上游端的阀门，则由于压力的作用和氨的汽化流动性，下游管线的氨仍会从泄漏口泄漏。"避火"是指关闭的阀门应选择就近的但不受火势直接威胁的阀门。

3. 堵漏

在处置漏氨事故时，首选关阀。但若是储罐、高压储液桶、低压储液桶、油氨分离器等含有大量氨液的容器，若其容器壁破损或容器与近端阀门之间的管道破裂，此时无法实施关阀，则应采取堵漏的方法控制泄漏。另一种情况是若阀门无法关闭或两个阀门之间的管道内存有大量的氨，此时也应当采取堵漏措施。对于储罐破裂，小尺寸的裂纹或裂缝可以使用外封式堵漏带或磁压堵漏工具堵漏；稍大一点的小孔可以用木楔堵漏工具或堵漏枪进行堵漏；对于低压储氨容器，有时也可以利用棉被覆盖泄漏处，然后喷水，利用泄漏氨蒸发吸热制冷，使棉被冻结，达到短期堵漏的目的。对于管道破裂，也可以使用一些夹具进行堵漏。

4. 稀释防爆

设置水枪阵地，用喷雾水枪或屏封水枪出水稀释，降低氨气浓度。

七、灭火行动注意事项

在冷库火灾扑救中，要做好消防人员的个人安全防护，防止造成中毒或冻伤。同时，要防止发生复燃和建筑结构倒塌，确保战斗行动的安全性和彻底性。

1. 做好安全防护

① 凡是进入冷库内部侦察、灭火的消防人员，均应穿隔热服，佩戴空气呼吸器，并在使用前按规定进行安全检查。

② 进库人员必须携带照明工具，库顶灭火人员必须系好安全绳，避免坠落到夹墙内造成伤亡事故。

③ 进入氨压缩机房关闭阀门或灭火时，应佩戴空气呼吸器，穿着防毒衣。没有防毒衣时要穿棉衣、棉裤，并扎紧腰带、裤带和袖口，防止液氨喷出导致中毒或冻伤。

2. 找准破拆位置

① 扑救老式冷库火灾，无论是从上部夹墙破拆灌水灭火，还是在下部清除稻壳破拆墙壁，都要合理选择部位，以便开洞后能直接打击火势，或便于清除稻壳。

② 破拆开口大小要适当，一般以长宽约 0.8～1m 为宜，以减少破拆时间和破拆损失。

3. 防止冷库倒塌

① 扑救钢结构冷库火灾，内攻灭火人员要精干，并对承重钢构件进行射水冷却保护。

② 要密切观察钢结构的受热变形情况，事先规定好撤退信号和路线，一旦发现倒塌征兆，要及时撤离。

4. 防止夹层复燃

① 冷库夹墙内的保温层火势被扑灭后，要认真检查是否还有阴燃火源。尤其是稻壳或聚苯乙烯泡沫塑料作保温层的，必须进行彻底清理。

② 灭火后应留有一定力量监护火场，一旦有复燃征兆，如冒烟等，应立即采取灭火措施。

第四节　案例分析——安徽省马鞍山市 "8·2"蒙牛乳业有限公司北冷库火灾扑救

2005 年 8 月 2 日上午，蒙牛乳业（马鞍山）有限公司北冷库发生火灾，马鞍山市消防支队接到报警后，迅速调集所属 5 个消防中队、4 个专职消防队共 25 辆消防车、108 名官兵、34 名企业专职消防队员赶赴火场。经过近 7 个小时的奋力扑救，大火被扑灭，成功将大火始终控制在 3200m² 的范围内，疏散和抢救单位员工 200 多人，无一名员工伤亡，保护了价值 1.9 亿元冷冻饮品生产线（主要生产冰淇淋）和制冷机房设备的安全，避免了距离起火部位只有 23m 远的制冷机房内 90t 液氨发生泄漏和爆炸。在灭火战斗中，有三名战士因搜救被困工人不幸英勇牺牲。

一、基本情况

（一）单位概况

蒙牛乳业（马鞍山）有限公司系内蒙古蒙牛乳业（集团）股份公司，2004 年 10 月来马鞍山投资兴建，占地面积 250 亩（1 亩＝666.7m²），建筑面积 50000m²。工程总投资 3 亿元。工程项目主要包括冷冻饮品主体车间（含缓冲车间、包装间、冷冻饮品生产线）、制冷机房、南北冷库、污水处理站、3.5kV变电站、辅料库和职工食堂等，共有员工2300人，主要生产冷冻饮品，日产量为700t。

该企业位于马鞍山市经济技术开发区，是市政府重要的引资项目，距离辖区消防一中队约7km。东面一路相隔是星马汽车制造有限公司，南面为梅山路，西面为雨钱路，北面为九华西路。

（二）起火部位概况

起火的北冷库系单层、大跨度、钢屋顶建筑。该建筑长80m，宽30m，高度24m，建筑面积为2400m²。冷库与主体车间连体，库东与主体车间之间虽是砖墙，但车间一楼有2个成品入口、二楼有2个观光窗均与冷库直接相通。库西有6个成品发货出口。冷库闷顶保温层用材是厚度为250mm、夹芯为聚苯乙烯的彩钢板。墙体1～12m高为砖墙，13～24m高用与闷顶材料相同的彩钢板。库内存放袋装牛奶。

（三）起火部位相邻情况

① 北冷库东连体的主体车间，长225m、宽68m、高14m，也是大跨度、钢屋顶建筑，顶部是彩钢板。生产线与包装间、包装间与缓冲间的分隔墙全是彩钢板，夹芯均是聚苯乙烯。生产线厂房上部距离地面约8m处有20根液氨管道。其中，通往凝冻机的液氨管道有2根，直径219mm；通到隧道的液氨管道6根，直径159mm；通往制冰机直径为57mm、67mm的液氨管道各6根。缓冲间上部距离地面高度3～4m处，有直径57mm、76mm各1根。

其生产流程：原料、辅料→入库前检验→合格→入库→检验后合格原料→原料标准化→配料→预热→均质→杀菌→老化→分三条生产区〔一是花色线20条，流程为凝冻→灌料（灌模）→硬化成型→包装→入库→成品检验；二是隧道线，流程为凝冻→灌料（灌模）→硬化成型→包装→入库→成品检验；三是切片线，流程为凝冻→挤压成型→硬化→包装→入库→成品检验〕。

② 北冷库南面23m处是制冷机房，机房内有每个容量为20m³的立式液氨罐3个、卧式低压液氨罐7个，有每个容量为30m³的卧式高压液氨罐3个。13个液氨罐事发当天共储存液氨90t（制冷剂）；制冷机房与南北冷库各有18根管道相通，其中水管6根，供气管6根（管径57mm），回气管6根（管径89mm）。供气管、回气管内流淌的均是液氨和氨气。制冷机房与生产主体车间有20根管道相通，管内流淌物相同。

③ 制冷机房与主体车间、冷库等连通的所有液氨管道均用聚氨酯包裹，聚氨酯外又用铁皮包裹。

火场周围有地上式消火栓9个，压力0.5MPa，地下管径250mm。厂区道路是环形消防车道。

二、火灾特点

1. 出入口少、烟气大

冷库闷顶保温层用材是厚度为 250mm、夹芯为聚苯乙烯的彩钢板，着火后容易产生大量浓烟且不易散出。

2. 人员集中，救人任务重

着火时正处在上班时间，办公楼和北侧的输料库内有 200 余名员工在上班，其中有 20 余人还在起火的冷库内没有出来。

3. 氨气泄漏，存在爆炸危险

燃烧造成的浓烟迅速蔓延至整个缓冲间和包装间，冷冻饮品生产线和车间内的液氨管道受到严重威胁。距离北冷库仅有 23m 远的制冷机房内的液氨罐及连通的管道受到严重威胁，一旦火势蔓延过来很容易发生泄漏或爆炸。

三、扑救经过

10 时 17 分 41 秒，马鞍山市消防一中队接到市公安局 110 发出的"蒙牛乳业（马鞍山）有限公司北冷库发生火灾"的出动指令，随即出动 5 辆消防车、25 名官兵。临近火场时，立即用对讲机向支队指挥中心报告请求增援。支队指挥中心又迅速调集了支队机关和二中队、三中队、四中队、当涂中队 4 个中队和马钢焦化厂、马钢热电厂、马钢南山矿、马钢姑山矿 4 个企业专职队共 20 辆消防车、117 人前往增援。

（一）具体作战行动

1. 疏散人员，控制火势

10 时 27 分，一中队到达火场。到场后，中队指挥员迅速组织人员进行侦察，发现北冷库内充满大量烟雾，看不到明火，南侧东南拐角处有大量浓烟窜出。北冷库以及与其连体的主体车间、办公楼和北侧的输料库内有 200 余名员工在上班，其中有 20 余人还在起火的冷库内没有出来。距离北冷库仅有 23m 远的制冷机房内的液氨罐及连通的管道受到严重威胁，一旦火势蔓延过来发生爆炸或泄漏，后果不堪设想。据此，中队指挥员立即将疏散员工、防止制冷机房液氨泄漏爆炸和保护价值 1.9 亿元的主体车间的安全作为重中之重。随后，迅速命令展开战斗。首先，将战斗人员分成三个搜救小组立即对起火冷库和主体车间、办公区、输料库 200 多名员工进行引导疏散。同时，命令战斗班部署水枪阵地：命令三班在冷库西门外部，出 1 支水枪向库西侧射水冷却灭火；命令一班车由 3 号消火栓供水，从主体车间北侧入口进入包装间，出 2 支水枪阻止火势蔓延；命令五班车从 1 号消火栓取水，在冷库南侧用车载水炮射水灭火；命令二班给三班供水。在员工疏散完毕后，中队指挥员迅速把作战的重点放在阻止火势向主体车间和制冷机房蔓延方面，命令一班从主体车间的二楼，利用室内 2 个消火栓各出一支水枪，通过 2 个观光窗，直接向起火库内射水；命令 5 号车水炮在向冷库射水灭火的同时，特别注意对制冷机房的冷却。

2. 四面包围，阻止蔓延，确保重点

10 时 35 分左右，支队值班首长政治处主任到场，随后支队政委、支队长、副支队长和支队部门领导相继到场，市公安局局长、市政府领导接到报告后也在第一时间到达现场，并迅速成立火场总指挥部。此时，冷库顶部已经局部坍塌，坍塌时间在 10 时 40 分左右，火势迅速向相连的缓冲间蔓延，严重威胁着主体车间和制冷机房安全，一旦液氨管道或储罐发生泄漏或爆炸将造成巨大的损失。

10 时 40 分左右，增援力量相继到场。指挥部迅速下达作战命令：命令当涂中队出 1 支多功能水枪从包装间南门进入到包装间中部，阻止烟热向南蔓延；命令一中队云梯车停靠在输料库北边，用水炮向倒塌的燃烧区射水，压制火势，阻止火势向东边连体的主体车间蔓延，并适时冷却主体车间的钢屋顶。同时，令焦化厂、南山矿专职队的 3 辆消防车占用 4 号消火栓，热电厂、姑山矿专职队 2 辆消防车和南山矿 1 辆消防车占用 5 号消火栓分别为云梯车供水；命令一中队 04 号车进入到北冷库西南角利用车载水炮向冷库南侧上部射水灭火；命令一中队 05 号车改出两支多功能水枪进入到北冷库东南角，出水保护液氨管道线路，并向主体车间射水冷却；命令三中队 02 号车用车载水炮射水，保护制冷机房，03 号和 04 号车占用 8 号消火栓向 02 号车接力供水；命令二中队 3 台车占用 7 号消火栓接力向一中队 04 车供水；命令四中队连接 9 号消火栓出两支水枪从南冷库与制冷机房之间进入，防止火势蔓延；命令当涂中队 2 辆消防车从 6 号消火栓取水，出 1 支水枪进入到包装间内，防止火势蔓延；命令市公安局对红旗南路、开发区道路实施交通管制，并对下风方向 5km 范围内的人员做好疏散准备。从而钳制住起火冷库的火势，并对主体车间和制冷机房形成了严密的防护态势。

3. 开辟通道，强攻近战

13 时 30 分左右，燃烧造成的浓烟迅速蔓延至整个缓冲间和包装间，冷冻饮品生产线和车间内的液氨管道受到严重威胁。为顺利查明火点，尽快控制蔓延，指挥部听取了消防支队"破墙打洞"的建议，迅速调集挖掘机、铲车各 1 台从缓冲间西墙面开辟 3 个洞口，并在破拆点布置了水枪阵地，随时准备进攻。第一个洞口一打开，就看到了火点，燃烧面积近 80m²，且发现有 2 根南北贯通、直径分别为 57mm 和 76mm 的液氨架空管道。一中队预先准备好的 2 支水枪（4 号车炮改枪）强攻近战，很快将火扑灭。开辟第二个洞口时，没有发现明火，但有刺鼻的氨气味，并伴有大量浓烟，管道内有氨气外泄。预先直接从三中队 4 号车出的 2 支多功能水枪，迅速进入洞内驱散烟雾，稀释氨气，防止烟热继续向生产线蔓延。同时，命令四中队抽调精干人员在工程技术人员的指导下，紧急关阀断料，直至少量残余液氨泄完。开辟第三个洞口时，没有发现异常，表明火势没有蔓延过来，指挥部决定不再破拆。其他阵地保持不变。到 16 时 30 分，大火被基本扑灭，对火场主要方面构成的威胁已经解除。

4. 加强监护，防止复燃

大火扑灭后，为了防止复燃，指挥部决定所有战斗力量原地监控 30min。同时，派出 3 个小组携带特勤器材对氨气管道、包装间和主体车间进行巡视检查。为防止不明阴燃波及到制冷机房，经专家论证，指挥部决定，在厂内专家的指导下，消防支队组织突击队对液氨输送管道的外包装可燃材料进行剥离阻隔。另外，考虑到马鞍山支队长时间作战，部队比较疲惫，总队及时调集芜湖支队 3 台大功率水罐消防车、1 台指挥车、29 名官兵，在支队长、参谋长带领下赶到现场，接替马鞍山支队监护现场，保证马鞍山支队迅速恢复战备状态。到 3 日上午 9 时 30 分，指挥部派出侦察小组对缓冲间、包装间和生产车间再次进行细致的侦察后，确实没有复燃的可能，参战部队全部返回部队。

（二）3 名战士牺牲情况

当马鞍山支队一中队到场并将 200 余名员工疏散到安全地带后，中队指挥员即把作战重点放在保护冷冻饮品生产线安全和避免液氨管道与制冷机房内 90t 液氨罐的泄漏爆炸上，并重点加强了重点部位主阵地的力量部署，冷库西门外的水枪阵地，是部署三班班长郑飞带领本班战士管志彦、叶晓辉继续在冷库西侧外部射水灭火。就在冷却灭火过程中，10 时 35 分左右，该厂物流处处长从库内逃出，并向他们三人呼喊："里面有人，赶快救人呀！"郑飞、管志彦、叶晓辉三名战士闻讯后，因时间紧迫，来不及请示，立即佩戴着空呼器，毅然进入冷库救人。库内漆黑无光，浓烟滚滚，热浪逼人，管志彦、叶晓辉两人打着强光手电摸索前进，郑飞利用水枪在后紧跟射水掩护。他们边行进，边搜索。不久，一名职工（陶××，男，蒙牛乳业公司叉车组组长）迎着灯光跑了出来。此时，大火已从冷库向外燃烧，但他们仍冒着生命危险继续搜救。又一名职工（郜××，男，蒙牛乳业公司北库叉车工）被引导了出来。当第三名职工（谢××，男，蒙牛乳业公司调度处保管员）顺着战士强光电筒光亮逃离火海时，三名战士中一人上前抓住谢××的手焦急地问："里面还有没有人？"谢××回答"搞不清楚！"于是，在不能排除是否有人被困的情况下，三名战士继续进行搜救。在搜救过程中，约在 10 时 40 分，冷库突然局部坍塌，将三名战士埋压，当场牺牲。

由于当时火场指挥员主要精力集中在起火冷库东部价值上亿元的生产线和南边 23m 处制冷机房内 90t 液氨罐及液氨管道的安全保护上，加之被救出的三名员工逃出后，惊慌失措，去向不明，没有一人把内部还有消防战士在搜救的情况向任何人报告和反馈。当 16 时 30 分左右大火被基本扑灭、部队调整部署清点人员时，发现有三名战士失踪。于是，迅速组织力量进行搜寻，16 时 45 分左右，在距离冷库北区西门口内侧 5~10m 处找到了三名战士遗体。

四、案例分析

（一）经验总结

蒙牛乳业（马鞍山）有限公司北冷库是一个大空间、大跨度、钢屋顶建筑。之所以能够及时疏散出 200 多名员工，没有一名员工伤亡，确保了价值 1.9 亿元的生产线和制冷机房的安全，避免了液氨泄漏和爆炸的发生，最终将大火扑灭。主要体会有以下几点：

1. 调集快速，部署合理，迅速形成围堵

责任区消防一中队接警后，加强了第一出动，立即出动全部车辆和人员奔赴火灾现场。临近火场时，发现浓烟滚滚，燃烧猛烈，立即向支队"119"指挥中心请求增援。支队调度指挥中心一次性调集了其他 4 个中队和 4 个专职队共 20 部消防车、83 名消防官兵、34 名专职消防队员前往增援，确保在最短的时间内集结了强大的战斗力量，使火场兵力充足。在疏散员工的同时，迅速对火场形成了围堵态势，为灭火成功奠定了基础。

2. 及时疏散群众，避免了更大伤亡

消防队到场后，侦察发现生产线、输料库、办公区和北冷库内还有人被困时，迅速组织 3 个救人小组，及时将 200 多名员工引导疏散到安全地带。当听到库内还有人员没有逃出的呼喊后，3 名战士在时间紧迫、来不及报告的情况下，毅然冒着生命危险，进入到库内搜救，及时将被困的 3 名员工疏散出来，最大限度地抢救和保护了人民群众的生命安全，充分体现了视抢救人民生命为神圣职责的高度负责精神。

3. 重点突出，战术合理

辖区中队到场和火场指挥部成立后，迅速把疏散员工、阻止蔓延、保护生产线安全、避免液氨泄漏爆炸作为重中之重。为实现这一作战意图，指挥部正确决策，适时采取了分组疏散、强攻近战、四面围攻、下风堵截、冷却稀释、破拆分割、两面夹攻、工艺配合等战术技术措施，始终将大火控制在 $3200m^2$ 的范围内，有效避免了灾害规模的扩大。

4. 警民密切配合、社会各单位联动

火灾发生后，市委、市政府高度重视，市相关领导及时赶到现场指挥灭火。企事业专职消防队配合有力，为前沿作战的消防部队接力供水，保障了供水不间断；公安巡警到场后负责对厂区实施警戒，阻止无关人员进入火场，有效维护了火场秩序；交警迅速对开发区道路实施交通管制，保证救援力量有序出入；同时，立即调集石油公司加油车到场为参战消防车辆及时补充油料，保证灭火战斗顺利进行；自来水公司对开发区局部地区地下管网加压，确保火场用水不间断。由于指挥统一，多部门联动，密切配合，各负其责，从而有力地保证灭火的最后胜利。

5. 参战官兵英勇顽强、不怕牺牲

这起火灾被困员工多、燃烧猛烈、蔓延迅速、烟雾浓度大、能见度低，加之钢屋顶建筑火灾易倒塌，且附近液氨管道多、储量大，一旦发生泄漏爆炸，极易造成更大伤亡。但为了尽快疏散出被困员工，防止液氨泄漏爆炸，有效扑灭火灾，参战官兵发扬了不怕牺牲、连续作战的顽强作风，冒着浓烟高温和烈焰，强攻近战，积极营救人员，控制堵截和消灭火势，以高度的责任感圆满完成了这次灭火战斗任务。

（二）存在问题

这次灭火战斗虽然取得了成功，但也暴露出一些问题：

一是部队执勤力量薄弱，兵员严重不足，不少执勤中队战斗员不到 20 人，到场参战的部分车辆战斗员配置不足，面对繁重的战斗任务，显得力量单薄，长时间作战时更无机动力量替换。

二是对钢结构屋顶、大跨度仓库的火灾特点了解掌握不够；对钢结构建筑火灾的温度、强度变化与倒塌判断不够准确。

第二章 → → →

带电设备、线路火灾扑救

带电设备、线路火灾是指着火后电源尚未切断的，或因生产、生活所需，电源不能切断的电气设备和线路火灾；有的则是由于其他可燃物着火，引燃带电的电气设备和线路发生的火灾。扑救带电设备、线路火灾，易发生触电事故，给消防人员带来伤害。

第一节　带电设备、线路的基本特点

带电设备、线路主要包括供电系统中送电、变压、配电、用电设施以及电线电缆等。

一、电气设备、线路的分类

电气设备、线路可按其电路性质、电压等级、绝缘介质等进行分类。

（一）电气设备的分类

1. 按电路性质分类

（1）一次设备　直接生产、输送和分配电能的电气设备称为一次设备。

生产设备，用于生产电能的设备，如发电机；变换设备，用来变换电能、电压或电流的设备，如电动机、电力变压器、电压互感器和电流互感器等；控制设备，用来控制电路通断的设备，如各种高低压开关电器等；保护设备，用来限制电路中短路电流或过电压的设备，如电抗器、高低压熔断器和避雷器等；补偿设备，用来补偿电路无功功率以提高系统功率因数的设备，如高低压电容器；接地装置，接地线和接地体的总和称为接地装置。它可分为接地网（由垂直和水平接地体组成的供发电厂、变电所使用，兼有泄流和均压作用的较大型的水平网状接地装置）和集中接地装置（为加强对雷电流的散流作用、降低对地电位而敷设的附加接地装置）。

（2）二次设备　在二次电路中，用来控制、指示、测量和保护一次设备的电气设备，称为二次设备。

测量仪表，用于测量一次电路中运行参数的仪表，如电压表、电流表、功率表、功率因数表等；继电保护及自动装置，用于迅速反应电气故障或不正常运行情况，根据要求排除故障或作相应调节的装置，如各种继电器、自动装置等；信号设备，给出信号或显示运行状态的设备，如信号继电器、电笛、电铃、信号灯等；直流设备，用于供给保护、操作、信号以及事故照明直流电源的设备，如直流发电机组、蓄电池、整流装置等。

2. 按电压等级分类

（1）低压电气设备　额定电压在 1kV 以下的电气设备称为低压电气设备。目前我国低压电气设备的电压等级有 220/380V 和 380/660V。

（2）高压电气设备　额定电压在 1～220kV 的电气设备称为高压电气设备。目前我国高压电气设备的电压等级有 3kV、6kV、10kV、35kV、66kV、110kV 和 220kV。

（3）超高压电气设备　额定电压在 330～750kV 的电气设备称为超高压电气设备。目前我国超高压电气设备的电压等级有 330kV 和 500kV。

（4）特高压电气设备　额定电压在 1000kV 及以上的电气设备称为特高压电气设备。

3. 按采用的绝缘介质分类

（1）油浸式电气设备　用绝缘油作为绝缘介质的电气设备，称为油浸式电气设备，如油浸式变压器、油浸式互感器、多油或少油断路器等。

（2）SF_6 电气设备　以 SF_6 气体作为绝缘介质的电气设备，称为 SF_6 电气设备，如 SF_6 断路器、SF_6 变压器、SF_6 互感器、SF_6 电缆、SF_6 气体绝缘全封闭电器（GIS）等。

（3）真空电气设备　以真空作为绝缘介质的电气设备，称为真空电气设备，如真空断路器、真空负荷开关、真空重合器等。

（4）干式电气设备　以环氧树脂等作为绝缘介质的电气设备，称为干式电气设备，如干式变压器、干式互感器等。

（二）电气线路的分类

1. 导线的分类

（1）有无绝缘材料　可分为绝缘导线和裸导线两类。

绝缘导线是有绝缘包皮的导线，如果再加保护层，则具有防潮湿，耐腐等性能，如聚氯乙烯绝缘导线、橡胶绝缘导线等，适用于建筑内外布线；裸导线没有任何绝缘和保护层，如钢芯铝绞线，主要用于室外架空线路。

（2）导线材料　可分为铜导线和铝导线两类。

铜导线是用铜材料做线芯的导线，具有电阻率小、强度高等优点，但价格较贵；铝导线是用铝材料做线芯的导线，与铜材料相比，虽然电阻率高、强度低，但其材质轻、价格低。

2. 电缆的分类

（1）电缆线芯数目　可分单芯电缆、双芯电缆、三芯电缆和三加一芯电缆等。

单芯电缆：电缆中只有 1 股线芯，用于单相电流传输；双芯电缆：电缆中有 2 股线芯（1 股相线，1 股中性线），用于单项二线制电流传输，如 220V 电压；三芯电缆：电缆中有 3 股线芯，用于三相交流电的传输，如 380V、10kV 等三相交流电；三加一芯电缆：电缆中有 4 股线芯（3 股相线，1 股中性线），用于三相四线制中的电流传输。

（2）绝缘层的结构　可分为油浸纸绝缘统包电缆、分相铅包电缆、橡胶电缆和聚氯乙烯电缆等。

油浸纸绝缘统包电缆，线芯先用油浸绝缘纸分相包缠，在线芯之间的空隙内填充油浸麻绳或纸带，再用油浸绝缘纸将几个线芯统包起来；分相铅包电缆，线芯用半导体纸和绝缘纸分相包缠，然后包上铅包护套和防腐层；橡胶电缆，线芯用橡胶作为绝缘层，麻绳作填料，用橡胶布带或玻璃纤维带包缠线芯以防止松散，再包上一层铅包层，最外层是外护套；聚氯乙烯电缆，线芯的绝缘层采用聚氯乙烯材料，内填充麻绳，用内衬层将线芯固定，再上外护套。

二、带电设备、线路的危害

（一）触电方式

1. 人体与带电体接触触电

人体触电时接触带电体的情况不同，可以分为：

（1）单相触电　人体直接碰触带电设备的其中一相时，电流通过人体直接流入大地，使人体发生触电，如图 2.1 所示。

（2）两相触电　人体同时接触带电设备或线路中的两相导体时，电流从一相导体通过人体流入另一相导体，形成回路，这种触电方式称为两相触电。在这种情况下，加在人体的电压为线电压，危险性极大，如图 2.2 所示。

2. 跨步电压触电

当电气设备发生接地故障（如绝缘损坏或架空线断落于地面），电流通过接地体流入大地时，接地体具有相当于电源的对持电压，电流通过接地体向大地作半球形流散，电压逐渐下降，至接地体 20m 处，电压降至零。大约 68%

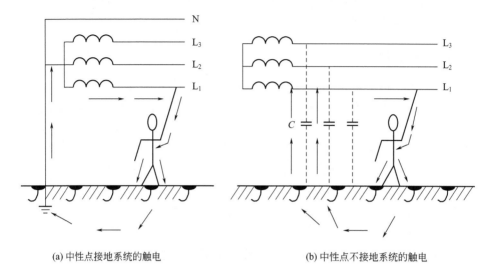

(a) 中性点接地系统的触电   (b) 中性点不接地系统的触电

图 2.1 单相触电示意图

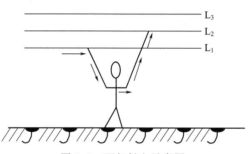

图 2.2 两相触电示意图

的电压在接地体周围 1m 范围内，大约 24% 的电压降是在 2~10m 范围。在这种具体条件下，电工上通常所说的"地"，是指接地体 20m 以外的大地而言。因为 20m 以外地的电位等于零。在离接地 20m 以内的地，电工上就不叫它为"地"，因为在这个范围内的电位不等于零。跨步电压是指人站在接地电流的流散范围内的具有不同电位的两点上，在人的两脚之间所承受的电位差。跨步电压的大小与跨步的大小有关，一般取人的跨步 0.8m。受跨步电压影响的危害程度，与距离接地体或导线碰地处的远近有关。当人站在接地点附近时跨步电压最大，离接地点愈远，跨步电压愈小，离接地点 20m 以外，跨步电压接近于零。在离接地点 11~20m 范围内的电压降约占 8%，所以一般在离开接地点 10m 以上，可以认为没有受跨步电压触电的危险。当人们误入电压较高的电线断落处，离接地点 10m 范围时，就有可能造成跨步电压触电的危险，如图 2.3 所示。

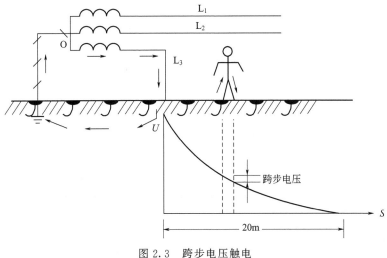

图 2.3　跨步电压触电

3. 接触电压触电

本来不应带电的电气设备外壳，或其他生产设备和金属建筑构件等，由于电气设备的绝缘受到损坏而跑漏电，或其他原因使这些本来不带电的设备或物体成为带电体。当人们接触这种带电的金属外壳或设备时，就有可能发生触电危险。

在地面上离这种带电设备水平距离 0.8m 处，与沿这种带电设备的外壳离地面的垂直距离 1.8m 处，这两点之间的电位差称接触电势。当人体接触该两点时，所承受的电压为接触电压。人体受到接触电压作用时，电流经过手和脚与大地形成回路，电流经过人体的重要器官，使触电者有生命危险。

4. 剩余电荷触电

电气设备的相间和对地之间都存在着一定的电容效应。当电源断开而停电时，由于电容器具有能储存电荷的特点，因此在刚断开电源的停电设备上将保留一定的电荷，这就是剩余电荷。如此时人体触及停电设备，就可能遭到剩余电荷的电击。设备的电容量越大，遭受电击的程度也就越严重。

(二) 电流对人体的危害因素

电流通过人体对人的危害程度与通过的电流强度、通电时间、电压高低，电流频率、人体电阻状况、电流通过人体的途径和人的身体健康状况等因素有密切关系。

1. 电流强度

通过人体的电流越大，人的生理反应越明显，引起心室颤动所需的时间越短，致命的危险就越大。按照不同电流强度通过人体时的生理反应，将电流分成三类。

（1）感觉电流　人体能感觉到的最小电流称为感觉电流。女性对电流较敏感，一般成年男性的感觉电流约为 1.1mA（工频），成年女性约为 0.7mA（工频）。

（2）摆脱电流　触电后人能自主摆脱电源的最大电流称为摆脱电流。摆脱电流男性也比女性大，一般成年男性摆脱电流在 16mA 左右（工频），而成年女性在 10mA（工频）左右。

（3）致命电流　在较短的时间内，危及人生命的最小电流称为致命电流。一般情况下通过人体的工频电流超过 50mA 时，人的心脏就可能停止跳动，发生昏迷和出现致命的电灼伤。当工频电流达 100mA 通过人体时，人会很快致命。不同电流强度对人体的影响如表 2.1 所示。

表 2.1　不同电流强度对人体的影响

电流强度/mA	对人体的影响	
	交流电（50Hz）	直流电
0.6～1.5	开始感觉，手指麻刺	无感觉
2～3	手指麻刺、颤抖	无感觉
5～7	手部痉挛	热感
8～10	手部剧痛，勉强可以摆脱电流	热感增多
20～25	手迅速麻痹，不能自立，呼吸困难	手部轻微痉挛
50～80	呼吸麻痹，心室开始颤动	手部痉挛呼吸困难
90～100	呼吸麻痹，心室经 3s 及以上颤动即发生麻痹停止跳动	呼吸麻痹

2. 通电时间

电流通过人体的时间越长，对人体组织破坏越厉害，后果越严重。人体心脏每收缩和扩张一次，中间有一时间间隙，在这段间隙时间内触电，心脏对电流特别敏感，即使电流很小，也会引起心室颤动。所以，触电时间如果超过 1s，就相当危险。

3. 电压高低

人体电阻一定时，作用于人体的电压越高，则通过人体的电流就越大，这样就越危险。而且，随着作用于人体的电压（U）升高，人体电阻（R）还会下降，致使电流（I）更大，对人体的伤害更严重。随电压而变化的人体电阻如表2.2所示。

表 2.2　随电压而变化的人体电阻

U/V	12.5	31.3	62.5	125	220	250	380	500	1000
R/Ω	16500	11000	6240	3530	2222	2000	1417	1130	640
I/mA	0.8	2.84	10	35.2	99	125	268	1430	1560

4. 电流频率

电流频率是对人体造成伤害的物理量之一。对人体伤害最严重的是50～60Hz的工频交流电。各种电流频率的死亡率如表2.3所示。

表 2.3　各种电流频率的死亡率

频率/Hz	10	25	50	60	80	100	120	200	500	1000
死亡率/%	21	70	95	91	43	34	31	22	14	11

5. 人体电阻

人体触电，当接触的电压一定时，流过人体的电流大小就决定于人体电阻的大小。人体电阻越小，流过人体的电流越大，就越危险。

人体电阻由人体内部电阻和皮肤表面电阻两部分组成。前者与接触电压和外界条件无关，一般在500Ω左右；而后者随皮肤表面的干湿程度、有无破伤以及接触电压的大小而变化。

不同情况的人，皮肤表面的电阻差异很大，一般情况人体电阻可按1000～2000Ω考虑。不同条件下的人体电阻如表2.4所示。

表 2.4　不同条件下的人体电阻

接触电压/V	人体电阻/Ω			
	皮肤干燥	皮肤潮湿	皮肤湿润	皮肤浸入水中
10	7000	3500	1200	600
25	5000	2500	1000	500
50	4000	2000	875	440
100	3000	1500	770	375
250	1500	1000	650	325

6. 电流的流经途径

电流总是从电阻最小的途径通过，电流触及心脏造成危险。电流从左手到双脚是最危险；从右手到双脚危险性相对较小，但容易引起剧烈痉挛而摔倒，导致电流通过全身或摔伤，造成严重危害；从一只手至另一只手次之；一只脚至另一只脚最小。电流途径与通过人体心脏电流的百分数如表 2.5 所示。

表 2.5　电流途径与通过心脏的百分数

电流的途径	左手至双脚	右手至双脚	一只手至另一只手	一只脚至另一只脚
通过心脏电流的百分数/%	6.7	3.7	3.3	0.4

7. 健康状况

人身体健康状况好，抵抗能力强，万一发生触电时，其摆脱电流的可能性相对就大；反之，触电后体力差，摆脱电流的可能性相对也小，并且由于自身抵抗能力差，容易诱发病源。

(三) 电流对人体的伤害类型

电流对人体的伤害可分电击和电伤两大类。

1. 电击

电击就是触电。绝大部分的触电死亡事故都是电击造成的。当人体触及带电导线、漏电设备的金属外壳和其他带电体，或离高压电距离太近，以及雷击或电容器放电等，都会导致电击。

电击是电流对人体器官的伤害，如破坏人的心脏、肺部、神经系统等造成人员死亡。电击时伤害程度取决于电流的大小和触电持续时间。

① 电流流过人体的时间较长，可引起呼吸肌的抽缩，造成缺氧而引起心脏停搏。

② 较大的电流流过呼吸中枢时，会使呼吸肌长时间麻痹或严重痉挛造成缺氧性心脏停搏。

③ 在低压触电时，会引起心室纤维颤动或严重心律失常，使心脏停止有节律的泵血活动，导致大脑缺氧而死亡。

2. 电伤

电伤是指触电时电流的热效应、化学效应以及电刺激引起的生物效应对人体造成的伤害。电伤表现于肌体外部，往往在肌体上留下难以愈合的伤痕。常见的电伤有电灼伤、电烙印和皮肤金属化等。

（1）电灼伤 电灼伤是最常见也是最严重的电伤。在低压系统中，带负荷（特别是感性负载）拉合裸露的闸刀开关时，产生的电弧可能会烧伤人的手部和面部；线路短路、跌落式熔断器的熔丝熔断时，炽热的金属微粒飞溅出来也可能造成灼伤；错误操作引起短路也可能导致电弧烧伤人体。在高压系统中由于误操作，如带负荷拉合隔离开关会产生强烈电弧，使人严重烧伤。人体与带电体间距小于放电距离时，会直接产生强烈电弧对人体放电，致人烧伤或死亡。电弧的强光辐射会使眼睛损伤。

（2）电烙印 电烙印是电伤的一种，当通过电流的导体长时间接触人体时，由于电流的热效应和化学效应，使接触部位的人体肌肤发生变质，形成肿块，颜色呈灰黄色，有明显的边缘，如同烙印一般称为电烙印。电烙印一般不发炎、不化脓、不出血，受伤皮肤硬化，造成局部麻木和失去知觉。

（3）皮肤金属化 在电流电弧的作用下，使一些熔化和蒸发的金属微粒渗入人体皮肤表层，使皮肤变得粗糙而坚硬，导致皮肤金属化，形成"皮肤金属"。

3. 引起火灾或爆炸

（1）引起火灾

① 电气设备的超负荷运行导致设备或导线的绝缘材料损坏，局部过热，当达到一定温度时引燃可燃物，引发火灾。

② 带电设备、线路中带电部分绝缘损坏或绝缘性能降低、电器或电源插座内部的灰尘增多并遇雷雨天气或气候潮湿时，发生漏电。当漏电电流增大到一定程度时，产生漏电电弧，电弧引燃周围可燃物，形成火灾。

③ 带电设备、线路发生短路，供电线路中的电流剧增，温度升高，可燃性的绝缘层就会发热燃烧，造成火灾。

④ 带电设备、线路的连接处接触不良形成接触电阻过大，造成局部过热引起火灾。

（2）引起爆炸

① 可燃气体、易燃液体或可燃液体的蒸气，悬浮状可燃粉尘或可燃纤维与空气混合形成爆炸性混合物，遇带电设备、线路放出的火花或电弧，引起爆炸。

② 带电设备、线路发生爆炸。如油浸式变压器、充油电缆等。

【例】 2006 年 6 月 25 日 2 时 40 分，陕西省石洋集团邦淇油脂公司浸出车间浸出器混合油泄漏，挥发的溶剂蒸气在车间配电室内达到爆炸浓度，配电室内交流接触器接触不良产生电火花，引起蒸气爆炸起火。爆炸造成 4 人死亡、1 人受伤，直接经济损失 185.9 万元。

第二节　带电设备、线路的火灾特点

一、电气火灾的原因

电气火灾发生的原因是多种多样的，例如过载、短路、接触不良、电弧火花、漏电、雷电或静电等都能引起火灾。有的火灾是人为的，比如：思想麻痹，疏忽大意，不遵守有关防火法规，违反操作规程等。从电气防火角度看，电气设备质量不高，安装使用不当，保养不良，雷击和静电是造成电气火灾的几个重要原因。

（一）短路

短路是指电气线路中，由于裸导线或绝缘破损后，相线与相线、相线与零线或大地在电阻很小或没有通过负载的情况下相碰，产生电流突然大量增加的现象。

电气线路发生短路时，短路电流突然增大，在极短的时间内的发热量也很大，不仅能使绝缘燃烧，而且能使金属熔化，引起附近的易燃、可燃物质燃烧，造成火灾。电气线路发生短路的主要原因有：

① 使用绝缘导线、电缆时，没有按具体环境选用，使导线的绝缘受高温、潮湿或腐蚀等作用的影响而失去绝缘能力；

② 线路年久失修、绝缘层陈旧老化或受损，使线芯裸露，电源过电压，使导线绝缘被击穿；

③ 用金属线捆扎绝缘导线或把绝缘导线挂在钉子上，日久磨损和生锈腐蚀，使绝缘受到破坏；

④ 裸导线安装太低，搬运金属物件时不慎碰在电线上，金属物件搭落或小动物跨接在电裸导线上；

⑤ 架空线路电线间距太小，档距过大，电线松弛，有可能发生两线相碰；

⑥ 架空电线与建筑物、树木距离太小，使电线与建筑物或树木相碰；

⑦ 电线机械强度不够，使电线断落接触大地，或断落在另一根电线上；

⑧ 安装、修理人员接错线路，或带电作业时造成人为碰线短路；

⑨ 不按规程要求私接乱拉，管理不善，维护不当造成短路。

（二）过载

所谓过载，是指电气设备或导线的功率和电流超过了其额定值。造成过载的原因有以下几个方面：

① 设计、安装时选型不正确，使电气设备的额定容量小于实际负载容量；

② 设备或导线随意装接，增加负荷，造成超载运行；

③ 检修、维护不及时，使设备或导线长期处于带病运行状态。

电气设备或导线的绝缘材料，大都是可燃材料。属于有机绝缘材料的有油、纸、麻、丝和棉的纺织品、树脂、沥青、漆、塑料、橡胶等。只有少数属于无机材料，例如陶瓷、石棉和云母等是不易燃材料。过载使导体中的电能转变成热能，当导体和绝缘物局部过热，达到一定温度时，就会引起火灾。我国不乏这样的惨痛教训，电线电缆上面的木装板被过载电流引燃，酿成商店、剧院和其他场所的巨大火灾。

（三）接触电阻过大

在电气线路与母线或电源线的连接处，电源线与电气设备连接的地方，由于连接不牢或者其他原因，使接头接触不良，造成局部电阻过大，称为接触电阻过大。接触电阻过大时，会产生极大的热量，可以使金属变色甚至熔化，并能引起绝缘材料、可燃物质及积落的可燃灰尘燃烧。

电气线路发生接触电阻过大的主要原因有：

①安装质量差，造成导线与导线，导线与电气设备衔接点连接不牢；②连接点由于热作用或长期振动使接头松动；③在导线连接处有杂质，如氧化层、泥土等；④铜铝混接时，由于铜铝处理不当，在电腐蚀作用下接触电阻会很快增大。

（四）电气线路产生的电火花和电弧

电火花是电极间放电的结果。电弧是由大量密集电火花所构成的。电弧的温度可达 3000℃以上，电火花和电弧容易引起可燃物燃烧或爆炸性可燃气体、可燃粉尘的爆炸。电气线路产生电火花和电弧的原因主要是：

①导线绝缘损坏或导线断裂，形成短路或接地时，在短路点或接地处将有强烈电弧产生；②大负荷导线连接处松动，在松动处会产生电火花和电弧；③架空的裸导线，混线相碰或在风雨中短路时，各种开关在接通或切断电路时、熔断器的熔丝在熔断时，以及在带电情况下检修或操作电气设备时，都将会有电弧或电火花产生。

（五）烘烤

电热器具（如电炉、电熨斗等），照明灯泡，在正常通电的状态下，就相当于一个火源或高温热源。当其安装不当或长期通电无人监护管理时，就可能使附近的可燃物受高温而起火。

（六）摩擦

发电机和电动机等旋转型电气设备，轴承出现润滑不良，干枯产生干磨发热或虽润滑正常，但出现高速旋转时，都会引起火灾。

【例】 2004年10月6日凌晨0时8分左右，江西省抚州航运有限公司的"玉茗油壹号"油船在南昌富昌油库卸油过程中，因机舱内柴油机传动轴与密封轴套摩擦，产生火花引爆汽油蒸气发生爆炸，并引起大火。南昌消防支队调度指挥中心于0时13分接到报警后，先后调集了市区、郊县12个中队，24辆消防车，168名消防官兵参战。在海事部门及公安干警的密切配合下，经过广大参战官兵的奋力扑救，油轮火灾于6日中午13时被扑灭，抢救出141余吨汽油，成功地保护了附近富昌油库及附属设施安全。这起火灾造成1人死亡，直接财产损失303.64万元。

二、带电设备火灾特点

与一般火灾相比较，带电设备火灾除了具有一般火灾特点，还有其自身的特殊性。

（一）易发生人员触电

消防官兵在扑救带电设备火灾过程中，容易发生触电事故，归纳总结其原因有以下三点。

1. 直接接触

消防官兵身体的某部位或其使用的器材装备，直接与带电物体接触或与带电物体过于接近，从而使电流由人体通过而发生触电。

【例】 2009年8月2日凌晨3点50分左右，诸暨暨阳街道的袁家灯具厂突然发生火灾，厂房内堆着上万个灯具，厂房周围都是村民住房。接到命令后，诸暨大队迅速调集城东、城西2个中队，4辆消防车、28名官兵前往扑救。在扑救过程中一名战士不幸触电牺牲。

2. 使用灭火剂不当

消防员在扑救带电设备火灾时由于使用了能够导电的灭火剂，如水枪射出的直流水柱、泡沫管枪射出的泡沫等，当其射至带电部位时，电流经由灭火剂通过人体而发生触电事故。

3. 设备故障

当带电设备发生火灾时，由于带电设备发生某些故障，比如电线断落，带电设备遇水、蒸汽、泡沫、烟雾等而漏电，从而在漏电地区形成跨步电压或接触电压，当消防官兵进入这个地区灭火时发生触电。

(二) 初期火灾隐蔽

在扑救带电设备火灾行动过程中，特别是对第一出动力量到场的初战行动中，发现初期起火点较为隐蔽，侦察人员不易察觉。主要体现在下面两个方面：

① 发生火灾的漏电与短路部位大多在电器、电源插座以及穿线管的内部，在线路的连接处时常接触不良，这些部位一般都在隐蔽处。

② 由于建筑装修的需要，电气线路常常采用暗敷形式将其隐藏起来，导致发生火灾时较隐蔽，不易被消防队员察觉。

【例】 1993 年 8 月 12 日 22 时左右，北京市隆福大厦后楼底层礼品柜台的日光灯下班后未关闭，长时间通电，使镇流器线圈短路产生高温引燃固定镇流器的木质材料，蔓延成灾，直接经济损失达 2100 多万元。

(三) 燃烧蔓延迅速

由于带电设备中存在大量的可燃（易燃）物，当其起火燃烧时，极易蔓延扩大开来。带电设备中，如油浸式变压器内部储有大量的可燃绝缘油，一些大型的油浸式变压器、油断路器，储油量能够达到几十吨。这些设备在高温作用下，很容易发生爆炸，从而引起油品外溢或飞溅，燃烧非常猛烈，这样就形成了大面积的油类火灾。此外导线的绝缘层以及电缆的防护层都是用橡胶、塑料、黄麻之类的可燃材料制成的，一旦发生起火燃烧，极易形成一条"火龙"，同时发出强烈的耀眼弧光，从而沿着电气线路迅速地蔓延燃烧，阻碍着消防官兵的灭火行动。

(四) 高温燃油易喷溅

对于变压器、油断路器等充油带电设备火灾，灭火人员不仅面临着触电危险，而且此类火灾还具有油类火灾特点，给火灾扑救带来更大难度。该类带电设备一旦发生火灾，容易造成设备油类液体外泄，形成地面流淌火，引发周边其他带电设备或可燃物起火燃烧。另外，由于扑救过程中水渍的影响，使得储油装置中的水垫层增厚，在高温作用下容易发生液体向外喷溅，直接威胁到消防队员的生命安全，给扑救工作带来很大困难。

（五）设备种类多，扑救难度大

由于我国电气化不断发展，各式各样的带电设备广泛应用，有应用在电力系统中的强电设备，也有应用于信息领域中的各种弱电设备，还有在家庭生活中的诸多电器设备。这些带电设备火灾也千差万别，因此针对不同种类的带电设备及其火灾，所采取的灭火技战术有所不同。因为，有些强电设备的电压达几千伏甚至更高，极易造成人员触电危害；有些精密的带电信息设备，不仅价格昂贵，在扑救过程中还需避免水渍损失。此外因为带电设备的特殊性，导致在火灾扑救中需要采取与一般火灾不相同的技战术措施，这也正是此类火灾扑救的难点问题所在。

第三节　带电设备、线路火灾的灭火措施

一、断电灭火

（一）断电技术措施

为防止火场上发生触电事故，在扑救电气设备、电气线路火灾时，首先要有单位电工技术人员合作，设法切断电源，然后进行扑救。切断电源时应采取以下技术措施。

1. 在变电所、配电室断开主开关

如果要切断整个车间或建筑物的电源时，可在变电所、配电室断开主开关。在自动空气开关或油断路器等主要开关没有断开前，不能随便拉开隔离开关，以免产生电弧发生危险。

2. 在建筑物内用闸刀开关切断电源

在动用闸刀开关切断电源时，最好利用绝缘操作杆或干燥的木棍操作，或者戴上干燥的手套操作。因为扑救火灾时，手容易出汗和受水潮湿，闸刀开关刀可能受潮或烟熏而降低绝缘强度，所以徒手操作不够安全。

3. 动力设备断电

在动力配电盘上，只用作隔离电源而不用作切断负荷电流的闸刀开关，叫做

总开关或电源开关。切断电源时，应先用电动机的控制开关切断各个电动机的电源，停止各个电动机的运转，再用总开关切断配电盘的总电源，以防产生强烈电弧，烧坏设备烧伤操作人员。

切断用磁力开关控制的电机时，应先用按钮开关停电，再断开闸刀开关，防止带负荷操作产生电弧伤人。

4. 用跌落式熔断器切断电源

在变电所和户外杆式变电台上的变压器高压侧，多用跌落式熔断器保护。如变压器发生火灾需要切断电源时，可以用电工专用的绝缘杆捅跌落式熔断器的鸭嘴，熔丝管就会跌落下来达到切断电源的目的。

5. 剪断线路切断电源

当进入建筑物内，用各种电气开关切断电源已经比较困难，或者已经不可能时，可在上一级变配电所切断电源。如果在上一级变配电所切断电源将影响较大范围的供电时，有时采用剪断电力线路的方法来切断电源。

如果需要剪断对地电压 250V 以下的线路或需要剪断 380/220V 的三相四线制线路时，可穿戴绝缘鞋和绝缘手套，用断电剪将电线剪断。切断电源的地点要选择适当，剪断的位置应在电源方向的支持物附近，防止导线剪断后掉落在地上造成地短路，触电伤人，剪断部位如图 2.4（a）所示。

当电力线路为绝缘导线，在剪断非同相或一根相线一根零线时，应在不同部位剪断。在剪断扭缠在一起的单相两根导线或两芯、三芯、四芯的护套线，也应在不同的部位剪断，不能用断电剪同时剪断两根和两根以上的线芯，否则易造成短路。剪断后，断头要用绝缘胶布包好，切断电线方法如图 2.4（b）所示。

（二）电气火灾在断电后的扑救措施

电气设备燃烧时，切断电源后，电气设备的火灾扑救方法与一般火灾扑救相同。切断电源后仍能继续燃烧的都是电气设备的绝缘材料，而各种电气设备使用的绝缘材料是不同的，因此在扑救时，要根据这一特点采用不同的灭火剂，并结合电气设备的构造特点采用不同的灭火方法。

① 发动机和电动机等电气设备都属于旋转类设备。这类设备的特点是绝缘材料比较少，而且有比较紧固的外壳。由于可燃物质数量较少，一般可采用二氧化碳等灭火剂扑救。大型旋转电机燃烧猛烈时，可用水蒸气和喷雾水扑救。实践证明，用喷雾水扑救的效果更好。切忌用砂土扑救，以防止硬性杂质落入电机内使电机的绝缘和轴承等受到损坏而造成严重后果。

② 变压器、油断路器等充油电气设备发生火灾时，切断电源后的扑救方法

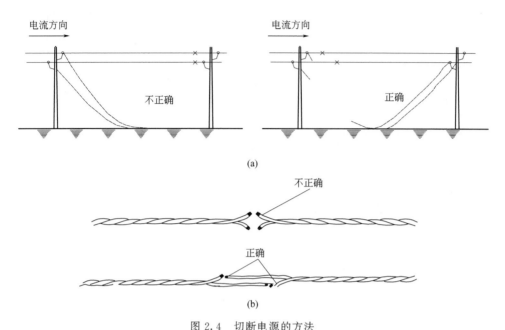

图 2.4　切断电源的方法

(a) 切断室外架设的电线的部位；(b) 切断绞形的多股线的方法

与扑救可燃液体火灾相同。如果油箱没有破损，可用干粉、CO_2 等灭火剂进行扑救。如果油箱破裂，大量油流出燃烧，火势凶猛时，切断电源后可用喷雾水或泡沫扑救。流散的油火，也可用砂土压埋。

③ 电缆发生燃烧，主要燃烧物质是绝缘纸、塑料、沥青、橡胶、绝缘油、棉麻编织物等可燃烧质。切断电源后，灭火方法与灭一般可燃物质相同。电缆、电容器切断电源后仍可能有较高的残留电压，因此在切断电源后也要参照带电灭火要求进行扑救，以确保消防人员的安全。输电电压在 35kV 以上的架空线路和 10kV 以上的电缆线，且输电线路较长时，在切断电源后，也不能忽视感应电压和电容电压对人的触电威胁。断电后的电容器，如果不采取放电措施，任其自行放电至电容器的残留电压接近于零值，仍需要很长时间。

④ 大型电气设备、特别是变配电设备，都有许多瓷质绝缘套管。这些套管在高温状态遇急冷或冷却不均匀时，容易爆裂而损坏设备，可能造成一些不应有的损失。如果是有绝缘油的套管，套管爆裂后还会造成绝缘油流散，使火势进一步扩大蔓延。所以，遇到这种情况最好采用喷雾水灭火，并注意均匀冷却设备。

⑤ 封闭式电烘干箱内被烘干物质燃烧时，切断电源后，由于烘干箱内的空气不足，燃烧不能继续，温度下降，燃烧会逐渐被窒息。因此，发现电烘干箱冒烟时，应立即切断电源，而不要打开烘干箱。否则由于进入空气，反而会使火势扩大。如果错误地往烘干箱内泼水，会使烘干箱内的电炉丝、隔热层等遭受损坏

而造成不应有的损失。

二、带电灭火

在灭火战斗中，常常遇到设备带电的情况，有的情况紧急，为了争取灭火时机，必须在带电情况下进行扑救。有时因生产需要，或遇其他原因无法切断电源时，或遇切断电源后仍有较高的残留电压时，也需要带电灭火。带电灭火关键是解决触电危险，当采取各种安全措施以后，对带电电气设备、电气线路的火灾扑救方法，就和扑救断电后电气火灾方法相同。

（一）用灭火器带电灭火

1. 确定最小安全距离

在扑救电气火灾时，指挥员应与失火单位的负责人、电工技术人员取得联系，了解带电电气设备、电力线路的电压和火灾情况，确定最小安全距离后，再组织人员进行带电灭火。但应使人体、灭火器的喷嘴与带电体之间不小于表 2.6 所列的最小安全距离。

表 2.6　人与带电体的最小安全距离

电压/kV	10	35	66	110	154	220	330
距离/cm	40	60	70	100	140	180	240

2. 常用灭火剂的绝缘强度和灭火器射程

常用的灭火剂有 CO_2、干粉等。这些灭火剂都不导电，有足够的绝缘能力，使用时，应尽量在上风方向施放。

3. 用灭火器带电灭火的注意事项

① 注意操作要领和使用要求。
② 尽量在上风方向喷射。
③ 保持最小安全距离。

（二）启动灭火装置带电灭火

装设有固定或半固定灭火装置，对及时扑灭初期火灾，保护设备和防止火势蔓延扩大有重要作用。目前发电厂和供电系统使用的固定灭火装置有水蒸气、雾状水等几种。

1. 蒸汽灭火装置

蒸汽灭火装置一般装在封闭的生产房间、油泵房、密闭式发电机房和地下沟等处。在需要使用蒸汽灭火的设备和场所附近，安装蒸汽管线和竖管，在管口上再安装适当长度的橡胶管和喷嘴。灭火时打开蒸汽管线的阀门，即可喷出大量水蒸气，并及时封闭孔洞，就会迅速窒息灭火。

2. 水喷雾灭火装置

水喷雾灭火装置由喷头、水泵、管道、水源所组成，采用自控系统，发生火灾时，能自动报警，自动灭火。

（三）用水带电灭火

水能导电，用直流水枪的水柱扑救带电的电气设备、电力线路火灾，对人体是有害的。用水带电灭火时，带电体与喷射水流的水枪、人体、大地可以形成一个回路，这个回路中所通过的电流大小，对人身的安全有直接影响。据试验，在低电压时人体的电阻约为 10000Ω，当电流通过人体为 $1mA$ 时，人就感觉有电。因此，带电灭火时，如果设法使通过人体的电流不超过 $1mA$，就可以保障扑救人员的安全。

1. 影响水枪泄漏电流大小的因素

水柱的泄漏电流与水的电阻率、水压、电压、水枪喷嘴至带电体之间的距离、水枪喷嘴的直径等因素有关。通过试验，它们之间有以下关系：

（1）水质电阻率的影响　不同的水质具有不同的电阻率。化学纯水是不导电的，而一般用水都含有杂质，其导电性能随杂质含量而不同，导电性能可以用水的电阻率值（$\Omega\cdot cm$）来表示。各种水质电阻率的近似值如表 2.7 所示。表 2.8 是对几种水质电阻率的实测值。

表 2.7　各种水质电阻率近似值

水质名称	电阻率近似值/（$\Omega\cdot cm$）
海水	100～500
湖水、池水	3000
泄水、泥炭中的水	1500～2000
泉水	4000～5000
地下水	2000～7000
溪水	5000～10000
河水	3000～28000
蒸馏水	100000000

表 2.8　不同水质电阻率的实测值

水质名称	电阻率/(Ω·cm)	备注
蒸馏水	157080	水温为 7℃
自来水	3455	某城市的自来水
清洁的河水	1925	不流动的小河水
靠近钢铁厂的河水	1540	某城市的钢厂
自来水掺入少量盐或酸	50	电阻率为 3455Ω·cm 的自来水加入酸

由表可知，在水枪喷嘴直径相同、水枪到带电体距离相同、电压大小相同的情况下，采用电阻率大的水质进行带电灭火时，水柱的电阻就大，通过水柱的泄漏电流就小。采用电阻率小的水质进行带电灭火时，水柱的电阻就小，通过水柱的泄漏电流就大。如果火场上有多种不同电阻率的水质时，取用电阻率大的水质进行灭火，可以提高安全程度。

（2）电压对泄漏电流的影响　根据欧姆定律，电路中电阻不变时，通过电路中的电流强度与电源电压成正比。当水质电阻率确定水枪口径和水柱长度相同的情况下，水柱电阻是不变的，这时泄漏电流随电源电压高低成正比关系。在火场上用直流水枪进行带电灭火时，如果电源电压比较高，通过水柱的泄漏电流也比较大，就要注意水枪喷嘴至带电体之间的距离。

（3）水枪喷嘴至带电体的距离对泄漏电流的影响　水枪喷嘴至带电体的距离越大，则水柱越长，水柱电阻就越大，而通过水柱的泄漏电流就越小。因此，在火场上用直流水枪进行带电灭火时，就可以充分发挥直流水枪射程远的特点，适当增大水枪喷嘴至带电体之间的距离，以提高用水带电灭火的安全程度。

表 2.9 表明当电压为 110kV，水压为 1.0MPa，水枪喷嘴口径 16mm，水的电阻率为 3455Ω·cm 时，喷嘴至带电体距离与水柱泄漏电流的关系。

表 2.9　水枪喷嘴至带电体距离与水柱泄漏电流的关系

距离/m	水柱泄漏电流/mA
5	0.76
6	0.62
8	0.089~0.12
11	0.01

（4）水枪喷嘴口径大小对泄漏电流的影响　当水枪射出的水柱长度相同，即水枪喷嘴至带电体的距离相等，如果改变水枪口径，就会改变水柱的截面积，也改变了水柱电阻大小。用小口径水枪时，水柱的截面积小，水柱的电阻就大；用大口径水枪时，水柱的截面积大，水柱的电阻就小。因此，在电压相同、水的电

阻率相同、距离相等的条件下，用小口径水枪通过水柱的泄漏电流比较小，用大口径水枪通过水柱的泄漏电流比较大。在火场上采用直流水枪进行带电灭火时，如电压比较高，或水的电阻率比较小时，为了提高安全程度，宜采用小口径水枪。如需要增加灭火用水量时，可增加水枪支数，而不要改用大口径水枪。

（5）水压对泄漏电流的影响　在电压、水电阻率、水枪喷嘴口径相同和水枪喷嘴至带电体的距离相同的条件下，当泵压增大时，从直流水枪射出的充实水柱就会相应增加，水柱更为紧密，电流容易通过，泄漏电流就会随着压力的增大而增大。试验数据见表 2.10。

表 2.10　不同水压条件下直流水枪水柱的泄漏电流

水压/MPa	水柱泄漏电流/mA	备注
0.5	0.08～0.12	
0.6	0.1	当电压为 220kV，水柱长度为 10m，直流水枪口径 16mm，水的电阻率为 3080Ω·cm
0.7	0.14	
0.8	0.18～0.20	
0.9	0.18～0.22	

如果水流是经开花水枪射出，则水泵的压力愈大射出的水流的水滴分散得愈好，水滴间的间隙愈均匀，电阻也相应增大，而泄漏电流则相应减小，试验数据见表 2.11。

表 2.11　不同水压下喷雾水枪水柱的泄漏电流

水压/MPa	水柱泄漏电流/mA	备注
0.5	0.08～0.12	
0.55	0.11	
0.6	0.1	电压为 220kV，水柱长度为 6m，水的电阻率为 3339Ω·cm
0.7	0.14	
0.8	0.18～0.20	
0.9	0.18～0.22	

因此，在火场上，采用直流水枪进行带电灭火时，距离带电体较近的情况下，不宜采用过高的水压；采用开花水枪进行带电灭火时，不宜采用过低的水压；采用喷雾水枪带电灭火时，则应有足够的水压保证雾化程度和足够的电阻值。

2. 用水带电灭火具体方法

（1）设计接地装置　从以上内容可以看出，用水进行带电灭火时，在许多情况下，具有一定泄漏电流通过，可在金属水枪喷嘴上安装接地线。接地线可用截面积 $5\sim10mm^2$ 的铜绞线，接地棒可用长 1m 以上，直径 50mm 钢管或 50mm× 50mm 角钢。

用水带电灭火时，水枪手可将接地线一端牢固地接在金属水枪喷嘴上，但不能使用塑料水枪，另一端与接地棒连接，并将接地棒钉入地下 0.5m 以下深度。如土壤太干燥，可以浇一些水，以降低接地电阻。如寒冷地区冬季地冻严重，把接地棒钉入地下有困难时，可以用水把接地棒冻在地上。如果接地线与其他接地装置如避雷针引下线、自来水管道、暖气管道、电线杆接线等连接，则必须接地良好。持水枪时，人手的位置一定要放在接地线后面；要采取措施防止水渍流进手套和胶靴内。根据电压高低，选择好与带电体的距离，然后射水扑救。

在不能使用接地棒的地方，可用铜网格作接地板。如果先用粗铜线编好的 0.8m×0.8m 的网格板，铜网格用粗铜线编成，网格孔眼的边长取 $2\sim3cm$，网格大小以人脚能接触格子两边为准。在网格板上牢固地接好一根 3m 左右的接地线，连接时用铜线绑扎加固或用锡焊加固。用水带电灭火时，把接地网板上接地线空出的一端牢固地连接在金属水枪喷嘴上。根据电压高低选好安全距离，扑救人员在接地网格板上站好，才能射水灭火。

采用这种方法的优点是，不会受接地棒的限制，可以随时转移水枪阵地。水枪手在转移阵地时，应先停止射水，才能离开网格地板，并将网格板移至新阵地，站在网格接地板上后再出水灭火。

用粗铜线编成草鞋样的网格鞋套在鞋上，代替网格接地板，行动起来就更方便，两只鞋上牢固地连接好 3m 左右长的接地线。灭火时，应把两只鞋的接地线同时牢固地连接在金属水枪喷嘴上，根据电压高低选好距离，然后射水扑救。灭火战斗中可以根据需要随时转移阵地。如只连接一只鞋，当连有导线鞋的脚抬起时，泄漏电流将会经过人体入地，这是不安全的。

（2）穿戴均压服　为在火场上随时能够根据需要穿戴均压服，进行用水带电灭火，平时应在消防车上配备均压服。

目前使用的均压服有两种，一种用棉纤维或动物纤维与紫铜丝并捻的经纬交织布制成的；另一种是用棉布经化学镀铜或镀银制成的。这两种均压服在棉纱和棉布里，都含有较大成分的金属导体。用这种材料制成的均压服包括：帽子、手套、袜子、胶鞋等，而胶鞋底则用导电橡胶制成。穿着均压服有两个作用：一是使人体各部位等电位；二是起到水枪接地的分流作用。穿着均压服带电灭火转移阵地时可不必停水，行动方便。但使用时一定要把衣服、手套、袜子和胶鞋之间的按钮扣好，使其相互之间的铜线拧在一起，形成一个整体导电体。

扑救电气火灾时，根据电压选好安全距离，利用金属水枪射水扑救。

（3）穿戴绝缘胶鞋和绝缘手套　在消防车上备有这些装备，灭火时穿戴好，根据电压选好距离，然后射水扑救。穿戴绝缘胶靴和绝缘手套灭火时，水枪不用接地线。宜采用塑料水枪，进一步提高绝缘强度。在扑救过程中，要防止水流入手套和胶靴中而降低绝缘强度。在向带电设备射水时其他人员要防止与水带接触。

（4）采用双级离心式喷雾水枪　双级离心式喷雾水枪，是在一般直流水枪的喷嘴上安装一个双级离心喷雾头构成的。这种水枪的雾化程度好，几乎是不导电的，这种喷雾水枪的最远射程为 10m 左右。

用这种喷雾水枪进行带电灭火时，水枪可不用接地线，应根据电压选好距离，消防泵压保持在 0.5～0.7MPa，并在水枪喷出的雾状水正常后，才能射向带电体灭火。

经试验：喷雾水枪喷嘴距离 127kV 带电体 1.5m，并在 $7.07×10^5$ Pa 的水压下进行灭火时，没有泄漏电流。

（5）采用高压水枪的雾化水流扑救　高压水枪的出水口径为 6.5mm、7.0mm、7.5mm、8.0mm，工作压力 4MPa。采用雾化水流扑救时，高压喷雾水流的射程与上述出水口径相对应为 9m、11m、12m、15m，雾化水滴直径 100～200μm。扑救时应根据电压高低选好距离，并在雾化水流正常后，才能射向带电体灭火。

（6）使用充实水柱带电灭火　采用小口径水枪，运用点射进行远距离射水灭火。如因条件限制不能远距离喷射时，可使水流不直接作用于火焰，而向斜上方喷水，使水流呈抛物线形状落于火点，增加水柱长度。

（7）保持最小安全距离　最小安全距离是指水枪喷嘴与带电体之间应保持的最小距离。对不同的电压，不同的水枪喷嘴直径，不同的水质，这个距离是不同的。最小安全距离与带电灭火最小安全水柱长度有一定关系。

为了使人体通过泄漏电流小于 1mA，带电灭火时，最小安全水柱长度见表 2.12。

采用保持最小安全距离的方法进行带电灭火时，在水枪喷嘴上可以不用接地。但为了安全，宜采用塑料水枪。水枪手宜穿普通圆筒胶靴，并在扑救过各中，防止水流入靴中。

水枪喷嘴至带电体的距离和水枪喷嘴至带电体之间的水柱长度是有差别的，主要取决于向带电体射水时采取的上倾角。当直流水枪向带电体直射水流时，二者的长度是一致的。直流水枪向带电体取一定的上倾角射出水流时，水从高处下落到带电体上，这时水柱成弯曲状，则水枪喷嘴到带电体距离要小于水枪喷嘴至带电体之间的水柱长度。为了提高用水带电灭火的安全程度，在采取保持最小安全距离用水带电灭火时，为增加水柱长度，减小通过水柱的泄漏电流，一般向带电体射水时可以采用不同程度的上倾角，这样，在同样的距离上就可以增加水柱的长度。带电灭火最小安全水柱长度见表 2.12。

表 2.12　带电灭火最小安全水柱长度　　　　　单位：m

电压 ＼ 喷嘴直径	13mm		16mm		19mm	
	自来水	海水	自来水	海水	自来水	海水
10kV	8	8	8	8	8	10
35kV	8	10	8	10	10	
110kV	12	12	12	12		
220kV	15	15	15	15		

三、变压器火灾灭火

（一）变压器的火灾危险性

1. 变压器内部有可燃物质

变压器线圈用纸、棉纱、布、涤纶等作为绝缘材料。安装变压器的铁芯时，用木块、纸板等作为支架和垫衬材料，还有大量的变压器油作为加强变压器的绝缘和冷却用，如图 2.5 所示。例如 1000kV·A 的变压器用木料 0.012m³，纸料 40 多千克，变压器油 2t。而容量为 75000kV·A 的变压器，变压器油就有 50t。这些均是变压器内部的可燃物质。

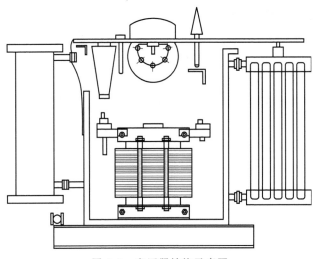

图 2.5　变压器结构示意图

2. 变压器油的火灾危险性

变压器油所以被广泛利用，是因为它有良好的绝缘性能，在 20℃时，绝缘强度为 15~20kV/mm（有效值），90℃时，为 18~24kV/mm（有效值），具有较高的渗透性，能提高纤维质（纸、棉纱、布、木材）的绝缘性能，且黏度小、流动性大，是传热的良好介质。

变压器油也有火灾危险性，其原因：

① 它本身是分馏石油的产品，非饱和烃的混合物，易燃烧。

② 受到高温或电弧的作用即发生热分解，析出 50%~70%的氢，10%~25%的乙炔，3%~10%的甲烷，2%~3%的乙烯等可燃气体。

③ 电弧能使油碳化，悬浮的炭粒落于绝缘材料表面，形成导电小径而破坏绝缘。

④ 能从大气中吸收水分而降低绝缘性能。

⑤ 油温升高时在油内能溶解大量的空气，温度降低后，再从油中放出部分空气，这种现象叫做呼吸作用，它能加速油的氧化，降低其绝缘性能。

⑥ 在氧化、高温、电场的影响下，变压器油逐渐变质老化，出现沉淀，酸和水能破环线圈的绝缘，并降低油的绝缘强度。沉淀能增加油的黏度，降低流动性，破坏变压器的热循环作用。

(二) 变压器的火灾原因

① 变压器线圈燃烧的原因，是由于线圈的层间短路；各线圈的匝间和相间闪烁；线圈靠近油箱部分的绝缘击穿，或线圈长期过负荷所致。

产生这些现象的原因是，检修时大意而使绝缘受到机械损伤；铜线不平或绝缘层较薄弱；绝缘体陈旧，因外部振动而磨损；油的酸化、受潮、油箱漏油或没有及时添油而使油面降低；线圈露出油面，雷击等。

上述原因均能使绝缘强度降低，发生闪烁、击穿，甚至产生电弧，使变压器油燃烧，或气体混合物爆炸，油箱爆炸及油喷出燃烧。

② 变压器内部绝缘套管着火，是由于套管有裂纹，其表面积有油分解的残渣、水分、酸和炭粒，或遇过电压，使套管与油箱上盖间发生闪烁，产生电弧，引起油的燃烧或气体混合物爆炸。

③ 变压器外部绝缘套管放电照烧。其原因是套管表面潮湿，积有尘土、烟灰、油泥，或小动物形成导电小径，降低套管的绝缘，因而引起闪烁燃烧。

④ 变压器铁芯着火，是由于变压器冷却不良，变压器长期过负荷，铁芯或穿心螺栓的绝缘破坏形成短路局部过热所造成的。

（三）变压器不同部位火灾扑救措施

1. 油箱顶盖燃烧

（1）当油污或积落的棉麻等可燃易燃物发生初期燃烧时，消防官兵可以采用二氧化碳或干粉灭火器等进行带电灭火。

（2）当变压器发生套管破裂、套管垫圈破损、调压开关箱破裂等状况时，油就会在油枕的压力下流出来，发生油箱盖上漏油、喷油燃烧。由于设备遭到破坏，扑灭后也不能继续正常运行，此时不切断电源还有可能使事故继续扩大，所以，指挥员宜果断采取相应措施切断变压器的负荷和电源。根据火势的大小，采用二氧化碳或干粉灭火器扑救，火势较大时宜采用喷雾水、泡沫扑救，并打开变压器下部的放油阀，使油面降至低于油箱盖，制止喷油漏油，以加快灭火的速度和效率。

（3）当火势发展猛烈，变压器内确实有直接燃烧的危险或油箱有爆裂的可能时，指挥员应当设法把变压器内的油全部放到储油坑内。战斗员在操作放油阀的时候，指挥员应注意该战斗员的安全，需要采取一定的防护措施，例如用喷雾水掩护或利用隔热挡板等。

应当注意的是，当变压器的电源没有切断时，为了防止变压器爆裂喷油伤人，无关人员不要靠近火灾现场。

2. 油箱爆裂喷油燃烧

（1）发生油箱爆裂的原因　由于变压器的内部故障，如变压器的线圈短路，线圈向油箱外壳放电，油箱内套管向油箱外壳放电，变压器铁芯燃烧等，都会引起油箱内部压力剧增，而造成油箱爆裂喷油燃烧；油断路器的内部故障也常常造成油箱爆裂。

（2）油箱爆裂的种类　一般可分为上盖爆裂、下底爆裂和侧壁爆裂三种；当变压器的线圈或套管向油箱外壳产生强烈的电弧时，可能使油箱外壳穿洞，发生一面喷油一面燃烧的情况；当变压器油箱内部压力增大时，防爆管的管口上安装的玻璃片被冲碎，发生从防爆管向外喷油燃烧的情况。

据统计，在发生的 21 例变压器火灾事故中，烧毁 24 台变压器，其中 18 台变压器各种喷油燃烧，合计占 24 台变压器的 75%。18 台变压器各种喷油燃烧的情况见表 2.13。

（3）固定消防设施情况　按规定室内变压器和油断路器等充油带电设备在油量超过 60kg 时，应设置储油坑或挡油门坎；室外充油带电设备单个油箱的充油量为 1000kg 以上时，应设置储油设施；遇变压器、油断路器的油箱上盖爆裂，

表 2.13　变压器喷油燃烧情况

燃烧情况	变压器/台
防爆管边喷油边燃烧	1
瓷套管裂缝喷油燃烧、瓷套管爆裂喷油燃烧、瓷套管衬垫处喷油燃烧、瓷套管安装孔喷油燃烧、瓷套管烧碎后喷油燃烧、调压开关箱爆裂喷油燃烧	7
变压器油箱上盖爆裂、张口喷油燃烧	2
变压器油箱被击穿成孔洞喷油燃烧、变压器油箱侧面爆裂、包括没有明确指出爆裂部位的喷油燃烧	5
变压器油箱底部爆裂喷油燃烧	2
变压器油箱散热管被外电源击穿喷油燃烧	1

或油箱侧壁上部爆裂、穿洞，油箱内有大量变压器油时，应设法将变压器油放入储油池或其他安全地点，以制止喷油燃烧，防止火势扩大蔓延。

（4）扑救具体措施　在变压器油箱爆裂、穿洞或从防爆管喷油燃烧时，火势都是比较猛烈的，扑救时一定要切断变压器的负荷和电源，因为不切断电源，事故会进一步扩大。

对油箱爆裂喷油燃烧的扑救，可以用喷雾水、泡沫或干粉扑救。从用双级离心喷雾水枪对变压器火灾进行灭火试验的情况看，用喷雾水灭火时，使用双级离心喷雾水枪的数量，10kV 的变压器可用 2 支，35kV 的变压器可用 2～3 支，110～330kV 的变压器可用 4～6 支。

但要根据变压器破坏程度和变压器油的流散情况加以必要的调整。当油量较大又无储油池时，可用喷雾水或泡沫扑救，当有储油池而不能把油从油池放至其他地方时，宜采用泡沫扑救。

四、灭火行动要求及注意事项

扑救带电设备、线路火灾时，要先切断电源，然后实施灭火。在不能实施断电灭火的情况下，要特别注意灭火战斗行动中的安全。

1. 及时确定警戒区域

① 带电导线断落地面时，在距接地体 20m 半径处，划出警戒区，禁止人员入内，并通知供电部门迅速派人处理，以防因跨步电压而造成事故。

② 消防人员需要进入警戒区域带电灭火时，必须穿戴防护装具。如绝缘靴、绝缘手套、均压服等。

2. 保持适当安全距离

① 消防人员、水枪喷嘴与带电体之间须保持安全距离。在其他条件相同的情况下，电压越高，越要注意安全，水枪喷嘴与带电体之间更应保持较大的距离。

② 扑救架空线路和位于高处的电气设备火灾时，在保证水流达到火焰的情况下，人与带电体之间尽可能保持较大的水平距离，消防人员所站位置的地面水平距离与带电体形成的上倾角，不应大于 45°，以防导线断落危及消防人员的安全。

③ 在带电设备附近进行破拆作业，当使用金属工具时，要防止工具接触带电物体。

3. 冷静应对紧急情况

① 使用直流水枪灭火时，如发现放电声或放电火花，或人有电击感，可以卧倒，将水带与水枪的接合部金属触地，采取卧姿射水，以防触电伤人。

② 发生电线断落时，已处于该区域内的消防人员要镇静应付，扔掉灭火工具，用单腿或双脚并拢慢慢跳出，距带电体触地处 10m 以外，即可脱险。

4. 防止人体与水流接触

① 在带电灭火过程中，消防人员应避免与水流接触。

② 没有穿戴防护用具的人员，禁止接近燃烧区，以防地面积水导电伤人。

③ 火灾扑灭之后，如设备仍有电压，所有人员不得接近带电设备和积水地区。

④ 消防人员身体的各个部位不要接触直流水枪射向带电体的水柱，以防止泄漏电流经过人体入地。

第三章 → → →

寒冷季节火灾扑救

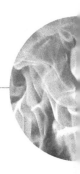

寒冷季节是指气温在0℃以下滴水成冰的季节。北方寒冷地区，冬季的室外温度通常处在－16～－46℃之间，具有海拔越高、纬度值越大的地区气温越低的规律。天气寒冷造成滴水成冰，而在此季节中为能够满足工作与生活的基本需求，人们大量用电、用火，因此，火灾极易发生。

第一节　寒冷季节的基本特点

我国气候属大陆性季风气候。在冬季，干寒的冬季风从西伯利亚和蒙古高原吹来，由北向南势力逐渐减弱，并形成干燥寒冷的气候。我国北方地区冬季主要受蒙古气流的影响，气候寒冷。

一、寒冷季节的状况

寒冷季节温度低，天气干燥，大风频发，火险等级高。

1. 我国冬季的气候差别较大

我国冬季气温分布的特点是越往北气温越低，南北气温相差50℃以上。如隆冬季节（一月），在大兴安岭北部一带，气温在－30℃以下；在秦岭—淮河一线以北地区，冬季江河冰冻，而以南地区，气温在0℃以上；在南岭以南及云贵高原南部，霜雪少见，气温都在10℃以上；台湾和海南岛南部及南海诸岛，气温都在20～26℃。我国平均每向北增加一个纬度，气温下降1.5℃。

2. 气温低，天气寒冷、昼夜温差大

冬天的气温特别低，大部分地区的气温都在0℃以下，尤其是东北地区，白天温度在－10℃左右，夜间的温度则可能降到－30℃以下。

3. 光照时间变短，昼短夜长

寒冷季节是一年中光照的低值期，我国北方冬季漫长，特别寒冷，尤其东北一些地方可持续半年之久。

4. 干燥少雨，多风

寒冷季节的降水量往往不到夏天的一半，风干物燥。由于我国具有季风气候

特点，寒冷季节盛行西北风，大风频发，还可能出现寒潮、大雪和严重冰冻等严重的气象灾害。

二、寒冷季节的危害

在寒冷季节，不仅人员容易冻伤，而且固定消防设施、消防装备器材容易冻坏，不能使用，影响灭火战斗行动。

1. 灭火剂不能正常使用

① 在寒冷季节，消防水源可能因结冰而不能使用。

② 高寒冷条件下，消防水带中的水可能会冻结成冰而无法使用。

③ 泡沫灭火剂因低温而使黏度增加、流动性能降低，不能按规定的比例吸入泡沫比例混合器，影响发泡效果。

2. 低温超出灭火器的使用温度下限

泡沫灭火器的使用温度范围为4～55℃，二氧化碳灭火器、贮气瓶式干粉灭火器的使用温度范围为−10～55℃，贮压式干粉灭火器、强化液灭火器的使用温度范围为−20～55℃。如果温度太低，这些灭火器的性能就会受到影响而不能正常喷射。

3. 固定消防设施被冻坏

消火栓、水泵接合器、消防水池等固定消防设施可能内部结冰，甚至冻裂而毁坏。如哈尔滨市是中国大陆最北方、纬度最高的大城市，位于北纬44°04′～46°40′，最低温度达到−35℃以下，冻土层达1～1.5m。进入冬季，各类地下式市政消火栓就开始出现不同程度的冻结现象，每年12月至次年3月，气温下降到−17～−30℃，如不采取防冻措施，建筑室外消火栓或供水管道将几乎全部被冻结，或是阀门被冻结，失去给水作用。

4. 影响车辆行驶

寒冷季节道路结冰，路面打滑，特别是降雪以后，道路被雪覆盖，严重影响消防车辆行驶的速度和安全。

5. 冻伤人员

① 人体在低温环境中，如果缺乏必要的防寒措施，或停留时间过长，引起

体温调节的障碍，就可能冻伤肢体。

② 人体的手、足、耳廓、鼻尖、面颊等部位，处在身体的末端或表面，血流缓慢，且又经常暴露在外，局部温度低，极易受寒冷的伤害而生冻疮。

③ 气温低于−5℃，手指开始疼痛，麻木；低于−15℃，裸露的手指会被冻伤。消防人员接触冰冷的水枪、水带，会加速散热，增大了寒冷的伤害。

第二节　寒冷季节的火灾特点

寒冷季节因取暖用火用电增多，加之风干物燥，火灾频发且易酿成大火。寒冷季节人员穿着笨重，行动不便，影响消防人员的灭火作战行动。

一、火灾发生率高

寒冷季节，天寒地冻，用火用电多，起火因素增多。气候干燥，致使可燃物品特别干燥，含水量降低，遇火源容易着火；天气寒冷，烤火取暖，用火、用电、用气增加，致使起火因素增多；逢有元旦、春节和元宵节三大节日，生活用火、交通运输、商业物品储存销售等环节易发生火灾，也是群众燃放烟花爆竹的高峰，容易导致爆炸或火灾事故的发生；寒冷季节正是岁末年初，生产繁忙，安全易被忽视，导致火灾多发。

二、火势蔓延迅速

寒冷季节风大，空气对流强，发生火灾后燃烧猛烈，蔓延迅速。

① 寒冷季节，风大，气候干燥，为火势蔓延提供了条件。

② 气温低，火场内外温差大，易形成强烈的空气对流，加快空气向燃烧区补充，助长火势的蔓延扩大。

③ 由于昼短夜长，加之天气寒冷，人们户外活动减少，一般情况下早睡晚起，尤其是老弱病残者，卧床时间将会更长。火灾发生后，一时不易发现，使火势迅速蔓延扩大。

三、战斗行动不便

寒冷季节存在许多不利因素，影响消防人员的灭火行动。

① 天气寒冷，消防人员着装较厚，灭火时，战斗服遇水会结冰，影响行动速度和操作的灵活性。

② 消防车、手抬机动消防泵、动力破拆工具、移动式排烟机、发电机的发动机等，在低温条件下启动困难，易贻误战机；发动机在低温条件下工作时，功率降低，影响器材装备功能的发挥。

③ 寒冷季节风雪多、路面滑，影响行车速度，容易发生交通事故，使消防车辆不能及时到达火场；消防车的挡风玻璃易结霜，妨碍驾驶员的视线；寒冷干燥的气候对消防车轮胎的伤害很大，轮胎变硬、相对较脆，安全性降低。

④ 车用消防泵、手抬机动消防泵的水泵内残余的水结冰时，容易导致泵体冻裂。

⑤ 消防水箱以及火场使用的水带、分水器、泡沫发生器等器材装备，都容易冻结；橡胶、塑料等材质的消防器材变硬、相对脆弱，容易损坏。

⑥ 屋面、平台等建筑构件及其他设施、设备结冰后，消防人员行动困难，易发生滑落跌伤事故。

⑦ 一些单位和居民，为了防寒，门窗和通道大多关闭，增加了灭火、救人和疏散物资的难度。

⑧ 寒冷、潮湿常导致消防人员皮肤及手、足、指、趾、耳、鼻等处被冻伤。由于室外环境温度极低而火场温度很高，消防人员频繁出入火场，呼吸道不适，会引起呼吸道及心血管疾病。如 2001 年 12 月 19 日晚，内蒙古呼和浩特市一宾馆发生特大火灾，市消防支队奋战 8h 才将大火扑灭。当天是呼市地区冬季最寒冷的一天，气温在零下 20 多摄氏度，风力 6～7 级，雪大路滑，滴水成冰。扑救结束后，有 60 多名官兵被冻伤。

⑨ 寒冷季节，消防人员的战斗服装易被水淋湿，若频繁出警，不能马上晾干，影响执勤战备的恢复。

第三节　寒冷季节火灾的灭火措施

寒冷季节火灾扑救存在许多不利因素，灭火战斗中要特别解决好消防人员、消防车辆、器材装备、灭火器具的防冻和力量调集问题。

一、火场防冻措施

(一) 平时工作

1. 加强消防水源建设

冬季，由于气候因素，消防水源容易冻结，导致不能正常使用，因此，必须重点加强消防水源的管理力度。入冬之前，不仅要对辖区的消防水源进行一次全面的普查，而且要对辖区的所有消火栓进行维修和检查，并采取最基本的防寒措施。下雪之后，要及时清除水源周围的积雪，保证灭火过程中供水的及时性。

若市政消防水源不足，要积极寻找天然水源，充分利用破拆工具，凿冰取水，在封冻的冰层上凿出水口后，要及时用保温材料覆盖，并经常检查，若发现冻结现象，随时打破冰层。寒冷地区一般都采用消防水鹤，消防水鹤不仅流量可达每秒几十升到上百升不等，可以快速补水，而且水鹤都安装了防寒装置，可以保证灭火时的使用。

【例】　黑龙江省哈尔滨市消防支队根据当地的水源、气候特点，建设了消防水鹤。发生火灾时，消防部队利用大吨位的水罐消防车从消防水鹤取水并向火场运水。近40年的火场战斗表明，寒冷季节火灾扑救非常适合这种运水供水的方式，此方式在我国北方严寒地区得到了广泛应用。消防水鹤如图3.1所示。

消火栓检查、使用、测试后，必须及时关闭，并且要用抹布将出水口处擦拭干净，防止有少量积水。通过泄水弯管，室外消火栓要及时放出栓体内多余的水。在水泵接合器使用完毕后，其进水口至单向阀内的余水要通过放水管的放水阀及时放出，以防止在扑救火灾时不能及时使用。

2. 水源防冻措施

火场灭火用水的主要来源是消火栓，但在寒冷的天气里被冰冻现象的出现会导致管道冻裂或者堵塞。经济的防冻方法并不一定差，结合现实状况来做出合适的选择，如果气温过于寒冷，通过用稻秆等材料制作的草垫包裹消火栓能够有效地防止被冻，不过不能包裹太多，虽然保温效果更好，但在实际使用的过程中会由于草垫过多而影响消火栓的正常使用。如果在使用时发现已经被冻结，此时不应用力强行打开，这样容易导致破裂或断开，造成设施的毁坏。正确的解决办法是用适当的火焰进行烧烤，让冰冻自行融化，除此之外，也能利用热水浸泡的方

图 3.1　某消防水鹤实景

法，在用这种方法时可以用一些吸水性较强的覆盖物盖住被冻住的地方，之后再用热水浇灌，此方法可以减少热水的损失，以达到最佳效果。消火栓防冻方式如图 3.2 所示。

3. 执勤车辆防冻措施

为保证灭火救援工作能够顺利展开，消防部队要做好消防执勤车辆的防护保温措施，提高执勤车辆对严寒气候的免疫能力，在参加灭火战斗时能确保执勤车辆的正常运行，避免发生故障。

（1）消防车辆供热部件的常规保养　汽车的供热部件在寒冷的天气里容易出现故障，导致车辆无法正常使用，因此，注重消防车供热系统的保护和保养，在寒冷条件下是必不可少的重要事项。首先是要维持车辆驾驶舱内的供热部件的正常工作，保障车辆的正常操作，所以保证室温不要过低是第一项需要做的工作；其次就是保护油路管道不被冻结或堵塞，防止供油出现问题而使车辆无法行驶；再就是车辆发动机的供油与预热电路系统的维护也是重点，防止这些部件出现问题致使车辆无法启动或运行。

（2）消防车辆化油器的常规养护　车辆的化油器是维持车辆正常运转的重要保障，而在寒冷的天气里，由于油和空气的混合浓度会降低，此种情况下很容易

图 3.2 消火栓防冻方式

导致发动机无法正常启动。所以在日常维护中要经常对化油器进行检查和调节，保障发动机在低温下也能正常启动。部分车辆上会装有阻风门，对于这一部件也要加强日常保养和检查，特别是自动型的，更容易出现故障，常规的保障性检查可以大大减少由此部件的问题而致使车辆无法启动的现象。

（3）车辆发动机冷却系统的维护 车辆发动机的冷却系统是保障发动机能够长时间正常运转的重要前提，所以做到日常维护是保证车辆使用的一项重要工作。在日常维护中要时常查看防冻液是否缺少或者需要换新、是否存在沉淀物防止堵塞等。同时也要时常对水箱进行清洗和养护，防止附着物的累计导致散热效率降低而使发动机运转发生异常。特别注意的是，不要随意用水代替防冻液进行加注，特别是在寒冷的天气里，水的凝固点过高，很容易被冻结而使散热系统不能工作甚至被冻裂，应该根据当地天气温度条件来选择不同凝固点的防冻液，才能有效防止被冻结的现象。在加注防冻液前要做好整个系统的清理除垢工作，保障能正常运转，另外注意防冻液的注入量要符合标准，过少会降低散热效率，过多会使防冻液外溢而腐蚀机器部件。

（4）车辆轮胎检查　　轮胎是车辆的易损部件，存在隐患的轮胎会导致车辆失控或无法行驶，所以轮胎的常规检查是任何车辆养护必须要进行的重点工作。日常维护重点是对轮胎气压和磨损度的观察，特别是在寒冷天气，路面经常会出现冰冻，更容易致使车辆打滑，这种路况中的车辆轮胎气压不宜太高，以降低打滑概率，当然也不要太低，否则会增加爆胎概率，更加危险。车辆长期处于寒冷条件下会让轮胎变硬，在行驶的过程中更容易导致轮胎受损，而且车辆在行驶中不同位置的轮胎磨损程度有差异，所以，轮胎的日常维护还包括轮胎的前后、左右倒换使用。平时关注轮胎的磨损及完整性，如果发现已不能正常使用或存在重大隐患，要尽快更换新的轮胎。在寒冷天气里，由于道路有冰冻，车辆打滑问题严重，可以使用专门的防滑型的轮胎，保障车辆的正常安全行驶。

（5）车辆制动系统的维护　　在天气寒冷的条件下，车辆的制动容易附着冰层，特别是车辆涉水之后，这种现象更是常见，这样很容易导致制动失效，使车辆无法控制，严重威胁车辆行驶安全。所以，维护制动系统是保障安全行驶的关键工作。在寒冷条件下，车辆对制动液的要求更高，不能随意更换，最好辅助于加热保温系统装置，来保护制动系统，防止冻结。

（6）注重执勤车辆的保温　　消防车赶赴火灾现场实施灭火的时间往往比较长，特别是在寒冷的天气里，这时的车辆可能由于气温过低而发生被冻结。所以，注重正在执行灭火任务车辆的保温是保障完成灭火任务的重要前提。为了解决这个问题，可以提前准备一些和车辆尺寸相符的毯子等材料，覆盖在车辆周围，防止车辆被冻结，也降低了热量的损耗，保护车辆正常工作。

（7）消防车发动机防冻措施　　消防车的发动机在低温条件下启动困难，可采取预热或经常发动等措施。

4. 灭火器防冻措施

挂在墙壁上的泡沫灭火器，通常应该用棉被包裹，也可以用木板或砖砌做成保暖箱，将泡沫灭火器放入箱内，箱内的空隙用棉花或木粉等填塞。虽然干粉和二氧化碳灭火器都具有一定的抗寒性，但也需要注意放在防寒处。

5. 给水管道防冻措施

在严寒地区，由于低温条件的影响，消防给水管道极易冻结，为了有效避此现象发生，消防部队通常设置合理的埋设深度并采取适当的保温措施。给水管道的埋设方法分为两种，即直接埋地和架空敷设。其中直接埋地敷设的方法相对简单，通常应该埋设在冻土层以下，此方法是根据不同的地区的温度特点来确定适当的埋设深度的。另外，架空敷设方法要考虑保温措施和管架。在严寒地区，受低温环境制约，需要采用保温材料对管道进行保温，避免给水管网冻结，不能正常工作。在设计中还需要着重考虑消防给水管网泄水能力，以保证在给水管道中不存留积水，避免管道被冻坏。

6. 提高消防指战员抗寒能力

针对严寒地区冬季火灾特点，为提高指战员抗寒能力，要加强战斗方法的学习。其中重点加强第一出动、内攻近战、登高防滑、火场救人、火场安全、火场供水等战术措施的掌握与运用，以确保灭火救援行动实施的高效。为提高战斗员的身体素质和抗寒能力，要坚持开展在严寒条件下的适应性训练。加强室外活动、防滑攀登、负重奔跑训练，以增强官兵的身体素质，提高抗寒耐寒的能力。

（二）战时工作

1. 防止消防水带冻结

在寒冷的天气里执行灭火任务时，要严防消防水带被冰冻，来保障灭火的正常进行，为了解决这个问题，可以采取以下几种办法：

在灭火作战中，利用较大口径的干线水带向火场供水。在严寒季节，备用水带应该设置在火场适当位置，铺设水带时避开地势较低的地方，以防止因积水产生冻结而影响水带。在水带线路上的分水器应该尽量设置在建筑的内部，并且要经常检查开关是否完整好用，有无冻结现象的发生。分水器和水枪关闭时间不能过长，静止的水在气温过低时会很快被冻结，所以在关闭水枪时，稍微开启一丝水流，保持水的流动性，可以有效防止被冻结的事情发生。在完成灭火任务之后，需要尽快将水带中的水放干净快速收起，防止残余的水被冻结而影响正常使用。

2. 消防水泵防冻措施

在灭火救援过程中，灭火能力的大小直接受消防车功能发挥强弱的制约，所以做好消防车水泵防冻工作尤为重要，以确保灭火救援过程中供水的及时与持续性。在停车状态下，消防部队可以在消防车水泵的外部加装暖风机，使其风口对准水泵，保证吹出的热风能够吹到消防车的水泵，达到保暖防冻的效果。除此之外消防部队还可以采用在消防车泵下部加装暖气片的措施以提高防冻效果。这两种方法的缺点就是行车时热量很容易流失，所以在车辆行驶过程中不适合用这两种方法。但可以通过在水泵上加装防寒罩来避免水泵出现冻结现象，一旦防寒罩被水浸湿，必须立即更换新的防寒罩，因此消防人员应当随时观察防寒罩和水泵的情况。

3. 消火栓的防冻措施

在我国部分严寒地区，在地下消火栓的设计过程中没有考虑到较低温度对消火栓的破坏作用，导致消防人员及市政管理人员在使用的过程中没有注意细节而造成的部分地下消火栓冻裂损坏的情况。例如消火栓在定期检查、使用、测试后，必须及时关闭，特别注意的是在关闭之后还要将内部残留的水清除干净，防止被冻结，再将出水口的水迹擦干，最后放置井盖，这样做的目的是防止剩余的水被冻结后给以后使用时带来困难。

4. 地表流淌水的防冻措施

在灭火现场或场所中不可避免地会出现地面存有大量积水，这部分积水在低温下会迅速冻结，造成诸多不便。可以在这部分水中添加防冻剂，也可以在车辆周边与水枪阵地的地面上撒满工业用盐，避免出现路面积水被低温冻结。此外，不同的场合和实际情况可以选择不同的防冻方式，比如在一些民房、仓库等有着诸多材料的环境中灭火时，可以利用周边丰富的草垫、布料、锯末等现场材料铺在水枪周边。在砖窑、铁厂等火灾现场，可以将灰渣等铺垫在水枪手脚下。

5. 战斗员防冻措施

人员的低温防护是寒冷天气里防护的重点。参与灭火任务的指战员在寒冷天气里主要防冻装备是战斗服，针对消防官兵的保暖问题有以下几条措施：

（1）在火场中，战斗服的防水性尤为重要，如果战斗服本身防水功能差，可以采取其他相应的措施起到防水的功效。例如，战斗员可以在战斗服外面套一件轻便、防水效果好的雨衣，来提高战斗员在灭火战斗过程中防水渍、抗寒的能力，保证灭火作战效率。

（2）尽量避免战斗员长时间把持水枪作战，要有组织、有计划地替换水枪手，使他们可以充分进行休息、更换装备，缓解严寒带来的伤害。

（3）根据各地冬季气温情况配发防寒战斗服，并注意配套发放相应的防寒战斗靴、防寒手套，避免在温度较低的作战环境中长时间作业，加强对手、脚、面部等部位的防护措施。

（4）如果已经制定的防水措施仍然不够完善，可以配备干燥的战斗服或者军用大衣等用于战斗员参与灭火救援时，随身衣物被水渍浸湿的情况下更换。

（5）另外配备防冻、治冻的药物也是一项重要的防冻措施。冬季出警时应在车内配备冻伤膏，当战斗人员冻伤时及时涂抹在受冻处，立即加强保暖，避免二次冻伤。

（6）在冬季来临前要注意对官兵进行防冻知识培训，对刚入伍的新同志要耐心传授防冻知识，确保战斗员"人人会防冻、人人会治冻"，加强对冻伤危害的认识，要让官兵将防冻措施铭记于心，自觉地应用在灭火救援中，以提高在冬季严寒的情况下的灭火救援效能。

二、有效实施战斗行动

对重点单位、重要场所、重点部位发生火灾，要加强第一出动，集中调集兵力，保证不间断供水，强攻近战，夺取灭火战斗主动权。

1. 加强第一出动

第一出动力量要一次到位，如调集大型水罐消防车、举高消防车、照明车等到场。大型水罐消防车可为前沿战斗车供水，在消火栓被冻的情况下，通过消防水鹤实施运水供水；举高消防车可进行外攻灭火和救人，减少消防人员因攀登可能造成的伤害。

2. 及时查明情况

组织人员迅速准确查明燃烧物质性质、火势蔓延途径、燃烧范围、有无易燃易爆及贵重物品；被困人员的位置、数量、疏散救人的通道；消防设施能否使用、建筑有无倒塌危险等情况。

3. 疏散抢救人员

通过内攻、外攻等方法，破拆门窗、墙体，开辟疏散通道，积极抢救被火势围困的遇险人员。

4. 正确部署力量

灵活运用战术，在火势蔓延的方向上部署主要力量堵截火势，对受到火势威胁的毗连建筑进行重点保护。

【例】　2003 年 2 月 2 日 17 时 59 分，时值严寒季节，黑龙江省哈尔滨市天潭酒店服务员在用油桶给没有熄火的煤油取暖炉加油时，煤油炉突然爆燃，引发大火。市消防支队接到报警后，先后调集了 36 辆消防车、189 名消防人员到场进行扑救。由于加强了第一出动，集中了优势兵力，18 时 22 分将大火完全扑灭，抢救和疏散出了 220 余名被困人员，及时有效地保住了该酒店 1602.9m² 的建筑，成功保护了 3～8 层 161 户、493 名居民的安全，有效地控制了火势蔓延，避免了更大的人员伤亡和财产损失。这起火灾共造成过火面积 210m²，死亡 33 人，伤 10 人。图 3.3 所示为天潭酒店火灾实景。

图 3.3　哈尔滨市天潭酒店火灾实景

三、灭火行动注意事项

1. 注意防滑

在高空或屋面作业的消防人员要采取防滑措施，可以利用坚固的构件拴上安全绳作保护绳，也可以利用倒放的梯子和手斧移动前进，必要时还可在屋面上铺麻袋、撒锯末，以防滑落伤人。

2. 注重行车安全

消防车在赶往火场或归队的途中，要谨慎驾驶，控制好行驶速度，防止路滑造成交通事故。路面积雪、结冰时，消防车的轮胎应套上防滑链，或使用防滑轮胎。

3. 正确解冻

没有保暖设施或保暖设施损坏的水罐消防车要配备喷灯、暖瓶等解冻器材。使用喷灯解冻速度快、效率高，但对消防车一些部位解冻时，要慎用，以防高温将消防车接口处的金属管燃烧变形或烧毁非金属材料，影响消防车辆的使用功能。

第四节　案例分析——新疆乌鲁木齐市"1·2"德汇国际广场批发市场火灾扑救

2008年1月2日20时25分，乌鲁木齐市消防支队指挥中心接到新疆德汇国际广场批发市场火灾报警，先后调集9个消防中队、61辆消防车、230名指战员赶赴现场扑救。总队指挥员到场后，又调集昌吉、石河子消防支队和部分企业专职队共23辆消防车、205名消防员投入灭火战斗。经过参战官兵的奋力扑救，于3日凌晨5时控制了火势，3日23时将大火扑灭，参战官兵从火场中共疏散群众120余人，抢救被困人员3人，确保了与德汇国际广场一体的被火势直接威胁的德汇大酒店、长江外贸批发市场和相邻的国贸大厦、新疆商贸城、新奇广场、军区第二招待所海华市场、文体用品中心等总占地面积 $19.5 \times 10^4 \mathrm{m}^2$、总建筑面积 $25 \times 10^4 \mathrm{m}^2$ 的商圈及大量货物的安全，有效防止了着火建筑物的坍塌，火灾造成2名群众死亡，3名消防官兵在抢救被困群众时牺牲。此次火灾过火面积约 $6.5 \times 10^4 \mathrm{m}^2$。

一、基本情况

(一) 单位基本情况

德汇国际广场批发市场位于乌鲁木齐市钱塘江路508号，东邻新疆商贸城，西邻过境公路，南邻新疆军区第二招待所海华批发市场，北接德汇大酒店，由新疆德汇实业有限公司投资兴建，共有1244个摊位，主要经营服装、化妆品、玩具和文体用品。该市场由一期主楼、二期主楼与德汇大酒店连为一体，并且在一期、二期之间进行三期施工，在三期工程与国贸大厦、新疆商贸城5号楼之间临时搭建了两排商铺，面积约 $2000\mathrm{m}^2$，并且在有限空地内堆积了大量货物，占用了消防通道，使该区域的建筑连成一片。德汇国际广场建筑构成分别为：

① 一期工程（原名浙江商贸城）：地上 6 层，地下 2 层，建筑高度 33m，框架结构，南北长 46m，东西宽 45m，标准层建筑面积约 2055m²，总建筑面积 16443m²，地下 2 层为设备用房，地下 1 层和地上 1～5 层为商业用房，6 层为多功能厅。

② 二期工程分为 A 段、B 段及连廊，总建筑面积 54405m²。A 段地上 12 层，地下 2 层，建筑高度 54m，框架结构，南北长 83m，东西最大宽度 39m，北侧 1～7 层经连廊与德汇大酒店连通，东侧在地下 1 层和地上 1～6 层与一期工程连通；B 段地上 12 层，地下 2 层，建筑高度 51.6m，框架结构南北长 42m，东西宽 30m。A、B 段在地下 1 层、地上 2 层、1～9 层连通，每层建筑面积约 4000m²，地下 2 层原设计为车库，现改为商铺及仓库，地下 1 层～地上 4 层为商业用层（地下 1 层部分可直通室外），5 层正在装修施工，6～12 层除少部分用作办公和展厅外，其他均作为库房。

③ 德汇大酒店共 18 层，楼高 73.5m，建筑面积约 15000m²，框架结构，东侧连长江外贸批发市场，南侧连德汇国际广场二期 A 段，其中一层为大堂，2、3 层为商铺，4 层为办公区，5 层为多功能厅，6～15 层为客房，16～18 层为娱乐场所。

④ 连廊广场二期与德汇大酒店之间的连廊共有 8 层，建筑面积 5904m²，1 层主要经营土产日杂用品，2 层经营化妆品，3 层经营餐饮，4 层经营童装玩具，5 层为办公区和休息厅，6、7 层为精品展室和库房，8 层为展厅。地上 2～7 层为框架结构，8 层为钢结构，每层建筑面积 738m²，德汇国际广场一期、德汇大酒店与长江外贸批发市场 2～6 层相连，如图 3.4 所示。

（二）单位内部消防设施情况

① 防火分区：德汇国际广场一期为一个防火分区，二期为一个防火分区，连廊为一个防火分区。一期与二期之间、二期与连廊之间、连廊与德汇大酒店之间均采用防火卷帘进行防火分隔，其中一期、二期共设有 129 樘防火卷帘，火灾发生时只有 30 樘防火卷帘动作放下，99 樘没有动作，尤其是一、二期的三部电扶梯处所有防火卷帘没有动作。

② 内部消防设施：德汇国际广场一期、二期内设有自动喷水灭火系统、室内消火栓给水系统、火灾自动报警系统、消防应急广播、疏散指示标志及火灾应急照明。一期内设有一部消防电梯、三部防烟楼梯；二期内设有三部消防电梯、九部防烟楼梯、一部室外楼梯。消防水池容量为 800m³（位于一期地下 2 层，一期、二期合用，灭火过程中室内消火栓持续供水时间不到 15min）。泵房设在一期地下 2 层，其中消火栓泵 2 台，流量 40L/s。喷淋泵 2 台，流量 30L/s。消防

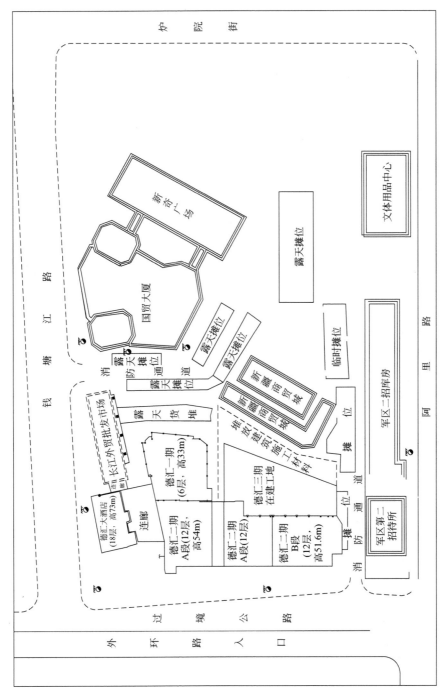

图 3.4　德汇国际广场总平面图

水箱（储水量：一期 $18m^3$，二期 $30m^3$）设在屋顶水箱间，发生火灾时，自动消防设施仅局部动作，防火卷帘、自动喷水灭火系统不能发挥作用。

德汇国际广场批发市场一期内有室内消火栓 48 个，每层 6 个，水泵接合器 3 个（地下形式）；二期内有室内消火栓 99 个，每层 16 个，水泵接合器 3 个（地下形式）；德汇大酒店内有室内消火栓 54 个，每层 3 个，水泵接合器 2 个（墙壁式）。

德汇大酒店内设有火灾自动报警、室内消火栓给水系统、自动喷水和防火卷帘系统，发生火灾时只有 3 楼电梯前室与连廊连接部位防火卷帘放下，其他均处于故障状态，不能正常使用。

（三）消防水源情况

起火单位周围 200m 范围内有室外消火栓 4 个，其管径为 100mm，流量为 12L/s，压力为 0.2MPa。邻近的钱塘江路有市政消火栓 3 个，环状管网，管径 300mm，消火栓口径为 100mm，流量为 12L/s，压力为 0.3～0.45MPa，供水能力（实测）：同一管网单栓供单车 7t 水罐车需 6 分 20 秒，12t 水罐车需 12 分 15 秒，同一管网单栓供双车 7t 水罐车需 7 分 10 秒，12t 水罐车需 13 分 25 秒。

（四）天气情况

当日天气晴间多云，相对湿度 54%～79%，风力五级，各时段起火单位周围风向为：东北风（2 日 20 时、21 时、23 时，3 日 1 时），东南风（2 日 22 时，3 日 0 时、2 时、3 时），西南风（3 日 4 时、5 时、6 时）。

气温：−27～−20.8℃。

二、火灾特点

（一）火灾蔓延途径多

德汇一期、德汇二期 A 段、B 段之间相互连通；德汇大酒店与德汇二期 A 段、长江外贸批发市场之间设有连廊，且长江外贸批发市场三、四楼与德汇大酒店连接的部分用玻璃窗和木隔断，未设防火分隔设施；国贸大厦、新疆商贸城和军区二招也由室外简易摊位连成一片，形成了一个复杂的建筑群；德汇二期中部消防通道两侧是临时货架和摊位（起火点），通道与两侧室内没有实体墙分隔，作为分隔的布帘和广告牌都成为火势发展蔓延的燃烧物；德汇一、二期每层之间的自动扶梯上下直通，电梯、货梯间未设前室。这些都成为火势迅速横向、纵向蔓延途径，无法在短时间内形成封堵之势，造成了火烧连营的局面。

（二）火灾荷载大，蔓延迅速

市场货架和仓库内堆积着大量服装、针织品、化妆品、化纤制品、塑料制品等易燃物品和高分子材料。起火后燃烧猛，火场温度高，烟雾浓、蔓延迅速；塑料化纤等高分子材料熔化燃烧，毒性大，且浸水性差，扑灭困难。商品内有大量的摩丝、发胶、气体打火机气罐等易燃易爆物品，在高温和火焰烘烤下先后爆炸，并加剧了火势。德汇大酒店地下室 2t 柴油罐有柴油流出并燃烧，在火场条件下一旦爆炸将使火情严重恶化。特别是塑料等易燃制品燃烧，远距离用水扑救、用泡沫覆盖而无法近前翻动扑救的情况下，导致燃烧时间长，灭火效果差。

（三）扑救困难

灭火战斗始终是在 -25℃ 左右的条件下进行，水枪、水炮射水后，洒落在消防车辆装备、作战人员、建筑结构及道路上迅速结冰，给灭火救援行动带来了极大的不便，装备应用遇阻，影响作战行动。由于温度低，火场温差大，形成火场温差效应，产生强风带，风向变化无常，风助火势，起到推波助澜的作用。火场水源缺乏，可用消火栓少，管网水压低，火场供水只能采取运水供水，灭火用水出现时断时续现象，致使正常供水的灭火线路冻结失效。市场内部货架密集，上下左右无防火分隔，起火后发展迅速，瞬间形成大面积立体型大火，初始阶段就失去了内攻堵截的最佳时机和部位。加之二期 A、B 段中间消防车道被挤占作摊位，而且建筑周边的通道都设置了临时摊位，消防车道被占，导致消防车辆无法靠近着火建筑实施近距离灭火作战。

三、火灾扑救经过

（一）力量调集经过

2008 年 1 月 2 日 20 时 25 分，乌鲁木齐消防指挥中心接到报警，迅速调集辖区消防二中队和相邻的一中队、八中队赶往现场。20 时 30 分，支队长接到报告后，立即命令调集特勤大队一中队、二中队和消防三中队、四中队、五中队、六中队增援，在第一时间内共调集了 9 个消防中队、61 辆消防车、230 名指战员赶赴现场。总队指挥员到场后，根据现场情况，先后调集了昌吉支队 5 车 36 人、石河子支队 2 车 18 人和机场消防队 4 车 20 人、乌鲁木齐石化消防大队 4 车 20 人、华凌集团消防队 3 车 9 人、华电集团消防队 2 车 12 人、八钢消防队 1 车 6 人、油田公司消防支队六大队 2 车 12 人及各类保障人员 72 人到场参战。与此同时，总队充分发挥政府应急联动机制，调集了 200 名公安干警到场，实施交通管制，警戒现场，疏散群众，10 辆市政酒水车运水，6 辆铲车、8 辆大吨位自卸车清障，2 辆 120 急救车实施急救，1 辆供电应急保障车保障现场紧急供电，2 辆移动加油车保障战斗车辆现场加油。

此次灭火战斗共调集各类消防车 84 台，其中：1 辆 54m 举高车，2 辆 40m 直臂云梯车，1 辆 32m 登高平台消防车，1 辆 20m 直臂云梯车，5 辆 16m 高喷车，2 辆机场专用美洲豹消防车，2 辆机场专用 T3000 消防车，18 辆重型泡沫消防车，27 辆重型水罐消防车，14 辆轻型水罐消防车，8 辆抢险救援车，2 辆器材保障车，1 辆通信指挥车，总载水量 450t，载泡沫液量 50t。

（二）扑救过程

此次火灾扑救共分为五个阶段。

第一阶段：坚持"救人与灭火同步"的原则，快速疏散抢救被困人员，控制火势蔓延扩大，具体部署见图 3.5。

2 日 20 时 33 分，辖区消防二中队到场。此时二期 A 段与 B 段连廊结合处 1～4 层火势通过窗口向外翻卷，燃烧猛烈，浓烟滚滚，同时火势沿内部两侧的扶梯迅速向上蔓延，6 层、8 层、9 层出现明火。中队指挥员经过初步侦察，迅速命令占据德汇大酒店北侧的室外消火栓和西侧的室外消火栓向战斗车供水；组织救人小组在单位保安的配合下，利用 2 支水枪掩护，深入二期 A 段搜救被困人员，并组织保安对酒店人员进行紧急疏散，共疏散酒店员工、餐厅包厢客人、娱乐麻将室人员和宾馆住宿客人 120 余人。同时，在着火建筑正面利用 3 门车载炮从二期 A 段外部压制向上层蔓延的火势，并利用水枪堵截火势向二期 A 段北侧蔓延，并继续组织人员深入内部侦察、搜救被困人员。

20 时 49 分，支队值班首长到场后，立即部署到场的八中队迅速出 2 支水枪沿二期 A 段北侧进入室内向 B 段堵截火势，并组织 2 个搜救小组，在中队指挥员带领下，进入酒店 1～18 层搜寻，在 8 楼发现救下 1 人，并组织力量在酒店 3～11 层设置三道防线堵截火势向酒店蔓延扩大，同时利用室外消火栓向战斗车供水。

20 时 52 分，消防一中队到场后出 2 支水枪，从北侧进入批发市场内部，阻止火势向一期蔓延，并在二期 A、B 段正面利用 1 门车载炮和 1 门移动炮压制火势。

20 时 55 分，支队长、政委相继到达现场，21 时 05 分，乌鲁木齐特勤一中队、二中队到场，根据支队参谋长的情况汇报，支队长命令二中队、一中队、八中队阵地不变，特勤一中队、二中队迅速沿德汇酒店与长江外贸批发市场消防通道进入设置阵地，全力组织疏散被困人员、堵截向一期建筑蔓延扩大的火势。

第二阶段：科学指挥，救人第一，确保重点，具体部署见图 3.6。

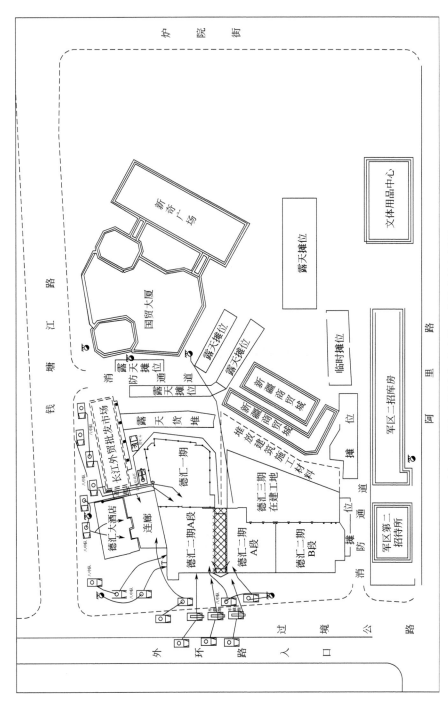

图 3.5　德汇国际广场火灾第一阶段力量部署图

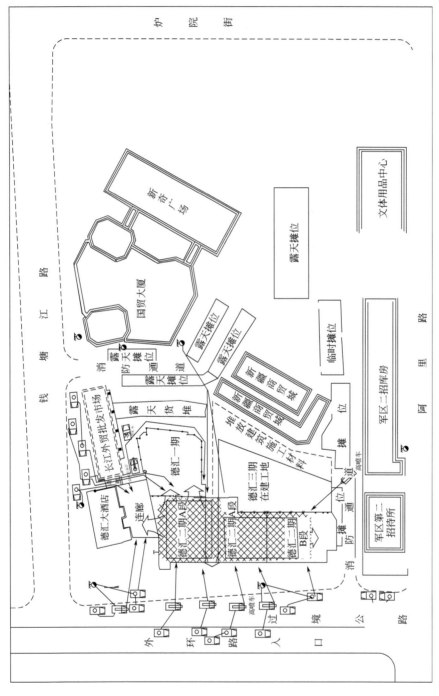

图 3.6 德汇国际广场火灾第二阶段力量部署图

21时15分，总队指挥员先后到场，支队长迅速向总队领导汇报火情、力量部署和扑救情况。总队到场指挥员根据支队情况汇报，立即成立火场指挥部，由总队长担任灭火总指挥，全面指挥现场灭火战斗，政委负责协调部署灭火作战相关工作，副总队长担任副总指挥，支队长为前沿总指挥，组成了作战组、战勤保障组、火灾调查组、宣传报道组。总指挥下达了"救人第一、确保重点、全力控制火势蔓延"的作战命令，果断做出五条战术措施：

① 救人第一，救人与灭火同时进行，组成精干力量继续全力搜救被困人员。

② 划分战斗区段，迅速集中力量占据有利位置，堵截包围，压制火势，阻止火势向毗邻建筑物蔓延。

③ 立即划定警戒区，维护火灾现场秩序，组织引导增援车辆到达指定位置。

④ 立即向政府、公安及其他联动单位报告情况，充分发挥政府应急救援联动机制，协同救援。同时调集昌吉、石河子消防支队、部分企业专职队和市政洒水车增援。

⑤ 明确专人负责后方供水，保证供水不间断。

21时15分至40分，乌鲁木齐三～六中队增援力量相继到场。火场指挥部为确保将大火死死控制在国际广场内，将现场划分为四个战斗段：

第一战斗段由八中队和一中队负责，其任务是在德汇二期A段和德汇大酒店连廊处，部署大功率水罐消防车和高喷车，利用3门车载炮和高喷车出水堵截火势向德汇大酒店蔓延；

第二战斗段由四中队、六中队负责，出4支水枪在德汇二期A段东侧与德汇一期连接处设防，堵截火势向德汇一期蔓延；

第三战斗段由特勤一中队、特勤二中队负责，出4支水枪通过德汇大酒店与长江外贸批发市场之间的消防通道，在德汇二期A段与德汇一期连接处设防，实施内部强攻，堵截火势向德汇大酒店、德汇一期蔓延，并组织实施救人。21时55分，据现场知情人报告，德汇广场二期A段7楼有人员被困，特勤一中队副中队长等3人组成搜救小组，利用20m云梯车进入楼内，于22时20分从二期7楼成功救出2名被困人员；第四战斗段由二中队、特勤一中队负责，利用3门高喷车水炮在德汇二期A段和德汇二期B段西面、南侧压制火势向上蔓延。

指挥部根据现场情况分析，预料到火势很快会通过德汇大酒店和市场一期向长江外贸批发市场蔓延，进而会蔓延至国贸大厦，后果不堪设想，指挥员果断决策提前设防，命令乌鲁木齐支队二中队调整力量，出3只水枪，设置阵地，防止蔓延。

22时40分，各战斗小组虽全力控制广场一、二期火势，但因火场接连发生爆炸，火势急剧变化，迅速扩大蔓延，德汇二期1～12层形成立体燃烧，烟雾将广场一期和德汇大酒店笼罩，火势异常猛烈，并迅速蔓延扩大到一期。22时50

分起，华凌集团、红雁池电厂、乌石化、机场企业专职队、昌吉消防支队、石河子消防支队和八钢、油田支队六大队等增援力量相继到场。

23 时 30 分，现场商户向指挥部反映：市场一期 6 楼内还有人员被困，此时，现场群众情绪激动、反应强烈，特勤一中队救人小组再次进入一期 6 楼搜救被困人员。搜寻过程中，火场发生连续爆炸，火势迅速扩大，温度急剧升高，毒烟更加浓烈。3 位同志因与高温、浓烟、烈火更加接近，来不及撤退。救人小组用对讲机向指挥部发出求救信号，指挥部接到信号后，迅速组织三个营救小组强行进入楼内进行搜救，经过艰难搜寻，于 23 时 52 分在 6 楼走廊发现了处于昏迷状态的两名队员，立即救出后送往医院救治。此时一期 1～6 层火势都已呈纵向、横向猛烈燃烧蔓延之势，内攻及营救被迫中断。

自治区党委、政府以及乌鲁木齐市等市委、政府领导先后到场，高度关注火灾发展态势，并做出重要指示：

一是撤出一、二期内攻人员，坚决避免参战官兵再出现伤亡；

二是采取有效措施，控制火势向毗邻建筑蔓延，力争保住德汇大酒店，重点保护国贸大厦等商圈；

三是防止建筑物坍塌，造成次生灾害。

火场指挥部根据指示迅速调整力量部署：

一是将所有进攻至二期批发市场内部人员撤出，后撤近距离部署的灭火力量，避免因楼层坍塌造成不必要的伤亡；

二是命令到场增援的公安、企业专职消防队按战斗分工，投入灭火战斗；

三是设立安全员，时刻观察大楼的情况，随时发出紧急避险信号；

四是命令战勤保障组调集器材检修车、加油车到场，并做好空气呼吸器、照明设备等装备器材的供给工作；

五是调集市政洒水车、铲车、自卸车到场，清除批发市场东侧临时商铺、货物堆垛，为灭火救援开辟进攻通道；

六是由到场的 200 多名公安干警实施现场警戒，维护火场秩序，疏散周围群众。

在调整力量部署期间，由于气温降至−27℃，天气寒冷，出现了水带与地面冻结，部分车辆球阀、水炮受冻不能正常操作，3 台举高车因气温较低，液压油黏稠度增大、流动性差，不同程度地出现升降不能正常动作。战勤保障组立即采取喷灯烘烤、沸水灌注等措施，快速展开故障排除和维护工作。

第三阶段：确定保护重点，全面控制火势蔓延，具体部署见图 3.7。

在火灾扑救过程中，由于现场风向不断变化，火势急剧蔓延扩大，德汇一期 1～6 层、地下室和二期 A、B 段 1～12 层形成立体燃烧，浓烟滚滚，各类化纤、塑料等高分子材料制品燃烧释放出大量有毒气体，火势迅速向临时商铺和地面堆

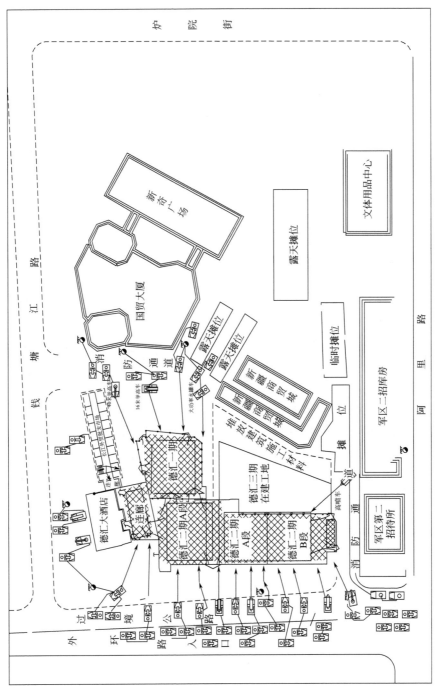

图 3.7 德汇国际广场火灾第三阶段力量部署图

积货物蔓延，严重威胁到国贸大厦、新疆商贸城和军区二所海华市场，一旦火势蔓延开来，整个商贸城商圈将火烧连营，后果不堪设想。

与此同时，火焰通过二期与德汇酒店之间 1～7 层的连廊和展厅向上翻卷，形成立体燃烧态势，高温烟热气流夹带飞火向酒店 2 层、3 层、7 层蔓延，大火很快蔓延至 2～4 层，并且二期猛烈燃烧的火势通过 4 层、6 层窗户向长江外贸批发市场之间的通廊蔓延，酒店地下室储存柴油也猛烈燃烧，并迅速向上蔓延，情况十分紧急。3 日凌晨 1 时，火场指挥部针对现场危急的态势，下达了"确保重点，死守三道防线"的作战指令。

(1) 全力控制二期与酒店连廊火灾　在酒店与连廊接合部，由机场消防护卫部、新疆油田消防支队六大队负责，部署机场 T3000 大功率消防车和大功率供水车辆于二期 A 段与德汇酒店的西北角，出 2 门水炮控制火势，全力堵截火势通过连廊向德汇酒店内蔓延；乌鲁木齐石化消防支队出 1 门移动炮、1 支泡沫枪对储油罐火势进行强攻，避免油罐发生爆炸。

(2) 堵截包围，内攻近战　由二中队和特勤大队负责，部署 4 个战斗小组，分别从酒店东侧、北侧入口深入内部出设 4 支水枪，全力扑救蔓延至德汇酒店内 2～4 层的火灾，阻止火势向上蔓延，并从酒店西侧正门进入，堵截火势向酒店蔓延。

(3) 内外结合，堵截设防　指挥部部署精干力量，展开对长江外贸批发市场内部强攻，在 2～6 层与二期 A 段通廊处部署 8 支水枪，坚决将火势堵截在隔断以外，并逐步向前推进，压制向长江批发市场蔓延翻卷的火势，确保长江外贸批发市场不过火；在 3～6 层东侧破拆窗户排烟，并对内部物资进行紧急转移和泡沫覆盖，防止火势通过市场向国贸大厦等临近建筑蔓延。

(4) 开辟通道，阻止蔓延　利用铲车、挖掘机、运输车辆对德汇一期东侧的临时摊位棚区、货物堆垛进行拆除清理，开辟隔离带后，迅速调集乌鲁木齐支队特勤二中队、机场集团消防队、乌石化消防大队、昌吉支队占领最佳进攻位置，分别在一期楼层北侧、东侧、东南侧、南侧部署 40m 举高车和 16m 高喷车，并利用大功率水罐车出设 1 门水炮、1 支水枪扑救控制一期楼层火灾，阻止火势向国贸大厦和军区二所海华市场、招待所以及长江外贸批发市场蔓延。

(5) 控制火势，预防坍塌

一是在二期 A、B 立体燃烧面的西侧，部署 3 台高喷车、3 台大功率水炮车和 2 门移动水炮，不间断冷却建筑承重构件，打压沿窗口向外翻卷的火焰，防止建筑坍塌；

二是在德汇二期 B 段西南侧有利位置，部署 32m 举高车和大功率水罐车，出设 1 支水枪和车载炮，控制 8～12 层和地下室火势，防止向军区二所海华市场和招待所蔓延，机场集团消防护卫部、石河子支队及市政、乌鲁木齐部分车辆全力向该车供水，确保不间断供水。

3 日凌晨，公安部相关领导做出重要指示：

一是控制人员进入建筑内部；

二是采取可靠的安全措施，防止人员伤亡；

三是加强现场监护，防止建筑倒塌；

四是控制火势，全力阻止火势向毗邻的国贸大厦蔓延。部局战训处领导也多次打电话询问火场情况，并一再叮咛指挥部要扎实作好安全防护工作，密切关注着火建筑的燃烧动态。

经过参战官兵近 9 个小时的顽强奋战，大火于 3 日凌晨 5 时许得到控制。

第四阶段：强攻近战，内攻与外攻相结合，逐层消灭建筑内部明火，具体部署见图 3.8。

3 日 12 时，公安部消防局副局长一行赶到火灾现场，对灭火战斗工作做出了五点指示：

一是迅速与政府应急办联系，组织起火建筑原设计人员及建筑专家到场，对起火建筑进行现场勘察，对建筑坍塌危险性进行安全评估；

二是组织精锐力量，对蔓延至德汇大酒店的火势进行强攻，在天黑前必须扑灭酒店火灾，为夜间扑灭残火创造条件；

三是针对现场天气寒冷、官兵连续奋战 16 个小时的实际，及时组织替换详细制定轮攻计划，及时休整；

四是综合考虑风向、建筑燃烧时间等因素，合理部署阵地，统一撤退信号，扎实作好安全防护工作；

五是积极向政府汇报协调，由政府牵头抓好警戒、疏散、宣传、善后、抚恤等工作，争取工作的主动。

3 日 14 时，火场指挥部确定了内攻近战，逐层消灭建筑内部明火的战术措施：

① 由总队副参谋长、乌鲁木齐支队长、乌鲁木齐副支队长分别负责组织，由乌鲁木齐支队副参谋长、特勤大队政委和副大队长带领 4 个战斗小组、每组 4 人，分别从德汇酒店内部和外部，利用 54m 直臂登高车和 40m 直臂云梯车强攻进入酒店大楼 7 楼，利用登高车车载水炮从外部压制火势，防止向上蔓延，并从东西两侧出 8 支水枪实施灭火，采取梯次进攻、内部进攻与外部进攻相结合的战术措施，逐层进行灭火排查，确保无被困人员、无明火蔓延，并组织脉冲水枪小组消灭零星残火。

② 由总队战训处处长负责组织，由乌鲁木齐支队参谋长组织战斗小组出 8 支水枪继续坚守长江外贸批发市场内部，阻止火势蔓延；由昌吉支队支队长、机场护卫部主任、乌鲁木齐支队副参谋长带领 4 个战斗小组，在一期南北两侧和东

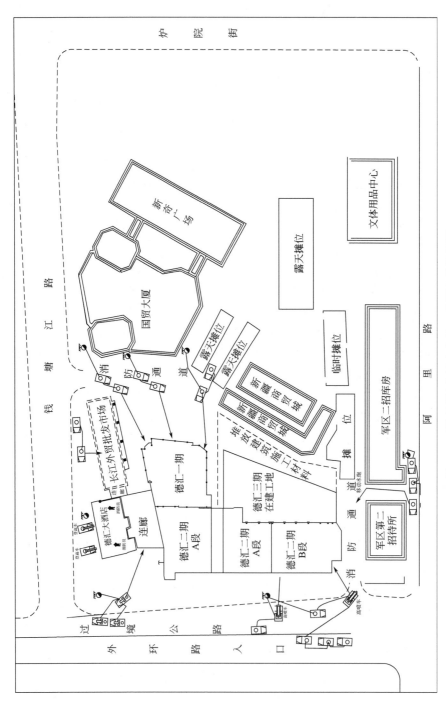

图 3.8　德汇国际广场火灾第四阶段力量部署图

侧、二期 B 座的西侧、南侧分别出设 3 支水枪、4 门水炮，阻止火势向东侧及东南方向的国贸大厦和军区第二招待所海华市场蔓延。

经过参战官兵的艰苦奋战，3 日 17 时，扑灭了德汇大酒店的火势及德汇国际广场二期 10～12 层建筑内的明火。3 日 23 时，德汇国际广场大火被扑灭。为防止零星火点造成飞火，指挥部根据现场实际，部署力量消灭零星残火，并对重点部位进行现场监护。

第五阶段：防止坍塌，分片清理，扑灭残火，具体部署见图 3.9。

大火扑灭后，由于过火面积大，火场内可燃物多，一期部分楼层，二期地下一层及 9 层、10 层、12 层部分仓库仍有残火。经过工程建筑专家进行现场勘察，发现楼层楼板钢筋裸露，墙体不同程度出现横断纹和斜断纹，有坍塌危险。根据这一情况，指挥部下令：

① 所有现场灭火人员没有命令，一律不允许进入有坍塌危险的一、二期建筑内扑灭残火；

② 迅速组织力量，快速消灭批发市场 9 层、10 层、12 层部分仓库的残火，防止建筑坍塌，造成更大的次生灾害。现场官兵根据命令，发扬连续作战的精神，采取先外后内，先下后上的措施，组织官兵设立水枪阵地，分批监护，分片清理，扑灭残火防止死灰复燃。同时，组织人员利用脉冲水枪到德汇酒店和长江外贸批发市场内部进行巡查，清除零星残火，并出设 3 支泡沫管枪对部分露天堆集的塑料制品残火进行泡沫覆盖，并利用举高车扑灭 9 层、10 层、12 层部分库房的残火。

四、案例分析

（一）经验总结

1. 灭火力量集结及时

加强第一出动，在第一时间迅速调集灭火力量于火场是有效扑救火灾的前提。乌鲁木齐市消防支队 119 调度指挥中心接到报警后，根据实际，按照加强第一出动的原则，迅速调集了 9 个消防中队、61 辆消防车、230 名指战员迅速赶赴现场扑救，为疏散人员、堵截和控制火势创造了有利条件。总队指挥员到场后，根据现场情况，迅速调集昌吉消防支队、石河子消防支队以及 6 个企业专职队的 23 辆消防车、205 名指战员增援灭火战斗，为有效扑灭火灾奠定了坚实的基础。

2. 指导思想明确

坚持救人第一的指导思想，全力疏散和营救被困人员。在火灾扑救中，参战

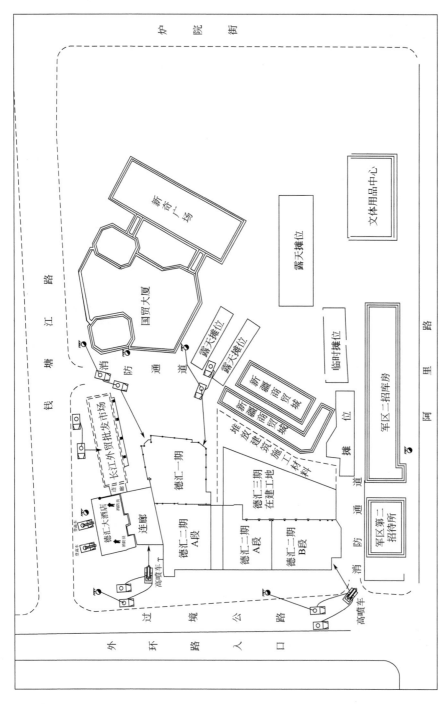

图 3.9 德汇国际广场火灾第五阶段力量部署图

官兵始终将抢救人命作为首要任务，先后组成了多个救援小组，进入酒店内反复进行搜寻，成功地疏散引导 120 余名群众。在烟气浓、毒气重、火场温度高的情况下，第二到场力量多次组成搜救小组在水枪的掩护下进入楼内搜救被困人员，利用登高车实施外部救援，使楼内 3 名被困人员成功获救。

3. 战术措施运用得当

合理运用技战术措施，有效阻止了火势扩大蔓延。救援行动中，各参战力量按照指挥部的部署，坚决贯彻"先控制、后消灭"的战术原则，采取了内外结合、堵截包围的战术措施，在火灾主要蔓延方向设置防御力量，利用车载水炮和移动炮打压火势，防止火势向相连的德汇酒店、长江外贸批发市场、国贸大厦、商贸城蔓延。同时，救援力量还利用破拆工具对部分着火区域穿插分割，打开突破口，逐层、逐段消灭火灾，扩大战果，将火势控制在一定的范围内，最大限度地减少火灾损失。

4. 指挥决策及时有效，作战勇敢顽强

及时成立火场指挥部，靠前指挥、科学决策，保证了灭火救援工作有序实施。此次火灾扑救时间长、参战队伍多，为了发挥参战部队整体作战力量，确保救援工作的成效，总队及时成立火场指挥部，组成了作战、战勤保障等多个职能小组。灭火救援过程中，指挥部统揽全局，合理调配力量，指挥各战斗区段、前方与后方、公安消防队与企业专职消防队协调行动，并及时收集现场信息，在分析研究的基础上，及时确定灭火决策和行动方案，对每个战斗阶段做出有针对性的战斗部署，各职能组深入前沿阵地，检查、督导指挥部的战斗部署，确保疏散人员和控制火势等各项战术意图得以贯彻落实。

消防官兵在 $-27℃$ 的寒冷气候条件下，连续奋战了 52h，克服各种不利因素，舍生忘死、浴血奋战，坚守阵地，积极扑救火灾，营救和疏散被困人员，将火灾造成的人员伤亡和财产损失降低到了最低限度。

5. 及时启动联动预案，协同有效

充分发挥重大灾害事故政府联动机制，及时调派相关力量协助救援，有力地配合了救援行动的顺利进行。火灾发生后，自治区、市两级政府迅速启动了重大灾害事故紧急救援联动预案，各级领导及时到达现场参与救援组织指挥工作，公安、安监、市政、建筑、医疗救护等社会救援单位到场协助救援，相关单位的工程技术人员及时为救援行动提供技术支持；200 名公安干警对火场进行外部警戒，扩大警戒范围，及时疏散周边商铺业主，并将大量的围观群众隔离在火场之外，维持了现场良好的秩序；市政部门出动洒水车、铲车等车辆，协助消防部队火场供水,及时清理和疏散受火势威胁的物资;建筑设计部门及时向消防部门提供着火建筑图纸,便于救援人员能够及时了解建筑内部结构和消防设施等情况,从而采取合理的救援措施。在此次救援行动中,相关单位反应迅速,积极配合,为实施灭火救援创造了有利条件。

6. 战勤保障有力

及时有效的战勤保障是落实各项战术意图和战术措施的保证。在此次救援行动中,参战人员多,使用装备种类繁杂、频率高,特殊的气候条件对救援工作带来了一定的困难,为了保障灭火救援行动顺利实施,总队及乌鲁木齐消防支队及时落实各项保障措施。火灾发生后,立即向火场运送泡沫液 20t,确保了泡沫灭火剂的供给;调集移动加油车到场,保证了火场参战消防车辆的用油;并向参战人员配发防寒保暖衣物,防止救援人员发生冻伤;及时组织人员对空气呼吸器备用气瓶进行充气更换;并组织修理所对消防车辆进行维修,确保器材装备达到良好的使用状态;后勤保障人员及时搞好饮食供应,确保参战人员有充沛体力进行长时间的灭火作战。火场保障工作有力,为扑救火灾提供了可靠的保证。

(二) 存在问题

1. 报警晚,失去了扑救初期火灾的最佳时机

单位保安人员在发现起火时,因忙于灭火或惧怕着火会受到消防队罚款,而没有及时拨打"119"报警,几名保安使用灭火器自行扑救未果,又使用室内消火栓扑救,因消火栓无水导致火势迅速蔓延扩大,无法控制而逃离。一名货车司机于门前发现火情后用手机报警,待辖区二中队接到指挥中心指令后赶到现场时,火势已呈猛烈燃烧、迅速蔓延的态势。

2. 起火初期建筑内部消防设施未启动,造成火灾迅速蔓延

火灾发生后,德汇国际广场批发市场一、二期建筑内部自动喷水灭火系统未动作,室内消火栓系统管道内无水,消防水泵不能自动启动。直至 21 时许,支队人员赶到消防控制中心才启动消防水泵,这时火灾已经发展蔓延到猛烈阶段,内部消防设施没有及时发挥应有作用。

3. 消防队站和警力严重不足,无力扑救大面积火灾

乌鲁木齐市按建城区规模,应建消防站 23 个,实际只有 10 个,欠账 57%。支队编制 616 人,实有 507 人,火灾发生期间因老兵复员和新兵新训,各执勤中队实际人数共有 268 人，除机关人员外，平均每个中队 26.8 人，如辖区二中队在队共计 25 人，当天出动 24 人，其中，驾驶员 8 名，战斗员 12 名，干部和通信员 4 名；且乌鲁木齐市无政府专职队，共有 13 个企业专职队，59 辆消防车，418 名队员，各企业专职队实行每日三班或两班轮班工作制，因此，所有企业队当日值班总人数不足 200 人。

4. 消防装备器材量少质差，缺乏扑救此类火灾的装备保障

乌鲁木齐市应配备消防车 161 辆，实有 83 辆，欠账 48.4%。达到超期服役的车辆有 18 辆，占水罐和泡沫消防车的 35.3%。仅辖区二中队配备的 8 辆消防车，就有 4 辆超期服役。全市现有高层建筑 596 座，而支队仅配备举高车 4 辆，其中 2 辆已超期服役，在此次灭火过程中，其中 3 辆因气温较低不能正常操作使用。此次火灾扑救，因天气寒冷原因造成消防车无法正常工作、使用的多达 25 辆次（其中企业专职消防队 12 辆）。

5. 消防水源缺乏，难以保证不间断供水

乌鲁木齐市应建市政消火栓 1951 个，实有消火栓 1699 个，欠账 12.9%。灭火区域长江路和钱塘江路应建市政消火栓 17 个，实有 11 个，欠账 35%，且消火栓流量和压力不能有效地保证火场用水，只能采取运水的方法，难以满足连续、不间断供水的需要。

6. 部队缺乏打大仗、打恶仗的经验

由于长期以来没有发生长时间作战的火灾事故，导致在严寒条件下作战人员及车辆装备缺乏有效的防护措施，火场通信不畅、作战经验不足。部分指挥员面对此类大型火场心理素质较差，存在恐惧心理，不能正确领会和实施上级指挥员下达的作战意图。

第四章
危险化学品火灾扑救

　　世界化学工业得到了飞速发展，化工产量的提高、品种的增加、应用范围的扩大，大大地改善和提高了人类生活水平。但是，化学物质在造福人类的同时，也由于管理不善等原因，给人类带来了严重的危害，甚至灾难。因此，认真分析危险化学品火灾发生的规律和特点，有针对性地制订化学毒气和各类危险化学品事故预防处置方法，从思想、组织、装备等方面做好充分准备，不断提高侦毒、排毒、防爆技能，努力使消防部队成为抢险救援的拳头和尖刀，是当前面临的一项紧迫任务。为有效地进行事故处置，力避因情况不明，方法不当，措施不力而造成人员伤亡或扩大危害，基层消防指战员必须掌握危险化学品基本知识及其灭火方法。

第一节　危险化学品事故的危险性与危害性

一、火灾伤亡大，易造成人员中毒

　　化学品具有很大的危险特性，如果管理不善一旦发生事故，会造成巨大的经济损失和人员伤亡，如：1998 年 1 月 6 日，陕西兴化集团有限责任公司 Ⅱ 期硝铵装置发生意外爆炸，造成 22 人死亡，6 人重伤，直接经济损失 7000 万元；2000 年 8 月 4 日，江西省萍乡市上栗县发生重大烟花爆竹药料爆炸事故，死亡 27 人，重伤 2 人。

　　消防人员在有危险化学品区域内作战，如果缺乏有效的防毒措施，危险化学品会通过呼吸道、皮肤和消化器官侵入体内造成中毒。

　　火场常见的危险化学品主要包括以下几类：

　　① 可燃物质由于不完全燃烧产生的一氧化碳；

　　② 含毒物质由于受热或燃烧而分解出的危险化学品气体或蒸气，如二氧化硫、二氟化硼、硫化氢、光气、氯化氢、氰化氢、氯气等；

　　③ 液化石油气、煤气、天然气等；

　　④ 沥青、油漆、赛璐珞和各种化学物质的燃烧产物；

　　⑤ 油脂、干性油、植物油的分解产物；

　　⑥ 醇、醛、醚、苯、汽油、二硫化碳及其他类似液体的蒸气；

　　⑦ 氟、氯、溴、碘及其他卤化物的蒸气；

　　⑧ 酸类蒸气；

　　⑨ 磷化锌等剧毒粉末。

火场常见危险化学品对人体的危害程度如表 4.1 所示。

表 4.1   火场常见危险化学品对人体的危害程度

名称	状态	毒性	浓度/(mg/L)	危害程度
一氧化碳	气	危险化学品	1.7～2.3	30min～1h 构成危险
			4.6	30min 致死
光气	气	剧毒	0.05	0.5～1h 内有生命危险
			0.1	短时间内急性死亡
氨气	气	危险化学品	2.5～4.5	0.5～1h 内有生命危险
			3.7～7.0	极短时间内致死
砷化氢	气	剧毒	0.02	0.5～1h 内有危险
			0.05	0.5～1h 内急性死亡或慢性死亡
			0.75	0.5h 内急性死亡
硫化氢	气	剧毒	0.5～0.7	吸入 0.5～1h 内有危险
			0.6～0.87	0.5～1h 内急性死亡或以后死亡
			1.2～2.8	立即死亡
二硫化碳	液	危险化学品	6.4～10	有生命危险
			15	引起致死的急性中毒
氯气	气	剧毒	0.1～0.15	0.5～1h 内死亡或数小时后死亡
			2.5	立即死亡
氯化氢	气	剧毒	1.5～2.0	在 0.5～1h 内有危险
			1.84～2.6	在 0.5～1h 内死亡或 1h 后死亡
溴	液(蒸气)	剧毒	0.04～0.06	0.5～1h 内达到危险状态
			0.22	在 0.5～1h 内致死或 1h 后死亡
			3.5	立即死亡
双光气	液	剧毒	0.16	1～2min 死亡
硝基三氯甲烷	液	剧毒	0.12	可致人死亡
			1	立即死亡
磷化锌	固	剧毒	0.01	严重中毒
磷化铝	固	剧毒	0.01	严重中毒

二、扑救困难大

危险化学品火灾事故发生的不确定因素多,扑救困难大,除了经济损失和部分群众的伤亡外,参战的消防官兵和抢险救援人员的生命安全也同时会受到严重的威胁。

① 一些有毒物质是易燃易爆物品，如液化石油气、天然气等，泄漏后与空气混合达到爆炸浓度极限，遇明火会发生爆炸，对现场人员和建筑带来重大威胁。

② 有些有毒物质燃烧时，如氢化物等不能用水扑救，加大了灭火难度。

③ 消防人员穿戴防毒衣，佩戴空（氧）气呼吸器等防护器具，灭火行动不便。

【例】 1998 年 3 月 5 日，西安市煤气公司液化石油气管理所的液化气罐区发生气体泄漏，造成特大爆炸火灾事故，有 7 名消防官兵献身于火场，4 名工人被大火吞噬，30 人受伤，直接经济损失 477.8 万元。有毒区域发生火灾，由于一些有毒物质具有易燃易爆特性，且对灭火剂有特殊要求，使得火势易于扩大，扑救困难。

三、疏散救人任务重

火场有毒物质不仅会危害该区域内的人员，也会对周边群众造成重大威胁。

① 有毒区域内往往会有较多的人员被困或中毒，需要及时救助。

② 当火场有大量的有毒物质或因火情发生突变导致有毒物质大量扩散时，需要紧急疏散周边，甚至数千米范围内受威胁的群众，特别是重危区内的人员。

第二节　危险化学品爆炸原因

一、危险化学品场所燃烧爆炸发生的原因

危险化学品场所发生燃烧爆炸的原因多种多样，一般燃烧的发生需要有可燃物、氧气和点火源三个要素。对于危险化学品场所火灾，其基本要素归纳起来分别为：

1. 可燃物

可燃物是危险化学品火灾发生的物质基础。在危险化学品场所里，可燃物主要包括可燃易燃固体、液体原料、可燃性气体、各种油料和容器等。

2. 热源

可燃物在开始燃烧之前，必须具有一定的温度和足够热量的热源才能引起火灾。危险化学品场所常见的热源有危险化学品自燃、静电引起燃烧爆炸、机械、摩擦、电流短路、吸烟、烧焊及其他明火。

3. 氧的浓度

燃烧是一种剧烈的氧化过程，因此必须有足够的氧气供给才能维持氧化燃烧的持续进行。实验证明，在氧气浓度低于燃烧或爆炸下限或临界氧浓度（能有效阻止自燃发生的最低氧浓度）时，蜡烛就会熄灭。对于化学危险物品火灾，降低氧气浓度是防止和扑灭火灾的重要方面，因化学危险物品种类、性质的不同而异。实际生产过程中该参数的确定，必须针对具体的化学危险物品进行一系列综合分析，不可等同视之。危险化学物品场所存在有大量的可燃物，如化工原料等。凡人员活动的地方必然有充分高的氧气含量，如果由于人员操作不慎或其他偶然因素而产生火花，即可引起燃烧或爆炸。

二、可燃气体爆炸的原因

1. 可燃气体

可燃性混合气体从广义上讲是有害气体的总称，其主要成分有甲烷、氧化剂、重烃、氢、二氧化碳、一氧化碳、二氧化氮、二氧化硫、硫化氢等。可燃性混合气体密度不同，有的比空气轻，也有的比空气重，有的与空气相当。所以，如积聚在化学危险物品场所的上部、下部或聚集在整个空间，有的可燃性混合气体本身没危险化学品性，但在空气中占的量多的时候，能使空气中的氧含量降低，从而使人窒息，甚至死亡。这些可燃性混合气体，如果在风流不畅通的场所会发生积聚，一旦达到可燃性气体爆炸极限，只要存在火源，就有可能引起燃烧或爆炸。为防止可燃性混合气体超限，通常采取对可燃性混合气体场所进行通风或抽放，使可燃性混合气体维持在一个相对比较稳定的较低的水平。但是化学危险物品场所，生产条件是极其复杂的，地理条件及生产等情况发生改变会引起可燃性混合气体爆炸浓度起伏，甚至会出现可燃性混合气体超过爆炸下限现象。必须采取有效措施予以防范。

引燃可燃物所需的最低温度叫引火温度。可燃性混合气体爆炸引火温度一般为 $650 \sim 750℃$。一般的烟火、电火花、炽热的金属表面、吸烟甚至强烈的撞击或摩擦产生的火花等，都可以达到或超过引火温度。因此，必须严格控制着火源。

2. 危险化学品产生可燃气体

危险化学物品都具有氧化放热性能，由于本身理化性质的脱吸附释放，使危险化学物品产生可燃性气体，暴露出较多的自由表面，这些可燃性气体一旦与氧混合将放出一定的热量。该热量就易于积聚，使可燃性混合气体温度升高。危险化学物品场所，应经常采用通风或抽放的方式减少涌入隅角及工作面的可燃性混合气体。由于可燃性混合气体场所的抽排，造成该场所内空气流畅变化，使危险化学物品场所空气流量增加，氧含量升高，火灾危险性增大，因此发生火灾的可能性增大，必须引起高度重视。

三、可燃气体爆炸的条件

可燃性混合气体只要达到爆炸极限，有足够的点火能量，就会发生燃烧或爆炸。

（一）爆炸极限的定义

可燃性气体或蒸气与助燃气体的均匀混合系在标准测试条件下引起爆炸的浓度极限值，称为爆炸极限。助燃性气体可以是空气、氧气或辅助性气体。一般情况下提的爆炸极限是指可燃气体或蒸气在空气中的浓度极限，能够引起爆炸的可燃气体的最低含量称为爆炸下限，最高浓度称为爆炸上限。混合系的组分不同，爆炸极限也不同。同一混合系，由于初始温度、系统压力、惰性介质含量以及点火能量的大小等都能使爆炸极限发生变化。

1. 温度影响

因为化学反应与温度有很大关系，所以爆炸极限数据必定与混合物规定的初始温度有关。初始温度越高，引起的反应越容易传播。一般规律是，混合系原始温度升高，则爆炸极限范围增大即下限降低，上限升高。

2. 压力影响

系统压力增高，爆炸极限范围也扩大，爆炸极限的上限提高。压力减小，则爆炸极限范围缩小，当压力降到一定值时，其上限与下限重合，此时的压力称为混合系的临界压力，低于临界压力，系统不爆炸。

3. 惰性气体含量的影响

混合系中惰性气体量增加，爆炸极限范围缩小，惰性气体浓度提高到某一数值时，混合系就不能爆炸。混合气体爆炸极限应通过计算确定。

（二）混合气体爆炸极限的计算

对于两种或多种可燃性混合气体爆炸极限的计算，可划混合气体为若干单一混合气体。混合气体按一种惰气一种可燃气体的形式组合为 n 组单一混合气体。单一混合气体在总混合气体中的百分比 P_i，由里·卡特里尔准则，求出总混合气体的爆炸性上下限（L_{TL} 和 L_{TU}）。公式：

$$P_T/L_T = P_1/L_1 + P_2/L_2 + \cdots + P_n/L_n$$

式中　　P——单一混合气体 i 的体积百分比；

L——单一混合气体 i 的爆炸性极限。

随着化学危险物品场所内温度的变化，可燃性气体的爆炸极限也将发生变化。因此，实际计算可燃性混合气体爆炸极限时，应根据实测温度及各种可燃性气体的成分，对有关数据进行温度校正。

由于几种可燃性气体同时存在，那就很难按单一可燃性气体临界氧浓度的方法进行计算。因此，需要采用三角形作图法，即三角形判别法确定。得出的结论就是可燃性混合气体在空气中爆炸时的上下限所对应的氧浓度。

第三节　危险化学品火灾扑救对策

一、明确消防部队主力军地位

自 20 世纪 90 年代起，消防部队逐步承担起了化学灾害事故处置的工作。公安消防具有布点密、昼夜备勤、专业性和机动性强以及完全公益化等特点，所以在灭火救援工作中，应该明确消防部队的主力军地位，打破我国现行的救灾体系，逐步建立一个以消防部队为主体的社会抢险救援紧急联动体系。公安消防部队相继配置了抢险救援车、举高车、破拆工具、救生器材、防毒防化、侦检设备以及现代通信设备，无疑为消防部队承担抢险救援任务奠定了物质基础。将现有的几支救援队伍，如公安、消防、医疗、交警等社会性的救援力量予以合并，建立应急救援组织采取综合调度，形成由当地政府带头会同公安、消防、卫生、供水、供电、供气、交通、各大中型企事业单位保安等军警民联合的抢险救援机制，制定各部门、单位参加抢险救援工作职责和任务，并制定计划适时进行演练。

此外，在法律、法规上要明确有关单位在化学事故应急救援工作上的职责，现在企业专职消防队、应急服务队、危险物质反应队、搜索救援队、防化部队等这些部门都是协同消防部队进行灭火救援工作，他们本身没有什么具体的责任，难免出现消极的现象。因此，应该制定完整的法律体系，明确这些单位的职责，从而更好地进行工作。比如：防化部队应该负责全国、本地区和本单位的核事故应急管理工作；专职消防队应该负责企事业单位的消防保卫工作；应急服务队应该负责处理化学事故应急救援的后勤保障工作等。

二、制定化学事故抢险救援预案

制定的预案，除明确灭火救援的组织机构及其组成、职责、权利、任务分工、联络方式、行动要求外，还应切合实际地制定抢险救援的基本程序，列出事故源点的位置、源性、源强、危害方向和等级、应急等级、危害区域划分，此外还要收集抢险救援的各种技术装备器材和各类物质的配备要求及补充供给渠道等与抢险救援有关的辅助资料。如各种救援力量的正常分布，执行任务能力，危险区域内的重点保障目标分布、人员密度、建筑物特点、道路通行能力，地面气象、水源情况及有关救援物资分布等。

三、充分利用社会技术力量

化学事故的特点及化学物质品种和性质的多样性，决定了处置其有危险性，在抢险救援过程中，必须充分利用社会相关方面的专业力量、先进设备，做到取长补短，优势互补，才能更好地完成化学事故的抢险救援工作。

1. 全国石油化工行业协会应急救援组织

近几年华北、东北地区的大型油田、石油化工企业加强了横向联合，组建了化学事故应急联动系统，一旦一处发生了化学事故，其他企业立即出动自己的抢救队伍，帮助完成化学事故的应急救援。化工行业集聚了大批化学专家，训练出了大量的化工专业技术人员，积累了丰富的处置化学事故的经验，加强与化工行业协会的联合，充分利用他们的技术优势，聘请其专业人员进行指导，对完成化学事故的应急救援，可以减少消防部队自身的损失，提高救援效率是很必要的。

2. 辖区工矿企业

各大型企业，特别是石化、电厂等都有企业专职消防队，他们除具备火灾扑救的装备和能力外，也都配备了一定的化学事故处置装备和具有一定的抢险能力；大型矿山有自己的救护队，他们在处置危险化学品和易燃易爆气体事故上，装备比较精良，经验也比较丰富，如煤矿救护队，在处置瓦斯爆炸事故方面是比较专业的。在处置化学事故中，直接调动和利用它们的力量，可以弥补消防部队人员、装备、经验上的不足。如上海天原化工厂积累多年救援经验研制的液氯钢瓶堵翻专用工具和管道堵翻装置，经多次堵翻抢险，非常有效。

3. 解放军防化部队和联动"110"

解放军防化部队作为一个兵种，很早即在军队中设立，设有防化研究院、防化兵学院和作战部队，有雄厚的技术力量和强大的战斗力。此外，各解放军野战医院，在对化学事故受伤人员的现场救治方面，都有一定的药物器械和经验。加强与他们的协作，共同研究，并肩作战，能够有效地遏制和处置化学事故。

化学事故救援处置作为城市防灾救灾的一部分，其他职能部门必不可少。一旦发生化学事故，公安部门可以帮助警戒，医疗卫生部门可以帮助抢救，环保部门可以帮助监测，气象部门可以帮助预报，防疫部门可以帮助消毒，充分利用联动"110"的力量，可以避免单枪匹马作战，能够各自发挥自己的技术、装备优势。

四、掌握危险化学品火灾处置基本战术

1. 加强第一出动，以快制快

要根据危险化学品的理化性质调动相应的足够灭火或抢险救援力量，统一指挥部署，迅速展开战斗行动，及时排除险情和有效地扑灭火灾。

2. 正确选用灭火剂

大多数易燃可燃液体都能用泡沫扑救，其中水溶性的有机溶剂则应用抗溶性泡沫。可燃气体火灾可用二氧化碳、干粉、卤代烷（1211）等灭火剂扑救。危险化学品气体、酸碱液可用喷雾或开花水流稀释。遇火燃烧的物质及金属火灾，不能用水扑救，也不能用二氧化碳、卤代烷（1211）等灭火剂，宜用干粉或沙土覆盖扑救。轻金属火灾可采用7150轻金属灭火剂。

3. 堵截火势，防止蔓延

当燃烧物品部分燃烧，且可以用水或泡沫扑救的，应立即布置水枪或泡沫管

枪等堵截火势，冷却受火焰烘烤的容器，要防止容器破裂，导致火势蔓延。如果燃烧物是不能用水扑救的化学物品，则应采取相应的灭火剂，或用沙土、石棉被等覆盖，及时扑灭火灾。

4. 重点突破，排除险情

火场如有爆炸危险品、剧毒品、放射性物品等受火势威胁时，必须采取重点突破，排除爆炸、毒害危险品。要用强大的水流和灭火剂，消灭正在引起爆炸和其他物品燃烧的火源，同时冷却尚未爆炸和破坏的物品，控制火势对其威胁。组织突击力量，设法掩护疏散爆炸毒害危险品，为顺利灭火和成功排险创造条件。

5. 加强掩护，确保安全

在灭火战斗中，要做好防爆炸、防火烧、防毒气和防腐蚀工作。灭火人员要着隔热服或防毒衣，佩戴防毒面具或口罩、湿毛巾等物品，并尽量利用有利于灭火、排险的安全的地形地物。在较大的事故现场，应划出一定的"危险区"，未经允许，不准随便进入。

6. 清理现场，防止复燃

化学危险物品事故成功处置后，要注意清理现场，防止某些物品没有清除干净而再次复燃。扑救某些剧毒、腐蚀性物品火灾或泄漏事故后，要对灭火用具、战斗服装进行清洗消毒，参加灭火或抢险的人员要到医院进行体格检查。

7. 科学指挥，正确决策

指挥员要针对各种化学危险物品的理化性质，现场态势，充分利用固定灭火设施和建筑消防设施，采取有效的工艺灭火手段和战术对策，合理使用兵力，实施正确有效的指挥。

五、化学危险物品燃烧、爆炸抑制措施

1. 火区封闭

危险化学品场所在火灾发生后处理的办法之一就是火区封闭，火区封闭时可能因可燃性气体的聚集而存在爆炸危险。因此，火区封闭时，在封闭之前就必须对火区进行防爆处理。要安全封闭火区，防止爆炸；一旦发生爆炸，要能够有效地消除爆炸冲击波以及爆炸引起的火灾，严防引起燃烧或爆炸。

封闭区内空气氧浓度下降，火焰燃烧逐渐熄灭。由于化学危险物品吸附氧能力很强，要最大限度防止着火的可燃物复燃概率，达到消除化学危险物品燃烧、爆炸灾害目的。

2. 注氮法

氮气灭火是采用注氮的方法，降低火区氧气浓度，隔绝化学危险物品场所氧接触使火区窒熄。注氮防灭火技术，对于注氮灭火的机理，合理的注氮时间、地点、注氮量、注氮防火使用条件等，由于化学危险物品自燃危险区域不同，要特别注意解决好应用问题。必须防止高温点温度上升很快而导致复燃。

3. 冷却封堵

采用凝胶灭火技术。利用凝胶，也就是水玻璃及化肥溶液的固化水分、堵塞漏风、包裹燃体、吸热降温等性能灭火。化学危险物品场所救援，应当征得化工专业人员的协作指导。

六、灭火行动要求及注意事项

扑救危险化学品区域火灾，正确选择进攻路线，加强火场行动安全，有效组织协同作战和正确选用灭火剂，对把握灭火作战行动主动权至关重要。

1. 正确选择进攻路线

消防车应从上风或侧上风方向进入现场，并与毒气扩散区域保持适当距离。战斗展开应选择从上风或侧上风方向进入现场，并尽可能在上风或侧上风方向建立灭火阵地。

2. 加强火场行动安全

行动中，消防人员应按防护等级要求做好个人防护，必要时可先口服预防药或注射预防针。在毒区不准随意坐下或躺卧，禁止饮水进食，尽量避免在染毒空气容易滞留的建筑物角落及低洼处停留。离开毒区，必须进行洗消，防止酿成交叉感染。现场发生爆炸或灾情突变时，要按规定的信号和方式紧急撤离。

3. 有效组织协同作战

当发生爆炸等大规模的化学灾害事故时，必须组织跨区域联合作战，集中优势兵力，以控制灾情的进一步发展。扑救危险化学品区域火灾，大多是多力量，如公安、医疗救护、交通运输、环保、气象等单位参与的联合作战，必须加强统一指挥，分工负责。

4. 正确选用灭火剂

扑救大多数危险化学品物质火灾，可使用开花或喷雾水流。扑救能与水发生强烈反应的危险化学品物质火灾，应选用干粉、黄沙和水泥粉等进行扑救。

第四节　案例分析——浙江温州"12·1"化工市场爆炸事故处置

2014 年 12 月 1 日 14 时 03 分，位于浙江省温州市鹿城区牛山北路的温州化工市场内一辆装有 32t 醋酸乙烯的槽罐车在分装过程中发生爆炸，并引燃邻近危险化学品仓库。浙江消防总队温州支队接警后，第一时间调派 8 个消防中队和特勤、战勤保障大队，共计 32 辆消防车、200 余名指战员赶赴现场，支队全勤指挥部随行出动，市政府第一时间启动应急预案，调集应急联动力量及技术专家到场协同处置。经过 3 个多小时的浴血奋战，成功将火势扑灭，保住了市场内 300 余种数千吨危险化学品和周边数千名群众的生命安全，未引发环境污染和次生灾害。

一、基本情况

(一) 单位概况

1. 市场简介

温州化工市场位于温州市鹿城区牛山北路 13 号，东邻迦南鞋业，南靠 104 国道（牛山北路），西为温瑞塘河，北临横塘路，占地面积 $4 \times 10^4 \, m^2$，建筑面积 $2.1 \times 10^4 \, m^2$，其中，商贸区办公楼、商铺面积 $1.1 \times 10^4 \, m^2$，甲类危险化学品仓库 $1 \times 10^4 \, m^2$，共有营业房 230 间及配套仓储，经营单位 196 家，仓库储存的危险化学品主要有易燃液体、易燃固体、腐蚀品、毒害品等共计 300 余种数千吨，是温州地区化学品最为集中的仓储区和流转交易中心。

2. 危险化学品仓库情况

市场内有共有 6 栋甲类危险化学品仓库，分别是市场西侧和北侧编号为 $1^\#\sim6^\#$ 的 6 个危险化学品大仓库，靠横塘路一侧自东向西分别为 $3^\#\sim6^\#$ 仓库，其中 $3^\#$、$4^\#$ 仓库占地 $972m^2$，$5^\#$、$6^\#$ 仓库占地 $1368m^2$，每栋仓库间距 12m，均为单层砖混墙体和钢结构顶棚，中间对半用实体墙分隔成东西两个半面，每个半面用混凝土实体墙分隔成 5 个面积均等的小库房。此次爆炸引燃的 $4^\#$、$5^\#$ 仓库共储存包括聚合氯化铝、甲苯、甲醇、氯化钙、片碱、聚乙烯醇、氢氧化钠、羟丙基甲基纤维素、聚丙烯酰胺、硫酸、盐酸、硝酸、醋酸乙烯等百余种近 600t 各类危险化学物品，其中 $4^\#$ 仓库西侧中部 4-8 库室存放约 30t 氰化钠、氰化钾和氰化亚铜。

(二) 消防水源情况

单位外 500m 范围内共有市政消火栓 9 个，管径 600mm；单位内部共有室外消火栓 9 个，管径 200mm。单位西南侧为温瑞塘河，水深约 7m，河面宽约 20m，常年有水，可供 10 辆消防车同时停靠吸水。

(三) 气象情况

当日温州市天气晴到多云，气温 $5\sim16℃$，风力西北风 $5\sim6$ 级。

二、事故特点

1. 地理环境复杂，事故影响大

该市场地处主城区边缘，距离温州最大商业中心——大南五马商圈直线距离仅 2.9km，且市场紧邻 104 国道，交通流量大；市场东侧、北侧一路之隔即为德政工业区，厂房、居民区和加油站均近在咫尺，一旦出现剧毒危险化学品泄漏、扩散，将危及整个区域的人员安全。

2. 危险化学品种类多，灾害危险大

醋酸乙烯爆炸后发生猛烈燃烧并产生流淌火，流淌火迅速蔓延并威胁周边仓库，市场仓库内大量理化性质各异的危险化学品混合存放，随时可能产生相互作用，发生连锁反应，尤其是大量的盛装氰化物罐桶在高温下一旦爆裂遇水或酸，将分解释放剧毒氰化氢气体，造成各种潜在危险。

3. 灾情复杂多变，处置难度大

事故现场各仓库间距仅 12m，加之仓库间通道停放槽罐车、货车并堆放有大量桶装化学品，同时现场产生了大量浓烟、毒气、污水、流淌火并发生多次爆炸，导致灾害情况复杂多变、不确定因素多，给参战官兵开展火情侦察、判断灾情发展、选用灭火药剂和作战行动安全提出了更高要求，也给官兵的心理素养和技战术带来了巨大考验。

4. 易发次生灾害，环境污染大

事故区位于温州温瑞塘河上游，距河道仅 90m，温瑞塘河是温州最重要的河道水系，是内河运输的主航道、农业灌溉用水的主要来源，一旦剧毒氰化物流入河道或氰化氢气体扩散，将对温州城区的水质和空气造成严重污染。

三、处置经过

在此次突发事故处置过程中，温州支队严格按照危险化学品事故处置程序和要则，始终坚持"先控制、后消灭"和科学施救、安全第一的原则，快速反应，统一指挥，高效行动，及时有效保护了受火势威胁的氰化钠、氰化钾等剧毒品，未引发环境污染和次生灾害。

（一）第一阶段

14 时 03 分，温州市消防支队指挥中心接警后，立即按照《支队危险化学品灾害事故应急处置预案》，先后调派 8 个消防中队以及特勤、战勤保障大队，调集大功率泡沫水罐车、高喷车、泡沫输转车、防化洗消车和 6km 远程供水系统等 32 辆消防车，以及拖车炮、摇摆炮等装备，支队全勤指挥部随行出动。军政主管带领机关人员第一时间赶赴现场，并迅速向总队和温州市政府报告。同时启动《温州市重特大灾害事故应急处置预案》，调派公安、安监、卫生、环保、电力、水务等应急联动力量及技术专家到场协同处置。

（二）第二阶段

14 时 10 分，辖区牛山中队和相邻的下吕浦中队相继到达现场，立即成立侦察组，通过现场观察和询问知情人等方法第一时间准确掌握了着火物质、起火部位及危险化学品仓库分布情况。针对槽罐车爆炸后罐体尾部开裂燃烧、醋酸乙烯泄漏形成地面流淌火，正向南侧仓库蔓延、部分库房已起火燃烧的情况，辖区中队指挥员迅速向指挥中心汇报情况并作出部署：主战车辆停靠市场西南侧，在4#与5#仓库中间通道南端设置2门摇摆炮和5支水枪，阻断火势蔓延，冷却保护毗邻仓库，同时设置安全员，加强现场安全观察。

处置过程中，安全员观察到地面窨井盖发生抖动，立即发出撤离信号，中队官兵及时撤离至安全区域，现场保留摇摆炮继续实施冷却保护、控制灾情发展，随后，现场相继发生两次爆炸，数个窨井盖和几十个存放化工原料的塑料桶被炸飞。

（三）第三阶段

14时23分，支队军政主官、全勤指挥部及首批增援中队相继到场，在市场西北面成立由常务副市长任总指挥的灭火与应急救援总指挥部。总指挥部在听取初战中队指挥员情况报告后，设立现场作战、外围警戒、人员疏散、环境监控、宣传报道5个工作组，由消防支队负责灭火救援战斗，公安机关负责现场警戒和道路交通管制，地方政府负责疏散周边2km范围的人员，环保部门负责对现场空气和水质情况实施持续监测。

根据总指挥部分工，温州支队成立由支队长任总指挥的现场作战指挥部，下设侦察警戒组、作战指挥组、安全观察组、战勤保障组、供水保障组和通信保障组，由到场的支队领导和全勤指挥部组成作战指挥组，支队当日带班领导任作战指挥长，并采取以下处置措施：一是严格按照化工事故处置程序，侦察警戒到位；二是立即派出侦察组协同化工专家深入内部侦察；三是重点堵截，控制蔓延；四是利用远程供水系统等车辆，保障现场供水不间断；五是通知市场业主到场提供仓库内危险化学品储存种类和分布情况，通知应急联动单位运送黄沙到场，对毒物泄漏区域进行覆盖、围堵；六是由一名副支队长值守支队指挥中心，负责力量调度、信息收集和上报等相关工作。

现场作战指挥部基于一次性扑灭槽罐车残留醋酸乙烯火势，仍可能因液体挥发扩散导致更大范围燃烧甚至爆炸，再度危及整个化工市场的判断，立即确立了"以快制快、重点设防、冷却抑爆、稳定燃烧、加强防护、确保供水"的战术措施，以死守下风方向存有30t剧毒氰化物的4#危险化学品仓库为重点，在设防控制罐体稳定燃烧的情况下，采取"枪炮协同、分段突破、上下合击、泡沫覆盖"等战术方法，将现场作战力量划分为南北两个战斗段（共设置4炮、7枪、2高喷）：第一战斗段由3个中队成立5个攻坚组，在槽罐车南侧设置3门移动炮和3支大流量水枪，在5#仓库南侧部署1辆高喷车，在5#仓库西侧设置2支大流量水枪，全力堵截流淌火向小货车和危险化学品仓库蔓延；第二战斗段由1个中队成立2个攻坚组，在仓库北侧设置2支水枪和1门移动炮，冷却槽罐车和

4#、5#仓库，在东北侧利用举高车射水，冷却保护3#、4#仓库。

（四）第四阶段

14时50分许，5#仓库东北角的5-4和5-5库室内存放的醋酸乙烯发生剧烈爆炸，冲击波掀翻了屋顶，推翻实体墙，大量危险化学品盛装桶和彩钢板被掀飞，火势瞬间扩大，指挥部立即命令参战官兵撤离至安全区域，现场继续保留移动水炮和车载炮实施远距离射水。同时，组织侦察组和化工专家对现场实施侦察评估，并迅速将情况报告省消防总队、部消防局。总队接报后，立即通过3G终端与支队现场作战指挥部建立视频会商，并提出"全程监测、堵截控火、冷却抑爆、稳定燃烧、防止流淌、适时灭火、确保安全"的作战要求。

14时58分许，后续增援力量和远程供水系统到达现场，现场作战指挥部根据侦察评估情况，对作战力量进行调整（共设置9炮、15枪、2高喷、1车载炮、2拖车炮）：第一战斗段以南侧为重点，由5个中队成立7个攻坚组，在原有力量的基础上在槽罐车南侧和东南侧增设7支泡沫管枪，并在东侧的3#仓库屋顶增设1门移动炮，全力堵截火势向4#、5#仓库南侧蔓延扩大；第二战斗段以北侧为重点，由3个中队成立4个攻坚组，在北侧、西北侧、西侧和东北侧增设4门移动炮、1门车载炮和1支水枪，冷却保护4#、5#仓库；同时，利用远程供水系统在南面通道增设2台拖车炮，上下合击出水覆盖冷却着火区域，全力阻止灾情扩大；供水车辆统一停靠单位西南侧河流吸水，确保火场供水不间断。

（五）第五阶段

15时30分许，现场作战指挥部利用警用无人机实施航拍侦察，发现事故槽罐车处于稳定燃烧状态，现场火势相对减弱，总攻时机已经成熟。基于战保大队泡沫输转车已到场实施保障、现场泡沫液充足的情况，现场作战指挥部当即组织9个攻坚组，采取"分割包围、泡沫覆盖、逐点消灭、严防复燃"的战术措施，从东、南、西、北四个方向往核心着火区域强攻推进，利用泡沫管枪和泡沫炮对槽罐车周边地面流淌火实施泡沫覆盖，同时利用黄沙覆盖槽罐车周围地面及两侧危险化学品仓库角落，并组织官兵将槽罐车南侧的1辆运输危险化学品的小货车开离现场。

16时45分，地面流淌火被扑灭，库房内的火势得到基本控制。

处置过程中，支队参战力量协同相关单位，在环保、安监部门的技术指导下，采取封堵下水管道、调运沙包围堵、调集排污车抽吸等措施，防止污液外溢，最大限度地降低环境污染。

（六）第六阶段

17时50分，现场明火被完全扑灭，指挥部组织官兵协同市场专业技术人员，对事故槽罐车周围地面及 4# 、5# 仓库部分区域实施沙土覆盖，防止发生复燃和毒物扩散。

余火清理完毕后，增援中队陆续撤离，现场留守3个中队5车25人担负火场清理监护，并协同公安部门对剧毒品实施现场监管。

为确保参战官兵人身安全，战斗结束后，指挥部组织对参战官兵、车辆和装备进行彻底洗消，同时联系市中心医院开通绿色通道，为全体参战官兵进行体检。

12月2日开始，温州市政府组织有关部门搬运转移危险化学品，消防支队每日安排2辆消防车到场执勤监护，直至12月4日下午危险化学品全部安全转移。

四、案例分析

1. 调度力量及时准确

接警后，支队按照"五个第一时间"要求和等级力量调派方案，一次性按编成调足所需作战力量，支队领导和全勤指挥部遂行出动，市政府及时启动应急预案，相关单位第一时间响应到场，为事故成功处置抢得了先机。

2. 科学指挥、战术得当

现场作战指挥始终坚持"侦检先行、科学处置、防护到位、确保安全"的理念，在火势发展的不同阶段，灵活部署调整作战力量，合理采取战术措施和选择使用灭火剂，各参战中队密切协同，充分发挥器材装备效能，过火面积始终控制在 500m² 以内，未引发次生灾害和环境污染，参战官兵无一伤亡；处置期间，部局、总队领导在两级指挥中心远程"会诊"、决策指挥，为成功处置事故提供强大技术支撑。

3. 联动高效、靠前指挥

事故发生后，市委市政府主要领导到场，成立灭火与应急救援总指挥部，召集公安、消防、安监、环保、卫生等部门主要负责人，明确任务、细化分工，各应急联动部门各司其职、紧密协作，确保事故顺利处置。面对高温爆炸的恶劣环境和剧毒氰化物的威胁，各级指挥员身先士卒、坚守一线，带领全体参战官兵死守防线、毫不退却，靠前指挥，鼓舞士气，最大限度减少了灾害损失。

4. 安全防护欠缺

个别官兵安全防护不到位，没有严格落实安全防护等级要求，熟悉演练针对性不强，辖区中队没有动态掌握单位内储存的危险化学品的种类、数量和分布情况。要切实加强危险化学品企业专职队建设，进一步规范日常管理和执勤训练，更好发挥"救早救小"作用。

5. 缺乏针对性训练

针对危险化学品事故处置战术战法的训练工作还有待加强，官兵面对危险化学品爆炸燃烧且储存剧毒品的事故现场，火灾实战经验及应急准备略显不足，部分官兵心理素质有待加强。要强化化工专业队伍建设，健全等级力量调派方案，开展专业作战训练和实战拉动演练，发挥专家组辅助决策作用，进一步提升部队专业化作战能力。要加强现代化"非典型"灾害事故作战装备建设。此次事故处置，远程供水系统、大流量拖车炮、警用无人机等装备发挥了至关重要的作用，配备消防机器人、消防坦克和超大流量泡沫炮也是提升处置能力的重要突破口。

案例的单位三维图、平面图和第一～三阶段的力量部署图见图4.1～图4.5。

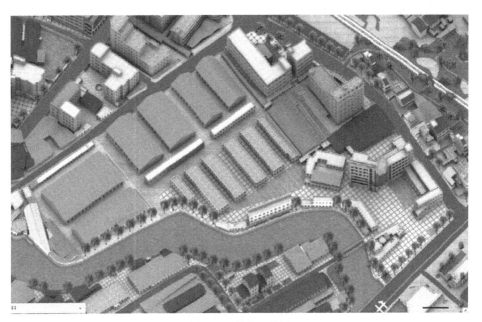

图4.1 单位三维图

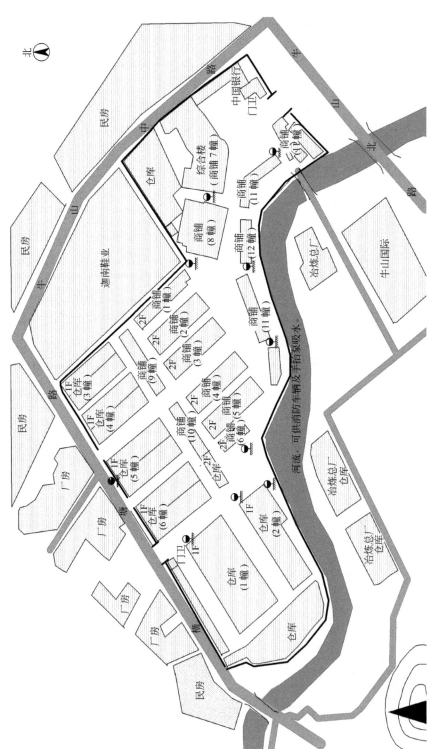

图 4.2   单位平面图

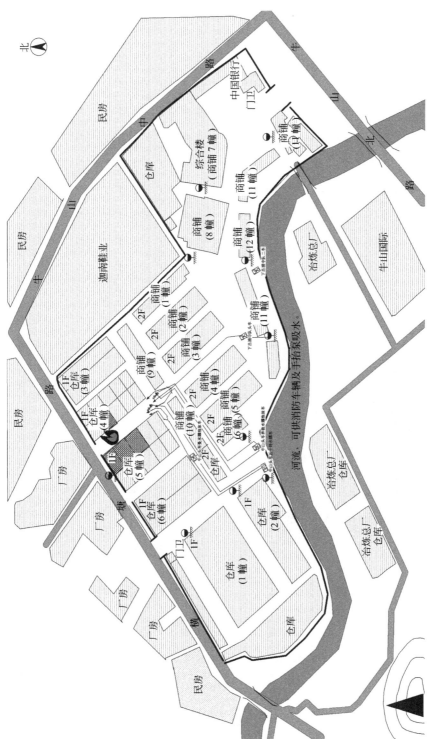

图 4.3　第一阶段力量部署图

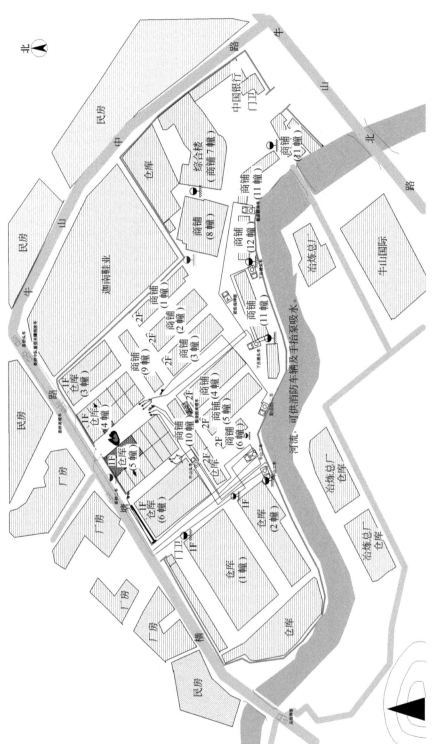

图 4.4　第二阶段力量部署图

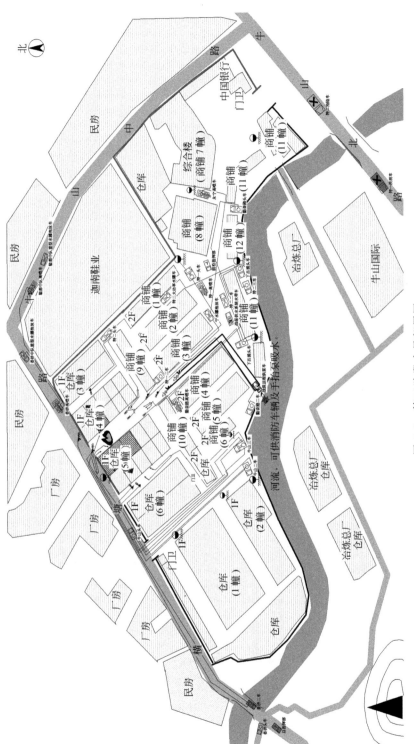

图 4.5 第三阶段力量部署图

第五章 →→→
古建筑火灾扑救

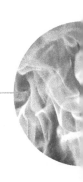

　　我国是具有深厚文化底蕴的文明古国，有许多印证历史文明的古建筑。根据相关资料显示，目前全国一共有 3241 处古建筑，种类繁多，分布广泛。古建筑对传播中国传统文化和促进民族之间的相互交流具有十分重要的意义，是珍贵的保护对象。但是古建筑年代久远，建筑构件以木质结构为主，火灾荷载大，耐火等级低，易发生火灾。以 2014 年下半年为例，全国就发生多起古建筑火灾，2014 年 7 月 28 日，宁波江北区中马路的宁波老外滩天主教堂发生火灾，11 月 14 日，山西省太原市晋源区伏龙寺古建筑发生火灾，12 月 15 日，贵州省剑河县久吉苗寨发生火灾，造成了不可挽回的损失。对于担任火灾扑救任务的消防队伍来说，这就意味着要承担着更大的压力。鉴于此，消防部队要提高灭火战斗效率，将保护古建筑作为重要的战斗任务。

第一节　古建筑的特点

　　提升古建筑的火灾扑救能力，就必须深入了解古建筑的建筑结构特点。古建筑普遍是由木、土、石、草等建筑材料建成。建筑的承重构件梁柱基本是由木质材料制成的。这里首先阐述一下古建筑的分类情况，按照用途和结构，古建筑一般按照图 5.1 所示分类。

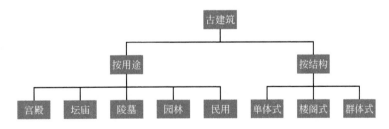

图 5.1　古建筑分类结构图

　　了解古建筑的分类，对古建筑的具体形式能够具有直观的认识。古建筑的结构形式对于古建筑火灾扑救有着很大的影响。

　　一个完整的古建筑一般由台基、屋身、屋顶三部分组成，如图 5.2 所示。

　　台基一般都由石头做成，在发生火灾时受影响的程度不大，但是屋身和屋顶就不同，屋身里有承重构件梁柱，直接关系到古建筑的稳定性，屋顶的不同间接影响到结构方式的选择。

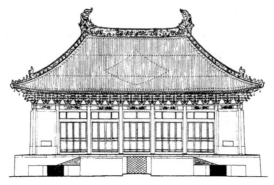

图 5.2　古建筑结构示意图

一、古建筑的梁柱

梁柱是古建筑的承重构件，梁柱的形式可分为：抬梁式、穿斗式和井干式。其中抬梁式应用最为广泛，抬梁式是用斗拱承重量，也可以称为叠梁式。这种结构就像是"叠罗汉"一样，以建筑的基础为底座，底座上立柱，柱上放梁，再梁上压柱，依次类推，整体室内空间较大。抬梁式如图 5.3 所示。

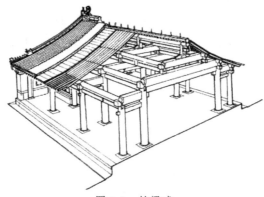

图 5.3　抬梁式

其次是穿斗式，穿斗式立柱较多，稳定性要比抬梁式好，立柱之间不再加梁，结构形式紧密，如 5.4 图所示。

井干式是用木头相互穿插作为承重墙，开间和进深都受到很大限制，这种结构并不常见。

通过总结古建筑的结构形式，我们可以清晰地发现，古建筑的承重形式单一，木材的耗用量大，换言之，就是可燃物多，再加上这些古建筑基本上用木质的梁柱作为承重构件，一旦发生火灾，20min 后建筑就存在倒塌的危险。这就使消防人员自身的安全受到威胁，内攻时间变短，降低了火灾的扑救效率。

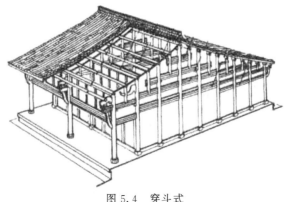

图 5.4 穿斗式

二、古建筑的屋顶

为了美观，古建筑的屋顶一般会用天花装饰，隐藏起梁柱。采用最多的方式就是用支条相互穿插，形成方格，在方格上面贴上木板。一旦发生火灾，这里就是可燃物最集中的地方，而且存在阴燃的可能，消防人员很难接近和扑救。因此要对屋顶作一个详细地了解。屋顶主要分为：庑殿、歇山、攒尖、箭楼、悬山五种。这里重点介绍比较常见的 4 种屋顶。

1. 庑殿屋顶

这种屋顶的特点是有前后左右四面顶坡，一共有五条脊。屋面为斜坡形，不存雨水。如图 5.5 所示。

图 5.5 庑殿屋顶正立面

2. 歇山屋顶

正脊两端折成垂直三角形的墙面的屋顶，上下两层，室内屋顶的装饰多，闷顶的空间大，阴燃的可能性高。如图 5.6 所示。

3. 攒尖屋顶

顶面是点状的，由正方形、长方形的屋面斜坡组成，屋面呈圆锥形，不存雨

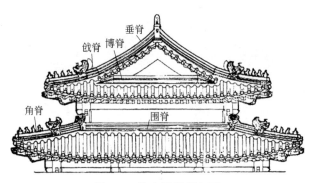

图 5.6　歇山屋顶侧立面

水。亭子和阁楼多采用这样的屋顶，如图 5.7 所示。

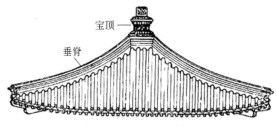

图 5.7　四角攒尖屋顶

4. 箭楼形式

在屋顶的正上方有一个类似于火箭形式的建筑，高度高，周围有砖墙包围，砖墙约为 2m 厚。

这些屋顶都采用木构架支撑，出檐高大，木椽上有涂抹桐油的木质望板。通过介绍古建筑的结构形式就可以总结出古建筑火灾有如下特点：可燃物多、火势蔓延快、屋顶易倒塌。

古建筑的结构形式和古建筑火灾的特点为探讨影响古建筑火灾扑救因素奠定了坚实的理论基础。

第二节　古建筑火灾扑救的影响因素

通过上文的阐述，说明了古建筑的基本分类和结构特点，现在就以古建筑的结构特点为基础，结合近几年典型案例归纳影响古建筑火灾扑救的因素。典型案例如表 5.1 所示。

表 5.1　典型案例汇总表

时间	典型案例
1998 年	西藏自治区嘎玛寺发生火灾,古建筑被大火吞噬
2001 年	扬州市三层八边古塔建筑弥勒阁寺发生火灾,损失严重
2002 年	陕西白云山庙发生火灾,庙宇基本被烧毁
2003 年	武当山遇真宫发生火灾,损失严重
2004 年	北京西城区护国寺发生火灾,600 多年建筑被破坏
2013 年	云南丽江古城光义街发生火灾,烧毁房间 107 间
2014 年	云南香格里拉独克宗古城发生火灾,过火面积 98.56 亩($65707m^2$)

一、位置因素

嘎玛寺是融合了汉、藏、英三种风格的古建筑,是历史上特别珍贵的寺庙之一。1998 年发生在该寺的一场火灾,使嘎玛寺毁于一旦。此次火灾损失严重的一个重要原因就是该寺地处偏远。嘎玛寺位于山峦之中,距离最近昌都消防中队 138km,中间有一段路还未通车,只有骑马才能通过。嘎玛寺发生火灾后,虽然消防中队想尽各种办法尽全力赶赴现场,但到场后火势已经难以控制。

以此次火灾案例为切入点,纵观分布在全国各地的古建筑,可以清晰地发现古建筑普遍地理位置偏远。由于受历史和环境影响,部分古建筑依山而建,部分古建筑傍水而起,带来交通不便,使得消防部队到场时间相对较长,错过最佳扑救时机。

二、文物因素

发生在 2003 年的武当山遇真宫火灾为归纳影响火灾扑救的因素提供了一个新的思路。武当山遇真宫是我国著名的道教圣地,里面存有珍贵的道教书籍和字画。发生火灾后消防官兵迅速组织扑救火灾,但遇真宫存有大量文物,致使火势蔓延速度快。消防人员既要灭火,又要阻火,还要尽全力保护文物,增加了火灾扑救的难度。

一般来说,古建筑室内会有许多珍贵的文物。这些文物,饱经沧桑,忌水易燃烧,容易被破坏,转移难度大。显而易见,文物因素也是影响古建筑火灾扑救的因素之一。

三、结构因素

在上文中已经阐述了古建筑的结构特点，古建筑的结构因素是对影响火灾的重要因素之一，具体分为以下三个方面：结构分布、结构形状、结构稳定。

1. 结构分布

我国的古建筑的建筑分布是以大型的庭院为基托，各个廊院相互联系，形成古建筑群。而且古代建筑讲究对称美，整体布局采用中轴对称设计，典型的有北京紫禁城，如图 5.8 所示。

图 5.8　紫禁城示意图

这样建筑结构虽然美观大气，但容易造成火烧连营的灾难。比如，2013 年发生在云南省丽江古城和 2014 年发生在云南省香格里拉的火灾。云南是我国远近闻名的旅游胜地，丽江古城里古建筑成群分布，香格里拉亦是如此。发生火灾后，由于建筑与建筑之间间隔小，且都为三、四级建筑，火势蔓延途径多，消防部队阻火控火的难度大，最终致使丽江古城 107 间房屋烧毁，香格里拉独克宗古城过火面积为 98.56 亩（65707m²）。

多为木结构的古建筑成群分布，即使是零星的小火也可能燎原。且古建筑屋顶封闭，一旦发生火灾，室内温度急剧升高，容易发生"轰燃"，火势蔓延快，内外燃烧，形成立体燃烧，增大了火灾扑救的难度。

2. 结构形状

古代建筑一般都形体高大，尤其对古塔结构的建筑物其内部净高度在 10m 以上，例如扬州市的古塔建筑弥勒阁。2001 年，该塔发生火灾，消防人员在进行战斗时，因为其空间高大，水枪的有效射流长度有效，中间没有合适的依托物，射流很难达到着火点。发生火灾时是 2 月份，天气较冷，水流射上去，又全部流下，地面上形成了一层薄冰，造成两名消防人员摔倒。古塔内烟气大，可视距离短，给火灾扑救带来了很大的困扰。

图 5.9 就是常见的古塔形状，此类结构的古建筑在发生火灾时不易扑救，影响消防部队的战斗展开。

图 5.9　古塔示意图

3. 结构稳定

古建筑发生火灾后，因为建筑物年代久远，承重结构很容易受到火势的损害，稳定性差。2004 年，有着 600 年历史的北京西城区护国寺发生火灾，这次火灾是因为人员用电不当引起的。接到报警后，消防中队迅速到场，展开战斗，在护国寺两边的胡同内铺设水带时，该建筑就发生了倒塌。

一般情况下，因为火的蔓延方向是从上到下，倒塌的规律是先屋顶后墙柱。根据计算，火焰在木质构件中燃烧值近似为 0.8mm/min。存在荷载的情况下，建筑的耐火时间会更短，会更快地发生倒塌。

古建筑结构的不稳定性，使消防战斗人员内攻的危险性增大，允许内攻的时间减短，灭火效率降低。

四、供水因素

扑救古建筑火灾需要很大的用水量，通过计算，1000kg 的木材燃烧，需要 2t 水扑救，换言之，就是水的消耗量要比燃烧物大一倍还要多。古建筑的建筑形体都比较高大，用水需求量大。而实际上，古建筑所处区域普遍缺水，周围群众的生活用水都难保障，消防用水更是难上加难。

例如，陕西佳县白云山庙宇火灾，陕西本身就是个缺水的地方，白云山庙发生火灾时，现场既没有天然水源的支持，大型水罐车也无法靠近现场，战斗人员利用各种办法提高用水效率，周围群众齐心协力用家里的原始工具如盆、塑料水管等方式供水，但最终因为用水不足，造成该庙宇被大火严重损坏。

天然水源的缺失和供水力量的难以靠近就造成了火场供水保障难的问题，没有足够的水，灭火工作很难达到实效。

第三节　古建筑火灾扑救对策

总结了影响古建筑火灾扑救的因素，就为古建筑火灾扑救对策提供了理论基础和方向指导，针对重点问题研究火灾扑救对策，就能牢牢抓住灭火行动的主动权。

一、掌握现场情况

掌握现场情况是整个灭火工作的基础，古建筑地理位置偏僻，周围环境复杂，要想突破这一限制因素，掌握现场情况是关键。许多失败的案例就是因为平时对古建筑周围的环境情况或者对着火现场的情况不熟悉导致出动力量不足，又由于对现场突变的情况估计不足，没有做好心理准备，因而错过最佳的灭火时机。因此，做好情况熟悉工作是十分必要的。

（一）平时工作

辖区内有古建筑的责任区中队，要在平常就做好对古建筑熟悉和对自身战斗力量熟悉这两个方面的内容。

1. 古建筑的熟悉

对保护对象的熟悉，应合理有序，重点突出，主要把握好下面三个方面的内容：

① 熟悉古建筑周围的道路交通情况，确定好车辆的高峰期，规划出来两条能够顺利到达现场的道路，并在平时进行模拟化的实地演练，计算出各个情况下到场的时间。

② 熟悉古建筑周围的水源情况，制作平面图。在图上标记古建筑周围可利用水源的地点，实地考察，测量出水源据古建筑的距离，计算水源的可用量，提

前选择好各个水源地的供水方式，并准备好供水所需的器材装备。

③ 熟悉古建筑室内以及周围的固定消防设施情况，重点是室内外消火栓的管径、位置和距离。在古建筑平面图上标出各个消火栓的位置，充分利用古建筑的自身的固定消防设施，提高灭火效率。

2. 战斗力量的熟悉

要全面细致准确，知己知彼方能百战百胜，既不能高估自身水平，也不能低估自身实力。主要分为对战斗车辆、战斗实力、战斗人员的熟悉。

① 对中队战斗车、供水车等车辆的熟悉。掌握车辆的性能参数，并配备好相应器材，如登高器材、灭火器材、照明器材等。

② 对自身的战斗实力做到心里有数。组织灭火演练，出动车辆，进行实地演练。在演练过程中要模拟真实火场的情况，全面考虑各种问题。将模拟的情况与所属中队的装备对比，发现缺少的必需装备时及时向上级提出申请。

③ 对人员的心理素质、体能作战能力要进行熟悉。在平时，要引导官兵明确保护古建筑的重要意义，了解自身使命，明白出动火警时自身的任务。同时要做好心理疏导工作，减少官兵的畏难情绪。中队官兵还应与周围群众保持好联系，培训群众一些专业的灭火技能，定期组织群众进行灭火疏散演练，充足灭火战斗力量。

（二）战时工作

古建筑火灾灭火战斗的任务就是最快最好地扑灭火灾，尽可能减少损失，保护文物。完成这项任务的前提条件就是详细了解火场情况，对火势的发展做到心中有数，利用多渠道掌握火场情况。

（1）在受理火警时，接警员要头脑清晰，仔细询问火场情况。询问时要把握重点，突出四个方面的内容。

① 发生火灾古建筑的准确位置；

② 现场有没有人员被困，以及被困人员的数量、位置、身体状况等；

③ 着火现场的周围的道路情况，是否存在堵车的情况，消防车是否有条件靠近；

④ 火场已经着火的面积、燃烧的主要物质以及是否存在爆炸的危险。

这里需要强调的是，在第一时间接警时，有时会因为报警人或报警形式等客观原因，使了解的情况不能达到预期的要求。所以火警受理人员就需要通过其他渠道继续了解火情。

（2）消防队到场后，必须成立侦察小组。通过各种方法，全面掌握火场主要情况，确定出火场主要方面。侦察小组在侦察时主要确定好以下五个方面的内容：一是起火点的位置，燃烧的态势以及火势蔓延的方向；二是确定有无人员被困以及被困人员的数量和位置、受到火势威胁的程度；三是选取好内攻灭火的最佳通道以及外围登高灭火的最好途径；四是侦察梁、柱以及屋顶等古建筑重要的承重构件是否受到火势威胁，建筑是否存在倒塌的危险；五是古建筑内文物受损坏的程度，是否存在疏散和转移的条件，可否用水灭火等。

二、准确调派力量

准确调派力量，就是依据实际情况合理调派力量。对于古建筑火灾来说，因为其本身的具有的特殊性，调派力量时就分为两个层次：

（1）当公安消防部队离古建筑现场距离较远时，这时就需要调集离当地较近的专职消防队和企业消防队，把其作为第一出动力量，起到有效控制火势的作用，快速到场有利于更好地保护古建筑完整性和减少火灾损失；

（2）调动公安消防部队力量时，要从火灾最大难度、最不利点的情况下出发，一次性调动足够的兵力和灭火装备，到达火场。应首先调集 A 类泡沫消防车，因为 A 类泡沫附着力强、出水水带轻，战斗员拖动方便，有利于更好地控制火势，完成扑救任务。

调派力量时，应全面考虑各种因素，必要时与当地政府和相关部门迅速联系，启动应急救援联动机制。

三、保护生命财产

火灾发生后，要全力保护相关群众和室内文物的安全。具体要做好群众疏散工作，保护生命财产安全，减少文物损失。

（一）疏散救人

在火灾扑救过程中，要贯彻"救人第一"的原则，科学合理引导火场被困人员及周围群众疏散。古建筑周围的居民住宅普遍不高，疏散时抓住这一特点，合理选择疏散线路。

对于处在着火点位置的人员，首先要稳定其情绪，然后抓住时机内攻抢救；如果火势猛烈，无法内攻抢救的，要快速引导其到安全位置等待营救；对于着火位置周边地区的居民也要及时疏散，可以挨家挨户通知，或者采用大喇叭呼喊的方式，要求其快速撤离危险区域。

疏散之后，不能放松警惕，加强警戒工作，防止群众再次进入警戒区，避免受到二次伤害。

（二）保护文物

古建筑物内一般都会有大量的文物，文物的安全也不容小觑。保护文物要从选用灭火剂、避免使用直流水枪、加强文物保护三个方面入手。

1. 谨慎选用灭火剂

许多文物忌水，对忌水的文物，不能用水直接冲击。要选择干粉、干沙等灭火剂扑灭。

2. 注重使用喷雾水

对受到高温威胁物品，不能直接使用直流水枪冷却。这是因为文物受高温后骤冷就会碎裂，应采用喷雾水降温。

3. 注意转移和保护文物

及时转移文物，尽最大努力保护文物，转移出去的文物要派专人负责登记在册，以防丢失。对于难以转移的文物要采取覆盖、遮挡和包裹法，利用石棉毯等不燃物品将其严密遮盖。覆盖好后，用喷雾状水冷却，减少火势对其威胁。

四、扑救措施

扑救古建筑火灾，要区别于其他的建筑。要根据古建筑类型、不同的建筑部位和火灾发展的不同阶段，选择不同的灭火措施。

（一）根据建筑物的类别选择扑救措施

在古建筑概述中就提到了古建筑的分类多种多样，种类繁多。每一种结构类型都有其独特的特点，在扑救火灾时就要针对其建筑特点，选择扑救对策。下面针对单体、古塔、非主体古建筑群火灾扑救对策进行分析。

1. 单体古建筑火灾扑救对策

单体古建筑一般是指独立存在的古建筑，周围 50m 内没有古建筑的建筑，主要的形式有庑殿、攒尖、歇山顶、箭楼。这些结构在古建筑概述中都已经介绍过，下面我们来研究这些古建筑的火灾扑救对策。

（1）庑殿、攒尖等古建筑着火时，应针对其四面坡都为斜坡的屋顶特点展开战斗。斜坡屋顶不存水，灭火战斗以内攻为为主，选择门窗进入室内，争取快攻近战，把火势消灭在初期阶段。

（2）歇山顶古建筑着火时，因为歇山顶一般为两层，且可燃物比较集中，部署力量时要注意火势蔓延的趋势，注意屋顶是否存在阴燃的现象。

在组织内攻灭火的同时，应部署一定力量堵截向上部以及四周蔓延的火势，防止形成立体燃烧。若已经形成立体燃烧，在进行内攻的同时，应在外围部署设防力量。部署举高消防车时，要考虑屋顶正脊两侧的承重压力是否允许。

（3）箭楼着火时，箭楼的高度高，周围有2m厚的砖墙包围，外攻困难。因此主要选择内攻，可以选择门作为内攻通道，利用内部楼梯登高至着火层灭火，并在着火层的上层或下层及其楼梯处设防，堵截火势蔓延。内攻困难时可使用举高消防车从外部通过箭窗向内射水灭火。

在组织力量灭火的同时，应部署部分力量保护梁、柱、屋顶等承重构件，特别对榫铆交合处要重点射水保护，以防止因这些部位烧损而导致局部倒塌。

2. 古塔古建筑火灾扑救对策

古塔着火时，由于可燃物较多，通风条件较好，火势发展很快，一般应采取外攻射水灭火，如图5.10所示。

图5.10　古塔火灾扑救示意图

如果着火点在古塔的内部，且位置较高时，就要选择内攻。古塔的内部空间高度高，会出现有水难攻等进攻难的问题。因此内攻灭火时，要选择可靠的支撑点，架梯攻击着火点。架梯攻击着火点时，地面上铺设防滑垫，避免人员因地滑受伤。

3. 古建筑群非主体建筑火灾扑救对策

古建筑群的廊房、配殿、耳房等非主体建筑着火时，重点是保护主体建筑。要部署力量堵截火势向正殿、厅堂等主体建筑方向蔓延，适当时机可以选择破拆的方式。

当非主体建筑存放有重要文物的部位受到火势威胁时，应部署力量对其保护。应选择视线好、烟气少的空地作为水枪阵地，将火势控制在起火部位，并不断进行射水降温保护。

（二）根据火势的不同阶段选择扑救措施

火灾的发展都具有其普遍的规律，每个阶段都会有特点，一般分为：初期阶段、发展阶段、全面燃烧阶段。要抓住火情发展每个阶段的特点，选择适合的扑救对策，起到事半功倍的效果。

1. 初期火灾的扑救对策

当火灾在初起阶段时，要把握时机，以内攻为主。到场力量立即成立攻坚组集中优势兵力进行内攻。通过门窗、楼梯等现成通道深入火场，向内发起进攻。选择水枪阵地时，一定要着重选择障碍少、视线好的地方，直接攻打着火点，控制火势，阻止火势向上和四周蔓延。

需要注意的是，初期火灾内攻时如果出现只看见烟雾没有明火的情况，不要盲目出水，要开窗排烟散热，以保护好文物。如果发现燃烧只发生在下部，说明火势不猛烈，可用水浇湿周围的木结构和易燃物件，阻止火势蔓延。

内攻出水的同时也要保护好承重构件，防止建筑倒塌。此时，外围力量也要外攻配合，通过架设消防梯，登高至着火层进行灭火，或利用举高消防车攻击着火点。内外结合，力争把火势消灭在初期阶段。

2. 发展阶段的火灾扑救对策

当古建筑火势处于发展阶段时，内外布置力量要相宜。外围力量布置在火灾蔓延的主要的途径，用强水流阻止火势蔓延。外围力量重点部署在蔓延范围的下风方向，同时应把处于下风向的古建筑的门窗关好。

要根据现场的情况，尽可能地组织内攻突击力量，直击着火点，有效打击火势。战斗人员要根据古建筑的火势发展情况，把握好内攻的机会。在内攻时，水枪手可沿古建筑内部的承重构件，先虚后实，摸索前行。同时要做好水枪掩护工作，防止战斗人员受到高温烟气的灼伤，尽量远离可能出现倒塌的物体。

部署好力量后，在扑救时，要讲究顺序，突出重点。先扑救蔓延到承重构件梁、柱的火焰，再扑救其他非承重构件的火势。这样做有利于延长承重结构的承重时间，防止建筑物发生倒塌。

3. 全面燃烧阶段火灾扑救对策

当古建筑火势进入全面燃烧阶段时，此时力量重点部署在火灾蔓延的主要途径上。要利用庭院为依托，设置水枪阵地，尽全力把火势控制在一个范围内。以外攻为主，利用移动水炮，高喷消防车等集中射流从外部打击火势，堵截火势向毗邻建筑的进一步蔓延。

当灭火力量充足时，要集中优势利用隔热服、避火服等特种防护装备内攻近战，有针对性地重点突破几个燃烧较弱或需要重点保护的部位，实施强攻，采取分割战术，把燃烧区分割成几片，然后对准火源内外夹攻，逐片消灭，分片灭火，并关闭毗邻建筑门窗，对其射水降温进行保护。

必要时，可以采取破拆的措施。虽然在扑救古建筑火灾时一般不采取破拆的战术，但是因为许多古建筑的消防设施不完善，以水枪的威力很难消灭着火点。在这样的形势下，为了保护更为重要的建筑物，可以选择破拆掉一些游廊、偏殿等火灾蔓延的途径。破拆时要谨慎小心，尽量减少孔洞的面积，减少对古建筑的损坏。

五、古建筑火灾的灭火行动要求及注意事项

古建筑由于其本身存在的特点，在扑救时就应该重点注意个人防护、火场清理、火场供水三个方面。

1. 个人防护

个人防护是十分重要的工作，战斗人员在保护好自己的情况下才能更好地投入战斗。

战斗人员在进入火场前，首先要检查是否配备好相应的防护装备，佩戴的器材装备是否完好有效。

进入火场内部时，一定要带上导向绳，确认与外界联系的绳语，带上通信设备，时刻与指挥员保持联系，随时报告火场内部情况和自身身体状况。

现场必须设立经验丰富的安全员，检查进入火场内部人员的器材装备是否佩戴好，还要实时观察建筑的动态，一旦出现倒塌的前兆，立即报告指挥员，通知火场内部人员撤退。

2. 火场清理

火灾扑救成功后，不能立即归队，现场指挥员应沉着冷静，组织人员全面清理火场。

首先要仔细排查没有完全燃烧的木质构件及火场的各个细小的部位是否存在明火，所有的火星必须清除掉。

其次要仔细检查棉絮等容易阴燃的物质，如果发现有火星的现象，要立刻采取措施消灭。

最后要对整个火场进行实时监测，尤其是灭火行动结束后，也应留下部分的消防车辆和人员在现场，在消防队全部撤离现场前，要移交给文物保护单位。文物保护单位要派专业人员监视火灾现场，防止再次复燃。

3. 火场供水

火场供水是保障灭火战斗胜利的力量之源，对能否成功扑救火灾起着至关重要的作用。然而古建筑火场的供水问题需要特别注意以下两点。

（1）有水源时　当供水车靠近蓄水池、河流或湖海等天然水源，根据现场情况，直接给消防车供水，或者充分利用好手抬机动泵进行二次或多次循环利用，增加火场用水的利用率。

（2）无水源时　首先，迅速与相关部门联系，启动联动机制，多方合作，克服难题。其次，充分利用当地的洒水车等其他可运水的车辆，缓解燃眉之急。再次，积极组织群众利用家中的工具，比如水桶、水壶、水盆等向火场供水，减轻火场用水压力。最后，可在火场低洼处挖建临时水池，使用手抬机动消防泵利用火场回流水进行灭火，将水循环使用，将水资源利用最大化。

第四节　案例分析——云南 "1·11" 香格里拉县独克宗古城火灾扑救

2014年1月11日1时许，云南省迪庆藏族自治州香格里拉县独克宗古城如意客栈发生火灾。接到报警后，总队共出动全勤指挥部及迪庆、昆明、大理、丽江等4个支队39辆车259名官兵参与扑救，在建筑火灾荷载大、人员密集、高寒缺氧等情况下，经过参战官兵与驻地军警民协同作战，奋力扑灭了大火，保护了国家级重点文物保护单位中心镇公堂、州级文物保护单位金龙街建筑群、大佛寺、吉祥胜利幢、香格里拉县粮食库等重要建筑，疏散转移群众 2600 余人，无人员伤亡。

一、基本情况

（一）古城情况

香格里拉地处云南省西北部，系迪庆藏族自治州州府所在地，其位于滇、川、藏三省区交界处，海拔 3280m，属高海拔地区，昼夜温差大，距昆明 659km。全县下辖 11 个乡镇，共有人口 17 万，居住着藏、傈僳、汉、纳西、彝、白、回等多种民族。独克宗古城位于县城西南部，区域面积 1.5km²，下辖北门、仓房、金龙 3 个社区，居民 1682 户，有传统民居 515 幢、改造民居 368 幢、非传统民居 105 幢、新建民居 83 幢，古城内主要道路 4 条，巷道 23 条，主要道路最宽处 5m，最窄处 2.3m。古城内文物古建筑有 16 幢（间），仅占古城建筑总数的 1.5％。现有建筑大部分是 2003 年后新建、改建。古城内建筑 85％以上为木结构或土木结构藏式民房。

（二）燃烧区域情况

此次火灾起火位置为独克宗古城如意客栈，该客栈局部三层（建筑面积 441m²），其东面、北面与居民住宅毗连（屋顶基本为木材，与其他住宅相连），南面、西面为街道。火场为不规则形状，东西最大距离 284m，南北最大距离 242m，火灾烧损房屋面积为 59980.66m²（其中，房屋烧毁面积 58121.66m²、灭火救援过程中拆除房屋面积 1859m²）。

（三）气象状况

火灾当天气温 6～7℃，风向为西南风，四级，最大风速为 7.6m/s，湿度 25％。

（四）水源情况

1. 独立消防供水系统

采用高位水池供水，管网形式为枝状，主管管径 200mm，支管管径 160mm，高位水池容积 1200m³，建有地上室外消火栓 100 个，间距 60m，消火栓出口压力 0.2～0.8MPa。

2. 市政消防给水系统

古城建有地下市政消火栓 20 个,管网形式为环状,主管管径 200mm,消火栓出口压力 0.1~0.25MPa。

3. 其余可用水源

① 月光广场景观水池可用水量 20m³。
② 龙潭河天然水源距离火场 1.5km。

(五)消防力量建设情况

1. 现役消防力量

(1)香格里拉中队 15 人,5 辆消防车(水罐车 3 辆、高喷车 1 辆、抢险救援车 1 辆,总载水 31t),距离古城 3km。

(2)特勤中队 45 人,6 辆消防车(水罐车 2 辆、水罐泡沫车 1 辆、高喷车 1 辆、登高平台车 1 辆、抢险救援车 1 辆,总载水 40t),距离古城 2.5km。

2. 专职消防力量

(1)机场专职消防队 队员 12 人,6 辆消防车(水罐车 1 辆、水罐泡沫车 2 辆、干粉车 1 辆、照明车 2 辆,总载水 20t)。

(2)独克宗古城志愿消防队 队员 6 人,配有 2 台手抬机动泵、水带、水枪、消火栓扳手。

二、火灾特点

1. 建筑耐火等级低,火灾荷载大

古城内建筑均以藏式木楼为主,多采用松、柏、杉等木材建造,多数房屋除两侧及后墙外,房屋正面以及梁、柱、楼板、楼梯、屋顶等均为木质材料,部分房屋属全木质结构建筑。房屋内易燃、可燃物以及生活用品较多,藏式建筑挑檐多悬挂天帐、飘带等织物。

2. 建筑密集,火灾蔓延迅速

古城内藏式木楼在建造中成片毗邻,建筑连串,连片布置,布局密集,户户相连,构成大体量建筑群落,巷道狭窄,梯次向上,屋面的屋檐超出墙体近2m,使得毗邻建筑的屋檐几乎粘连在一起,建筑间既无防火墙,又无防火间距,发生火灾后,火势由低向高、在屋顶高处迅速向四周蔓延。

3. 建筑结构易燃烧，形成大面积火灾

藏式建筑大多是木柱支撑着高大的屋顶，屋顶为三架梁屋面盖木板片，由梁、枋、板等木材构成，架于木柱中、上部的木构件等同于架空的干柴，具备了良好的燃烧条件。通过延烧、热辐射、火焰流、空气流以及飞火等方式极易在短时间内形成大面积火灾。

4. 建筑物内易燃物质种类复杂、储量多

因香格里拉县电压稳定性差，城区经常停电，古城经营户为保证正常营销而自备发电机，商户存有液化气等易燃物质，火灾发生后，火场连续发生液化气罐爆炸，加之发电机燃油、白酒、酥油等易燃助燃因素叠加，导致火势蔓延速度急剧加快。

5. 火灾扑救困难

古城建筑之间通道不仅狭小弯曲，而且纵深距离长，火灾时消防车辆无法进入或通行，延误最佳灭火时机。近年来，随着旅游业的快速发展，古城内经营的商铺、餐厅、客栈、茶室酒吧不断增多，建筑往往集吃、住、行、购物为一体，人流、物流交叉，火灾荷载大、疏散难度大。市政消防给水管网压力不足，无法满足火灾现场实际用水需要。

三、扑救经过

此次火灾扑救分为初战控火、火势蔓延、分割围歼、现场监护四个阶段。

（一）初战控火

1月11日1时24分，迪庆州消防支队接到报警后，立即调派特勤中队、香格里拉中队8车48人赶赴现场扑救。1时37分，特勤中队、香格里拉中队到达现场，发现如意客栈正处于猛烈燃烧阶段，火焰从门窗、屋檐、屋顶向外翻卷，并引燃邻街仅3m的西面房屋和南面毗邻房屋，燃烧面积约700m²。在确认无人员被困后，特勤中队1号、2号水罐车分别出2支水枪控制南面、西面火势，并由3号水罐车和4号高喷车为其供水，同时组织力量疏散人员。香格里拉中队1号、2号水罐车在北面和东面分别出2支水枪阻止火势蔓延，并由3号水罐车和4号高喷车为其供水。15min后，着火建筑火势得到有效控制。

在灭火过程中，供水员打开消火栓时，发现附近消火栓均无水，指挥员立即调整车辆到距离现场1.5km的龙潭河进行远距离供水。同时，要求古城管委会立即向室外消火栓管网供水，并向支队报告。期间，火场供水一度中断。

（二）火势蔓延

由于火场供水中断，加之，液化气罐连续发生爆炸，导致已被压制的火势迅速向东、西、南三个方向扩大蔓延。支队全勤指挥部到达现场后，根据现场情况，下达作战指令：一是将火场划分东、西、南、北四个片区，分别由支队在家党委成员担任片区指挥长负责指挥各片区火灾扑救；二是由 1 名副支队长负责组织火场供水，确保供水不间断；三是调派机场专职消防队、开发区中队（距离现场约 4h 车程）、维西中队（距离现场约 5h 车程）赶赴现场增援；四是向政府报告现场情况，请求政府调集驻地部队、公安及大型机械设备等参与处置。2 时 30 分，古城消火栓系统恢复供水，但火势已向东、南两面大面积扩大蔓延，严重威胁红军长征博物馆、大佛寺等重要建筑，支队指挥部随即调集力量堵截火势，香格里拉中队 4 号高喷车铺设双干线，出 3 支水枪控制向长征博物馆方向蔓延的火势，出 2 支水枪对大佛寺方向蔓延的火势进行堵截，利用手抬机动泵从月光广场观景水池取水，并占据市政地下消火栓和古城消火栓供水。

2 时 50 分，总队接到迪庆支队请求增援报告后，立即就近调派丽江、大理支队 13 辆消防车 93 人前往增援。总队长带领总队全勤指挥部 11 人，调集昆明支队 33 人、15 台手抬泵、4600m 水带乘坐最早一班飞机赶赴火灾现场。

3 时 50 分，东面火势基本得到控制。支队指挥部调整力量部署，从火场东面抽调力量对西面进行增援，特勤中队 4 号高喷车出 6 支水枪堵截火势，1 号水罐车和机场专职队 2 号水罐车占据长征大道市政消火栓向其供水。5 时许，香格里拉县调派的挖掘机等大型机械设备陆续到场，并在政府领导的指挥下，从北面、西面进行破拆，开辟防火隔离带。6 时 02 分，开发区中队 3 辆车 10 人、维西中队 2 车 7 人相继到场后，负责堵截南面和西南面的火势。6 时 50 分，特勤中队 2 号水罐车、香格里拉中队 2 号水罐车根据支队指挥部命令调整至北面设置水枪阵地出 3 支水枪协助堵截火势。

（三）分割围歼

7 时 50 分，丽江、大理等增援支队相继到场。丽江支队由古城停车场进入四方街出 3 支水枪堵截火势向北蔓延，25t 重型水罐车向迪庆支队供水；大理支队进入粮食局仓库区域出水堵截火势向西蔓延。9 时 45 分，总队长带领全勤指挥部到达现场，四方街火势正向西北面蔓延，火势严重威胁食用油仓库、粮食仓库和居民建筑安全。总队长随即下达作战指令：一是集中力量堵截火势蔓延，坚决防止火势进一步扩大；二是组织搜救小组，全面搜索人员；三是组织好火场供水，确保供水不间断；四是确保参战官兵安全。各参战力量接到指令后，立即采取"全力控火，分割堵截，搜索救人，消灭明火"的作战方案，将火场划分为西、南、北3个作战片区，实施分片灭火。迪庆支队负责扑灭南片区明火；丽江支队负责扑灭北片区明火；大理支队负责扑灭西片区明火；昆明支队利用手抬机动泵从龙潭河吸水向丽江、大理支队供水。同时，参战力量组成15个搜救小组开展人员搜索排查；并掩护挖掘机破拆着火房屋。10时50分，明火被基本扑灭，各参战力量接指挥部命令后，全力清理残火。

（四）现场监护

13时40分，总队指挥部命令参战力量分成四个片区，逐片逐点开展余火清理，对现场可能存在复燃之处进行全面清理收残。并再次组织搜救小组分片逐户开展"地毯式"搜寻，经过4次反复搜索排查，确认无被困人员。20时，总队指挥部命令参战力量分成三个片区连夜清理余火，留守监护。12日12时，指挥部确认现场已无复燃的可能后，命令辖区中队2辆消防车留守现场，直至12日18时现场监护完毕。

四、案例分析

1. 应加强古城镇火灾扑救技战术研究

支队就古城镇灭火救援工作"小单元、多组合"的执勤作战编成模式、分段控火模式和供水模式缺乏针对性技战术研究，对火灾发展态势缺乏认知和预见性，指挥员火场判断和决策能力弱。针对独克宗古城藏民房火灾特点，秉承"打早、打小、打了"的原则，一是探索人结合栓训练模式，按照4人1栓的战斗模式占据消火栓直接铺设水带出水灭火；二是探索栓车结合训练模式，利用小型消防车占据消火栓供水出多枪灭火；三是探索强攻近战的战术训练模式，组织攻坚组队员选择障碍少、烟雾小、视线好的门、窗等通道深入建筑内部，采取梯次掩护方法打快攻、打近战；四是探索"小单元、多组合"的分段控火模式，根据不同阶段火灾发展态势，安排部署战斗小组形成围攻模式，堵截包围，分片消灭。

2. 供水中断导致初期控火不利

火灾发生后，没有第一时间有效组织火场供水，致使火场供水一度中断，造成本应控制的火灾因断水失去控制，也反映出辖区中队"六熟悉"工作开展不扎实。提升处置古城镇大面积火灾控火能力，一是加强基础设施建设，大力发展古城镇消防基础设施建设和多种形式消防队伍建设，配齐、配足个人防护装备及灭火救援器材，积极发挥社区、商户、志愿消防队、义务消防队"多位一体"的灭火力量，有效控制初期火灾；二是提升调度指挥，一旦接到古城镇火灾报警，按照"五个第一时间"要求多点调派，调集足够的人员和车辆装备，快速高效处置；三是强化古城区域性灭火救援预案制作，明确作战出动编成、组织指挥程序，同时确定救人、灭火、供水等技战术措施，做到定人、定岗、定责。

3. 通信指挥不顺畅

此次火灾燃烧面积大、范围广，支队指挥部位置不固定，加之支队对讲机配备数量不够，且仅有常规网可用，导致火场通信联络不畅、命令下达不及时。规范现场指挥部设置：在现行灭火救援作战指挥部组织指挥模式的基础上，结合火场及灾害处置现场实际情况，做好前方调度指挥、后方供给保障、现场通信、火灾调查等工作，理顺现场指挥体系和工作流程，避免各级指挥员集中于前线而导致后方指挥无人负责的现象。

4. 扑救大型火灾经验不足

面对大型火灾，基层指挥员经验较少，缺乏一定的应对措施，中队日常实战化训练工作不扎实。这是此次火灾扑救不足的主观因素，但也存在一些客观因素，迪庆州属欠发达地区，消防器材装备配备不足，影响火灾扑救，此次火灾扑救从昆明空运 4600m 水带和 15 台机动泵增援迪庆。探索基本作战编成模式。按照"一分四定"（分组、定岗、定人、定车、定位）和"5组4车"（5组：侦察、灭火、供水、救援、辅助；4车：3辆水罐车、1辆抢险救援车）的基本作战编成，明确明确人员任务分工，按照"一车攻，二车堵，三车补"的功能定位模式，优化车辆器材装备，达到人装合一，训战合一，切实提升初战打赢制胜能力。

5. 严寒条件下技战术措施研究不够

对严寒气候条件下车辆水泵、分水器、水带接口等易结冰情况的解决措施缺乏深入研究，导致现场作战车辆水泵、手抬机动泵、分水器、水带接口等灭火器材装备发生冻结现象，影响了水枪阵地的及时转移。强化灭火救援基础工作。一是严格落实"六熟悉"工作标准，大力开展实地熟悉和灭火实战演练；二是深入推进实战化练兵机制，认真研究高原严寒条件下的灭火救援技战术措施，狠抓整建制中队实战化训练工作，不断提高基层官兵作战效能。

独克宗古城、火灾现场平面图，初战力量、片区控火、支队作战力量部署图以及总攻阶段火场供水图和总攻阶段战斗力量部署图见图 5.11～图 5.17。

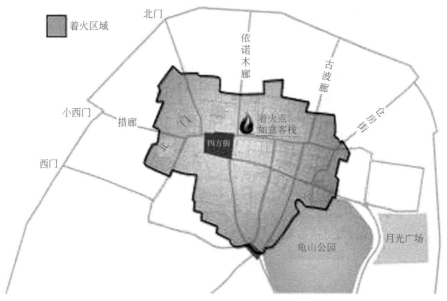

图 5.11 香格里拉县独克宗古城总平面图

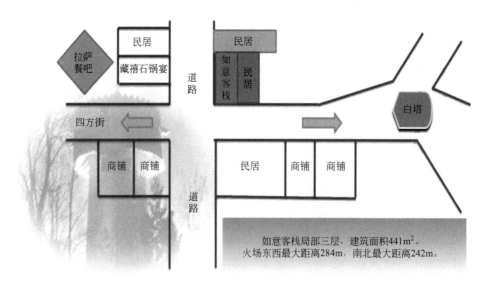

图 5.12 火灾现场平面图

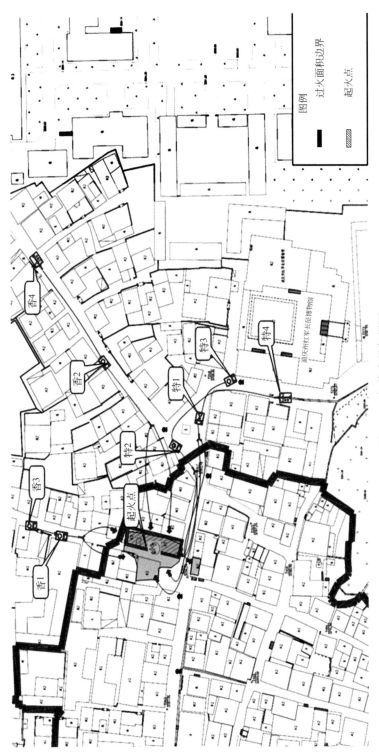

图 5.13　初战力量部署图

图 5.14　片区控火部署图

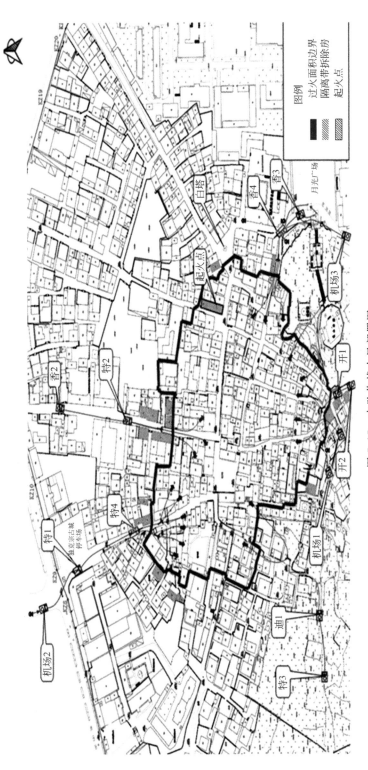

图 5.15 支队作战力量部署图

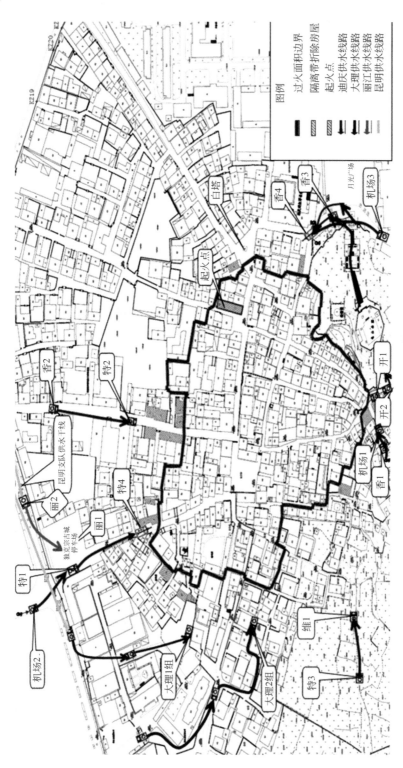

图 5.16　总攻阶段火场供水图

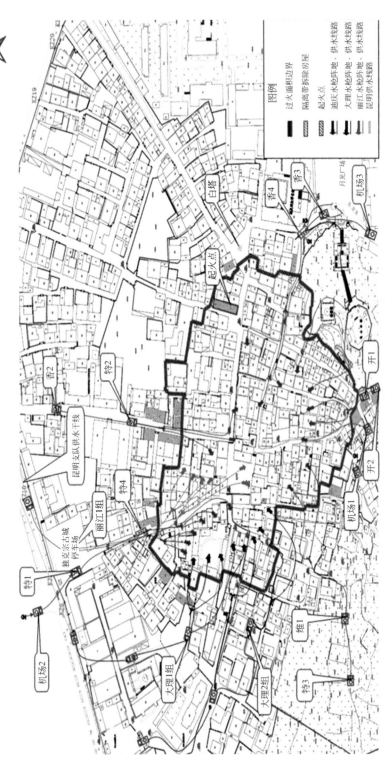

图 5.17　总攻阶段战斗力量部署图

第六章 →→→

地震火灾扑救

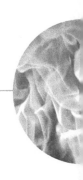

地震是指地球内部在漫长的地质年代里，逐渐积累了巨大能量，在地壳脆弱地带，当其承受不了巨大应力作用时，岩层突然发生破裂，或引发断层错动。地震不仅直接破坏许多建筑、设备，造成人员伤亡，而且还带来火灾等次生灾害。地震中火灾的次生灾害的破坏性有时比地震直接灾害严重得多。

第一节　地震的基本特点

地球上一年发生的地震约 500 万次，人们能感觉到的有 5 万多次，轻微破坏的有 1000 余次，7 级以上能酿成巨大灾害的地震有 10 余次，严重破坏性地震是小概率事件。受地质构造的控制，地震在全球地理分布上呈不均匀性。

一、地震的分类

地震可按形成原因、震源深度、震中距离、震级和地震带进行分类。

（一）按形成原因分类

地震按形成原因可分为天然地震、诱发地震和人工地震 3 种。

1. 天然地震

（1）构造地震　由于板块间相互碰撞，在地球应力长期作用下，岩层发生变形或突然破裂，释放出大量能量，其中，一部分以地震波形式向四周传播，引发的地震为构造地震。其数量多（占天然地震的 90%）、范围广、破坏重。

（2）火山地震　由于火山活动、岩浆冲击或热应力作用引起的地震为火山地震。一般强度较小，波及面也不大。其数量少（占天然地震的 7%），一般位于火山地带。

（3）塌陷地震　由于地下溶洞、矿井的顶部塌陷、崩塌、滑坡、陨星撞击等引起的地震为塌陷地震。其数量少（占天然地震的 3%）、规模小、震源浅。

2. 诱发地震

由于人类活动引发的地震为诱发地震。如水库地震、矿山地震、油田抽油注水地震等。诱发地震所释放的能量是大自然积聚的，当达到不发与发震的临界状态时，诱发因素才起作用。其震源浅、范围小。

3. 人工地震

由于人类活动，如地下核试验、核爆炸、人工爆破、化学品爆炸、机械振动引发的地震为人工地震。其能量小、范围小。

（二）按震源深度分类

地震按震源深度可分为浅源地震、中源地震和深源地震三种。

1. 浅源地震

震源深度小于 60km 的地震，占天然地震的 85％。

2. 中源地震

震源深度在 60～300km 的地震，占天然地震的 12％。

3. 深源地震

震源深度大于 300km 的地震，占天然地震的 3％。

（三）按震中距离分类

地震按震中距离分为远震、近震和地方震三种。

1. 远震

震中距大于 1000km 的地震。

2. 近震

震中距在 100～1000km 的地震。

3. 地方震

震中距小于 100km 的地震。

（四）按震级分类

地震按震级可分为超微震、微震、有感地震、中强震、强震、大地震和巨震七种。

1. 超微震

震级小于 1 级的地震。

2. 微震

震级大于或等于 1 级，小于 3 级的地震。

3. 有感地震

震级大于或等于 3 级，小于 4.5 级的地震。

4. 中强震

震级大于或等于 4.5 级，小于 6 级的地震。

5. 强震

震级大于或等于 6 级，小于 7 级的地震。

6. 大地震

震级大于或等于 7 级，小于 8 级的地震。

7. 巨震

震级大于或等于 8 级的地震。

（五）按地震带分类

全球地震带分环太平洋地震带、欧亚地震带和海岭地震带三种。

1. 环太平洋地震带

太平洋周边地震带，包括智利、秘鲁、危地马拉、墨西哥、美国、阿留申群岛、千岛群岛、日本列岛、菲律宾、印度尼西亚、新西兰等国家和地区，长约 3.5×10^4 km，是地震活动最强烈的地带，释放的能量占全球地震的 76%。我国台湾地区位于环太平洋地震带上。

2. 欧亚地震带（地中海—喜马拉雅地震带）

西起亚速尔群岛与大西洋海岭相连，向东经过地中海沿岸国家，以及伊朗、阿富汗、巴基斯坦、印度北部、中国西南部、缅甸、印度尼西亚，与环太平洋地震带连接。全长 2×10^4 km，跨欧、亚、非三大洲，释放的能量占全球地震的 20% 左右。我国西藏、新疆、云南、四川、青海诸地位于欧亚地震带上。

3. 海岭地震带

大西洋海岭地震带和太平洋海岭地震带，这两个地震带形成全球相连的断裂系统。

这三大地震带将世界分成边界鲜明的板块：欧亚板块、非洲板块、太平洋板块、印度洋板块、美洲板块、南极洲板块。地球板块分布如图 6.1 所示。

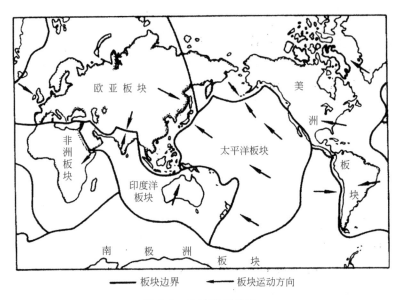

图 6.1　地球板块分布

二、地震的危害

强烈的地震有很大的破坏性，能够在短时间内造成巨大的自然灾害。图 6.2 所示为地震破坏示意图。

图 6.2　地震破坏示意图

（一）我国地震特点

我国位于环太平洋地震带和欧亚地震带之间，受欧亚板块、太平洋板块、印度洋板块的挤压，使我国地震断裂带十分活跃；主要是板内地震，具有震源浅、频度高、强度大、分布广的特征，加之人口众多、建筑物抗震性能差，人们防震意识薄弱，所以成灾率高，成为世界上少数地震灾害较为严重的国家之一。我国地震较多的地区依次是台湾、西藏、新疆、云南和四川。

（二）地震造成的危害

1. 人员伤亡多

地震往往突然而至，迅不可防，可在瞬间夺去成千上万人的生命，其中95％以上的伤亡是建筑物倒塌造成的。20 世纪以来，全球地震死亡人数达到 100 多万，占各种自然灾害死亡人数的 54％。如 1966 年 3 月 8 日至 29 日，河北邢台地区连续发生多次 6 级、7 级地震，共造成 8182 人死亡，51395 人受伤。灾区共发生事故性火灾 115 起，烧死 16 人，烧伤 26 人。

2. 经济损失大

地震使建筑倒塌，城市、乡村遭受严重破坏，造成严重的经济损失。如1999 年 9 月 21 日凌晨 1 时 47 分，我国台湾南投县发生 7.6 级大地震，导致该地区灾难性的破坏，大部分地段被夷为平地，造成各种建筑倒塌 9909 幢，严重破坏 7575 幢，财产损失 92 亿美元。图 6.3 所示为台湾南投大地震场景之一。

图 6.3 台湾南投大地震场景

3. 易引发次生灾害

地震除造成原生灾害和直接灾害外，还极易引发火灾、水灾、细菌及放射性物质扩散、有毒气体泄漏以及山崩、滑坡、地裂、坍塌和震灾后的瘟疫、饥荒等次生灾害。如 1923 年 9 月 1 日，日本关东大地震，由于煤气等原因造成东京、横滨两市震后大火 4 起，几天之内东京烧掉 2/3，横滨市几乎化为灰烬，此次地震共损失房屋 25.6 万幢，而烧毁房屋竟高达 44.7 万幢。

4. 重建任务重

恢复重建被地震毁坏的城市、乡村、工厂、企业、公路、桥梁、电力设施等，需要投入大量的人力、物力和财力。如 1998 年 1 月 10 日 11 时 50 分，河北尚义以东地区发生 6.2 级地震，地震中有 49 人死亡，11439 人受伤，破坏面积达到 650 多万平方米，直接经济损失 7.94 亿元，震后政府和各方面共投入救灾款项 8.36 亿元。

5. 消防站和消防装备遭破坏

强烈地震使消防站的建筑倒塌，消防车辆和器材遭破坏，消防人员伤亡，通信和后勤供给中断，严重削弱消防队的灭火战斗能力。如 1976 年 7 月 28 日，河北省唐山市发生 7.8 级地震，该市消防站房屋全部倒塌，全市 274 名消防人员中有 64 人死亡，100 多人受重伤，消防车几乎全部被砸坏，消防队基本上失去了灭火作战能力。

第二节　地震的火灾特点

地震火灾是地震的次生灾害之一，不同于平时发生的火灾，其特点是起火因素多、易形成大面积燃烧、抢救遇险人员任务重、余震威胁大等。

一、地震火灾产生的原因

（一）炉火导致的火灾

炉火主要包含民用与商用炉火。因为地震造成的震荡，致使炉具翻倒与损坏，引发了火灾。当前，这类火灾占有重要比例。

例如唐山发生地震时，某户居民由于房屋坍塌，炉火被打翻造成了火灾，三间房屋被烧光，全家人全部死亡。

（二）电气设备损坏引发火灾

发生地震灾害时，因为剧烈的震动使得电气线路设备非常容易产生事故，有些时候还会出现电弧，引起易燃物燃烧，这些因素共同作用产生了火灾。例如唐山出现地震灾害时，距离地震中心 40km 的某变电站，重达 60t 的变压器因地震导致掉落，外引线将套管完全拉裂，立刻喷出大量变压器油，造成了短路而引发火灾。

（三）化学试剂反应造成火灾

化学实验室或者仓库中的化学试剂，种类繁多、性质复杂。地震发生时，各种药剂发生碰撞或者掉落地上，破坏了容器的包装，造成化学试剂流出。有些在空气中发生自燃，有些不同性质的化学试剂混合后发生反应，引发了燃烧或爆炸。唐山发生地震时，天津某研究中心，因包装破裂，钠发生自燃造成了火灾。汉沽某药品仓库，因为药品库中甘油发生强烈震动掉落在高锰酸钾中，产生化学反应引起了火灾。

（四）高温高压生产过程的燃烧与爆炸

一些生产过程，尤其是化工生产的合成磷化、氧化等工序，通常都具有放热高温高压特点，非常容易造成燃烧与爆炸。由于地震会造成停电与停水，生产进行时因为停电造成了搅拌停止，丧失了冷却水发挥的控制功能，温度与压力迅速上升，当超过容器反应耐压耐温的最大限度时，就会发生燃烧与爆炸。唐山发生地震时，天津某脂肪合成工厂，因为生产车间中发生框架倒塌致使停电，合成塔温度与压力突然上升，爆炸失火，车间全部设备被毁。这类火灾通常具有较大规模，伤亡损失严重。

（五）易燃与易爆物品的燃烧及爆炸

易燃易爆物品能够出现三种物质，分别是固、液、气。地震灾害出现时，盛放这三种形式的物质器具非常容易受到破坏，物质泄漏，再加之接近火源极有可能引起大火，甚至有些物质还能造成爆炸。这种类型的火灾发生规模较大，能够产生十分严重的损失。

（六）烟囱发生损坏引发的火灾

强烈的地震对烟囱产生的损害很大，由于烟囱遭到破坏，烟火极易从炉中飘出造成火灾。例如，美国洛杉矶发生地震，主要是烟囱发生了倒塌，烟火外溢造成了火灾。另外一个烟囱火灾发生时正处于恢复生产期。烟囱产生的破坏比较显著容易发现，震后人们积极采取措施，但是针对并不明显的破坏，例如产生的裂缝，有些还出现了折断，从外观看比较完整，其实内部已经发生损坏，继续使用时就会引发火灾。

（七）防震棚发生火灾

一方面防震棚属于临时性建筑，搭建速度就较快，极少会考虑到防火距离以及建筑材料的耐火级别。另外防震棚具有较小的空间，各类物品距离较近，易于传播火种，又缺乏必要的消防设备，一旦发生火灾，不容易组织灭火，容易形成火烧连营现象，带来严重的损失。同时，人们缺乏防火意识，用火不谨慎也会造成火灾的发生。根据统计，在1976～1979年之间发生的防震棚火灾中，有159起是因为安装使用炉火不当引发的火灾；由于使用煤油灯、蜡烛灯照明，点蚊香不当造成的火灾74起；小孩玩火44起；乱扔未熄灭的烟头、火柴棒等造成的火灾42起。

二、地震火灾特点

（一）起火因素多

地震诱发火灾的因素有许多方面，不但地震当时可引起，而且在震后初期因用火不慎也会发生。

① 地震发生突然，人们对地震的恐惧感和缺乏必要的地震知识，往往惊慌失措，家庭用火没能立即熄灭，特别是在做饭时间发生地震，火灾发生的频率会更高。

② 煤油炉、汽油桶、涂料等易燃易爆物品在地震时翻倒，遇火源发生火灾。

③ 用电设施砸毁、供电线路震断，造成电气设备、线路发生短路起火。

④ 交通运输工具（汽车、火车、船舶等）发生碰撞起火。

⑤ 工厂、仓库、加油站及油品储罐，由于建（构）筑物破坏而造成火灾。如仓库内爆炸危险品受到震动、摩擦、撞击等而发生火灾。

⑥ 工厂内高温高压生产设备及各种管道、储罐由于震动破坏和建筑倒塌砸坏，使可燃气体或易燃、可燃液体泄漏外溢，遇着火源发生爆炸或燃烧。

（二）火灾扑救难

地震发生后，由于地震造成的破坏，给灭火工作带来许多困难。

1. 道路不通

地震时会造成道路塌陷、断裂，桥梁垮塌，铁路破坏，各种车辆在道路上颠覆造成火灾，带来交通中断或堵塞，直接影响消防队到达火场，难以及时扑灭火灾和抢救受伤人员。

2. 水源缺乏

地震对市区给水系统和消防设施造成不同程度的破坏，市区生产、生活和消防用水中断。发生火灾时，用水得不到保障。如唐山地震时，唐山市水井、井室结构倒塌 70%，送水泵房 80% 严重损坏，砖石结构贮水池损坏率达 33%，钢筋混凝土结构的水池损坏率达 10%，水塔大部分损坏倒塌，管网平均震坏率达 4 处/km，造成整个给水系统瘫痪，震后一周时间无法供水。

3. 通信中断

由于建筑倒塌，设备损坏，线路断线、混线，造成通信联络中断，消防队不能及时了解各处火灾情况，无法及时组织扑救，很可能形成大面积火灾。

4. 灭火力量不足

地震发生后，消防站和消防装备遭到破坏，消防人员伤亡，灭火力量减弱，灭火力量严重不足。

【例】 1906 年 4 月 18 日，美国旧金山发生 8.3 级大地震，许多建造在山坡上的砖木结构房屋倒塌。由于炉火翻倒、烟囱倒塌等原因，全市 50 多处同时起火，消防站被震毁，警报和通信系统失灵，加之路陷、房塌、交通阻塞、自来水管网断裂，火灾难以扑灭。大火烧了 3 天 3 夜，烧掉 621 条街巷，火场面积约 10km^2。火灾造成的损失比震害直接造成的损失还要大 3 倍。

（三）救援任务重

在地震中，有众多的受伤者、被埋压的人员及受火势围困的群众需要及时救助。

① 震后会造成大量人员伤亡，必须对受伤人员进行及时的救助，对重伤者及时送医院进行抢救，必要时，还需动用消防车辆进行运送。

② 由于建筑物严重倒塌，发生成千上万受伤者和遇难者，大批伤亡者埋压在废墟瓦砾之间。消防人员要利用救援设备进行施救，救援环境恶劣，工作量极大。

③ 着火倒塌建筑物内的人员受威胁的程度最大，消防队在积极组织力量灭火的同时，还要组织一定的力量抢救被困人员。

④ 化工企业的设备、管道及储罐遭到破坏，有大量的有毒物质泄漏和外溢流散，甚至爆炸起火，造成人员中毒、伤亡。消防人员在有毒区域除灭火、救人

外，还要进行控源、排险、清理等工作。如 1964 年 6 月 16 日，日本新潟发生一次 7.5 级大地震，一大型石油储罐爆炸起火，石油到处流淌，熊熊大火 10 余日经久不灭，将靠近这个油库的 300 多户民房烧毁。

（四）余震威胁大

强烈地震发生后的一段时间内，总有大大小小的余震相继发生。

① 正常情况下，一个地区发生一次强震，还会发生一系列余震。例如，一次 6 级地震将伴随有 10 次 5 级地震和 100 次 4 级地震。消防人员在地震后开展灭火救援，随时都受到余震的威胁。如 1976 年 5 月 29 日，云南保山地区龙陵县先后发生 2 次强烈地震。第一次发生在 20 时 23 分 18 秒，震级为 7.3 级，第二次发生在 22 时 0 分 23 秒，震级 7.4 级。随后发生 3 级以上地震 2477 次，其中，4.7 级、5.9 级 19 次、6.2 级、7.3 级及 7.4 级各 1 次。

② 房屋等建筑物经主震的强烈震动后，结构受到破坏，抗震能力不强，稍有震动就会造成更大的破坏，甚至倒塌，给扑救火灾、抢救人命的消防人员造成伤亡，消防装备器材等遭到破坏。图 6.4 所示为某地震救援现场场景之一。

图 6.4 某地震救援现场场景之一

第三节 地震火灾的灭火措施

由于地震的不可预测性，其破坏性极大，并伴随着产生一系列次生灾害，因此在地震火灾的扑救中，必须采取积极有效的灭火措施，以最大限度地减少人员伤亡和财产损失。

一、地震火灾的预防

地震火灾的扑救和预防是紧密相连的，没有科学的预防就不会实现有效的扑救。随着城市现代化水平的提高，宜未雨绸缪、防患于未然，现在开始着手研究地震火灾对策，是为了以后减少损失，造福于子孙后代。

（一）加强火源的管理，进行初期灭火教育

城市地震火灾起火的原因是复杂的，并在地震后城市各个角落多处同时发生，只依靠专业消防力量扑救火灾是不现实的，必须教育、依靠广大市民重视火源管理，及时进行初期灭火。当地震烈度不大时，人们只要冷静从事，很容易灭火，如顺手拉下电闸、关闭煤气、关掉炉火、用手提灭火器或一盆水就可扑灭一场火灾。当地震烈度较高时甚至在房屋遭到破坏或倒塌以后，不要忘记在房内外进行灭火处理；供电部门利用自己的震动断电装置切断电路；燃气部门在燃气门站、调压站的出入口及各路管线变压分支部分设置自动报警、自动灭火和自动关闭装置，地震时使用这些装置在极短时间内切断燃气供应，使居民家庭发生燃气泄漏造成火灾的可能降至最低；高层建筑、地下商场、化工企业、油库、加油加气站、化学药品库等重点部位的灭火应依靠其自身的火灾自动报警和自动喷水灭火系统。从重大易燃易爆的储存场所到每个家庭，都要设置初期灭火用具，并进行全民消防教育，使人们善于利用周围条件进行早期火灾的扑救。

（二）加强城市规划，以水、公园、绿化带作为城市防灾的基础

城市的河流湖泊既是宝贵的旅游资源，又可作为消防备用水源。河湖沿岸可建绿化带；展宽市区快速干道、主干道可在机动车与人行道之间设绿化隔离带，扩建若干个公园和街头绿地，建成湖、河、路、公园、绿化带连接成网的城市绿化体系，增加居民避难疏散场所，确保地震时人员疏散、救灾通道畅通，防止火灾蔓延，严格控制建筑物密度，合理设置易燃易爆物资储存场所及其储量，使其远离居民区，避开城市的主导风向，建筑物采取抗震措施；输水建筑要有抗震加固和设防；供电系统要安装震时自动断电装置；石油站、输油、输气管线和燃气系统都要严格按抗震规范设计、施工和加固，在跨越断裂带或通过马路交叉路口时都要有加固处理，在接头或弯曲部位采用既具伸缩性又具柔性的"耐震接头"等。

(三) 加强火源、易燃物质的管理

地震造成化学药品混杂引起的火灾几乎占地震火灾的30%，加强科研、学校、工厂、企业等化学实验室化学品剂的管理，避免地震时包装破碎、流泄、混溶等产生化学反应引起火灾。杜绝易燃易爆物资周围产生火源，即使地震造成泄漏、放散，由于没有火源便可避免火灾发生。地震火灾的蔓延主要是易燃物质的快速燃烧，再加上地震对消防设施的破坏，使扑救行动受阻。防止火势蔓延的主要途径就是在城市建设中各类建筑物和设施尽量少用和不用易燃材料及构件；加强社会灭火救援力量，及时切断火灾蔓延路线。做好震前的准备工作，是预防和减少地震危害的前提条件。

(四) 宣传地震知识

① 宣传地震基本知识，如震级、裂变、震中等概念，以及地震的分布、地震产生的原因等。

② 宣传地震预报知识，如地震孕育、发生过程的各种前兆现象，地震预报发布的过程和权限等。

③ 宣传地震消防知识，如地震来临时，要关闭电源、熄灭火源；对易燃易爆物品要妥善保管；根据情况配备一定数量的灭火器材，地震着火时将其扑灭在初起阶段。

(五) 制定地震应急预案

1. 掌握地震区域情况

确定地震时期的重点保护单位，绘出易燃、易爆、有毒、放射性等危险化学品单位的分布图，对震前各单位一切易燃、易爆、剧毒、腐蚀性等危险物品组织认真检查，并监督其妥善清理转移到安全地带。

2. 制定灭火救援措施

制定多种救人、灭火、紧急避险的方案。

3. 确定供水方案

绘制天然水源、消防水池分布图，修建通往天然水源和消防水池的消防车道、吸水码头、取水平台。拟制地震发生后城市供水系统破坏、供水中断的应急供水方案。

4. 落实各项后勤保障工作

做好灭火剂和器材装备的储备供应，以及油料、饮食、医疗等后勤保障工作，以确保地震时灭火的需求。

5. 进行实战演练

有条件的地方，要在当地政府的统一领导下，组织公安、消防、民政、卫生、地震、煤气、水电等单位参加防震、抢险、灭火、救护等方面大型联合演习。

另外，从 1991 年起，中国地震局会同有关部委先后 4 次拟定和修改《国家破坏性地震应急预案》，并印发了《编制部门破坏性地震应急预案的若干建议》《省（自治区、直辖市）地震应急预案纲目》，全面推动应急预案的编制，目前，国家、部门、地方三方地震应急预案体系基本形成。国家的 25 个部委、局、公司编制了应急预案，许多部门开展了本系统内各级和重点企事业单位的预案编制工作；全国都施行了破坏性地震应急预案，地震重点监视防御区市县两级的预案均已制定，一些重点地区还应延伸到乡镇、企业、社区乃至家庭。

（六）建造防震消防设施

1. 建造防震消防站

凡在地震带或地震多发区的大中城市或有条件的城镇都要建造防震消防站。位于抗震设防烈度为 6～9 度地区的消防站建筑，应按乙类建筑进行抗震设计，并按本地区设防烈度提高 1 度采取抗震构造措施。其中 8～9 度地区的消防站建筑应对消防车库的框架、门框、大门等影响消防车出动的重点部位，按有关设计规范要求进行验算，限制其地震位移。

2. 改建或加固非防震消防站

对已建成不符合防震要求的消防站，要根据当地实际情况，进行改建或防震加固。

3. 建设地下消防水池

发生强烈地震后，地面上的消防设施会遭到严重破坏，消火栓不能使用。而地下消防水池，受地震波及的程度小，可以为震后灭火提供充足的水源。坐落在地震带上的城镇，要大量修建地下消防水池。如 1995 年 1 月 17 日 5 时 46 分，日本神户地区发生 7.2 级地震，震后发生大火。到 17 日 7 时止，神户市有 40 辆可以出动的消防车，西宫市有 14 辆可以出动的消防车。神户市发生火灾 63 起，而西宫市发生火灾 16 起，虽然西宫市可出动的消防车数量少，但它有大量的地下消防水池，在震后消火栓不能使用的情况下，由于消防水源充足，能及时扑灭初期小规模的火灾，减少了火灾的损失。

二、地震时的灭火措施

地震发生后，消防队应迅速组织人员，开展灭火救援工作。

（一）迅速恢复执勤状态

① 迅速查清消防人员伤亡和车辆装备损坏情况，以及尚有战斗力的人数和可使用的消防器材装备等情况。

② 分析消防队现有灭火救援的能力，将有战斗力的消防人员进行编组，车辆器材装备进行整合，迅速投入灭火救援战斗。

③ 将情况及时向上级汇报，请求增援，以满足灭火救援的需要。

（二）尽快掌握震区情况

① 利用各种通信手段了解地震破坏程度、火灾发生状况、燃气泄漏范围等。

② 查明辖区建筑物、水源、道路遭受破坏程度，重点单位和部位发生火灾的情况，社会上可参与救援的力量。

③ 进入着火单位，向自救或已逃生的群众及技术人员了解情况，防止盲目进入而遇到危险。查明人员伤亡的数量、被困人员位置、埋压人员的地点及火情。

④ 向地震部门了解主震过后会发生余震的大小、次数，可能发生的时间段等。

（三）合理调配灭火力量

① 调配使用灭火力量，要贯彻"先重点，后一般""先救人，后救物""先市区，后郊区"的原则。

② 力量调配要考虑保持一定的机动力量，以应付特殊情况下的需要。根据火场情况，及时调整和部署灭火力量。

③ 调集举高消防车、照明车、生命探测仪等特种装备和搜救犬参与灭火救援。

④ 当灭火力量不足时，要及时向上级报告，请求增派力量。

（四）发动群众开展自救

① 派出消防人员，分散到各处发动和组织群众进行自救、互救，利用简易的灭火器材和工具（脸盆、水桶、拖把等）灭火，将火灾扑灭于初起阶段。

② 由派出所、居委会、村委会等各级组织发动和组织群众，扑灭火灾。

③ 组织群众抢救被埋压的人员和建筑内的被困者。抢救时间越及时，获救的希望越大。如唐山大地震中有几十万人被埋在废墟中，灾区群众通过自救、互救使大部分（约79%）被埋压人员重新获得生命。震后人员获救时间与成活率见表6.1。

表 6.1　震后人员获救时间与成活率

获救时间	20min	60min	120min
成活率	98%	63%	42%

（五）积极抢救遇险人员

① 在火场上发动群众提供线索，明确被埋压人员的位置、数量。

② 组织侦察小组，利用生命探测仪、搜救犬仔细搜寻被埋压人员，同时采取向废墟中喊话或敲击等方法传递营救信号。

③ 当建筑物内有人员被困，又无疏散通道时，消防人员要架设消防梯或利用举高消防车等，从外部开辟救生通道，及时将被困者救出。

④ 火场上消防队救人力量不足时，要组织其他部门的人力和机械设备共同配合，尽快完成救人任务。

⑤ 采用正确的方法实施营救。一是使用的工具（如铁棒、锄头、棍棒等）不要伤及埋压人员；二是不要破坏被埋压人员所处空间周围的支撑条件，以免引起新的垮塌，使埋压人员再次遇险；三是应尽快与埋压人员的封闭空间沟通，使新鲜空气流入，挖扒中如尘土太大应喷水降尘，以免埋压者窒息；四是埋压时间较长，一时又难以救出，可设法向埋压者输送饮用水、食品和药品，以维持其生命；五是在营救中，对伤员要轻抬轻放，避免强拉硬拖，防止对伤员造成二次伤害。图6.5所示为震后救人场景之一。

三、灭火行动要求及注意事项

扑救地震火灾是在建筑物倒塌、道路受阻、水源缺乏、通信不畅等复杂条件下进行的，作战条件艰苦，环境恶劣，必须加强战斗行动的有效性和安全性。

图 6.5　震后救人场景

（一）加强安全防护

① 地震会造成路基塌陷、桥梁损坏，消防车在行驶途中，要注意观察路面是否出现裂痕或裂缝，桥梁在地震后是否安全，若存在安全问题，应绕道而行。

② 所有消防人员均应按各自的分工和任务，佩戴好个人防护装备，携带好器材和工具，方能投入战斗。

③ 扑救地震火灾时，应认真观察建筑破坏的程度，确定有无倒塌的危险，并根据现场情况，控制或减少人员进入和靠近，防止余震或火灾导致建筑倒塌伤人。

④ 在深入倒塌建筑内部灭火救援时，应由建筑师对建筑受损情况进行评估，对危险部位采取必要的破拆、支撑或加固等手段，严禁盲目行动，防止再次倒塌伤人。

⑤ 严禁在无承重梁、柱或墙体无安全基础的顶部和易倒塌部位上设置水枪阵地。

⑥ 内攻人员进入前要使用直流水枪先上后下左右晃动射流实施试探，击落悬垂、断裂或即将倒塌的建筑构件，防止砸伤人员。

（二）做好保障工作

1. 保障道路畅通

① 消防队要配合交通部门迅速查清地震区域的交通情况，调动工程部门、

公路部门的人力和机械施工车辆，首先疏通主要道路，保证消防车通行。

② 对于一时难以修复的桥梁，可以采取先架设便桥、舟桥、摆渡或开辟绕行线等多种抢修措施，保证消防队能迅速到达火场。

③ 成立由公安、交通部门组成的交通指挥部，承担交通指挥管理，维护交通秩序，保证交通畅通，以保障任何时间、任何情况下消防队都能迅速到达火场进行灭火和抢救人命。

2. 保障火场供水

① 消火栓被震坏，消防队要尽快与自来水公司等相关单位取得联系，及时准确地为供水部门提供消防设施损坏情况，以便尽快修复，满足震后灭火需要。

② 消防队到场后，要有指挥员负责组织后方消防车进行供水。

③ 调集一切可以使用的车辆运水，保证火场供水。

④ 消防队在灭火中，要服从火场的整体需要，确保火场救人、灭火、排险等主要方面的用水。

3. 保障通信联络

① 震后要尽快抢修通信线路和设备，保证消防队和外界联系不中断。

② 利用消防通信指挥车，建立消防无线通信指挥系统。

③ 利用电信部门的移动通信指挥车，建立现场、灾区与外界的联络。

（三）加强对火场及灾情的监控

① 对有易燃易爆、危险化学品、毒害、放射性危害的生产、储存单位，在做好个人防护的同时，要加强对火场的监控，防止发生爆炸或复燃。

② 设置观察哨，观察当地和附近的火势发展情况，防止火势扩大造成人员伤亡和财产损失。

③ 与地震部门加强联系，及早获取地震资料，防止余震发生时对救援人员造成伤害。

第四节 案例分析——陕西省宝鸡市 "5·12" 宝成铁路 109 隧道火灾扑救

2008 年 5 月 12 日 14 时 28 分，汶川发生里氏 8.0 级特大地震，导致宝成铁路徽县境内 109 隧道南口山体滑坡。14 时 33 分，由宝鸡开往成都方向的 21043 次货运列车行驶至该处时，列车与滚落的巨石发生碰撞引发火灾，宝成铁路被迫中断，大批救援物资和抢险人员入川受阻。陕、甘两省消防部队、四个支队共调集 119 名指战员、19 台车参与灭火抢险。经过 283 小时的全力灭火抢险，彻底扑灭了大火，提前 7 天抢通了宝成铁路，胜利完成了灭火抢险任务。

一、基本情况

（一）列车情况

21043 次货运列车全长 570m，总共 40 节车厢，每节车厢长 13.5m，其中 1、2 节车厢装载 120t 麸皮，3～14 节车厢装载 602t 汽油，15 节车厢装载 60t 麦芽，16 节车厢装载 50t 润滑油，17～20 节车厢装载 236t 饲料，21～31 节车厢装载 660t 钢材卷板，32～36 节车厢装载 300t 钢线材，37 节车厢装载 60t 面粉，38～40 节车厢装载 179t 玉米。

（二）隧道情况

109 隧道位于甘肃徽县南部嘉陵江峡谷西侧半山腰，南口位于宝成线 K150＋835m 处，全长 726m，由 5 部分组成，由南至北依次为：109m 棚洞、286m 隧道、26m 棚洞、192m 隧道、113m 棚洞，三段棚洞的下方各有一个 1m×1.8m 的通风口，上方各有一排 0.5m×0.5m 的孔洞。

（三）环境情况

事故现场为"V"字形峡谷，谷底为嘉陵江，江面因大面积山体滑坡形成堰塞湖，堰塞坝位于隧道中部，坝北水深 16m，坝南水深 1～2m，水位落差 10 余米，江面最窄处宽 30 余米，且水流湍急；江东山体为绝壁，徽虞公路依山临江，高于堰塞坝南侧江面近 20m，从南部的虞关、北部的徽县到事故现场的道路多处塌方，且坝北路段部分被水淹没，无法通行；江西为陡峭山坡，109 隧道在半山腰穿山而过，隧道南口、中部和北口 3 处塌方，总量约 2 万多立方米；常年主导风向为南风。

（四）火灾情况

列车与滑坡的巨石相撞发生火灾，机车在隧道南口部分外露，隧道南部棚洞顶部燃烧猛烈，火焰高达 30 余米，半个山体被浓烟熏黑，中部棚洞顶部浓烟笼罩并伴有明火，隧道北口也有烟雾排出。事故现场环境险恶，余震不断、滚石坠落、堰塞湖高悬，对处于峡谷中堰塞湖下游的作战官兵和车辆装备造成多重威胁。

二、火灾特点

① 隧道相对封闭，发生火灾后，积热不散，温度迅速升高；燃烧产生的各种有害气体，浓度高，排出困难。

② 整个隧道既有直墙棚洞，又有直曲墙隧道，棚洞顶部孔洞距地面十多米高，封堵困难。

③ 地震后，隧道内部路基局部松散裂缝，蓄水难。

④ 隧道内有 12 节汽油槽车，1 节润滑油槽车，在高温情况下，随时都有发生爆炸的可能。

⑤ 长时间高温烘烤、地震引起的地质灾害，用石材构筑的隧道随时有塌方、冒顶的危险。

⑥ 隧道纵深距离长，战斗面窄，灭火抢险困难。

三、扑救经过

（一）力量调集

12 日 22 时 42 分，陕西省消防总队接到公安厅调集力量赶赴宝成铁路 109 隧道组织灭火抢险的指令后，迅速启动《陕西省公安消防部队重特大灾害事故跨区域应急救援预案》，调集宝鸡公安消防支队 10 辆消防车、50 名指战员，汉中公安消防支队 2 辆消防车、15 名指战员（通信指挥车 2 台、抢险救援照明车 1 台、防化洗消消防车 1 台、干粉消防车 1 台、高喷消防车 1 台、水泡联用消防车 2 台、水罐消防车 3 台、器材消防车 1 台）赶赴现场。宝鸡支队凤县大队 5 辆消防车、21 名指战员于 13 日凌晨 3 时 12 分首批到达总指挥部所在地徽县车站（隧道以北 3km），7 时 50 分宝鸡支队指挥人员和特勤中队共 5 辆消防车、29 名指战员到达徽县车站。14 时许，汉中公安消防支队指挥人员和略阳大队 2 辆消防车、15 名指战员乘平板车到达虞关车站（隧道以南 8km）待命。15 时，陕西消防总队指挥员赶到现场，并向"5·12"重大灾害事故抢险总指挥部报到。12 时 50 分甘肃总队陇南支队 2 辆车、12 名指战员和天水支队 2 辆车、15 名指战员到达徽县车站。力量到达后，按照总指挥部的要求，陕、甘两省公安消防力量，共同编入总指挥部下设的"治安、消防、防化"组。

13 日 15 时，消防灭火力量完成集结后，总指挥部根据灭火抢险实际需要，决定成立灭火抢险指挥部，由陕西消防总队指挥员担任总指挥，宝鸡、汉中、天水、陇南四个支队指挥员担任副总指挥，下设侦检、灭火、通信、器材供应、生活保障等小组。

（二）确定灭火战斗方案和灭火战斗准备

经侦察，结合总指挥部专家组意见"注水冷却和利用抗溶性泡沫覆盖"，灭火抢险指挥部反复研究，制定了《"5·12"宝成铁路 109 隧道火灾事故处置方案》，确立了"充分发挥装备优势，科学决策，积极稳妥，有效处置，减少次生灾害，最大可能减少财产损失"的指导思想，坚持"控制燃烧、防止爆炸、适时封堵、有效排险"的原则，形成了"封堵窒息、注水降温、启封灭火、起覆排险"的灭火抢险整体思路。提出封堵窒息由总指挥部调集力量，对北隧道口、中间棚洞口进行封堵，消防指战员协助配合。确定主攻方向为南部棚洞（一是起火点处于南部棚洞口；12 节汽油罐处于隧道南部，距离南部棚洞口近；南部棚洞处燃烧猛烈。二是北部烟雾小无明火，车辆无法靠近，铺设水带必须经过堰塞湖。三是中部车辆无法下到江滩，距起火点远，坡陡沟深，供水距离长），设置若干遥控移动炮进行射水冷却，喷射泡沫灭火；同时在中间棚洞和北隧道口设置 9 台手抬机动泵直接向隧道内注水降温，并设立观察哨、划定警戒区、组织力量侦检，明确了任务分工，提出了注意事项和要求。并向总指挥部建议，做好战斗展开前的准备工作：一是在靠近隧道南端嘉陵江东侧江滩开辟可停放 20 辆战斗车的作战场地，并打通由公路通往江滩的通道，在南部棚洞下方的河床上用钢管搭建 10m×10m 战斗平台；二是筹集 20 台手抬机动泵、10000m 水带、10 具移动炮；三是调集 40t 抗溶性泡沫。

（三）灭火战斗展开

1. 火情侦察

道路疏通后，在 3 名观察哨观察灾情变化的基础上，于 14 日凌晨 2 时至 8 时，侦察人员先后 3 次对现场进行侦察。发现隧道南口火焰明显减小，中部棚洞口明火时有时无，发生两次爆炸，方位不明。9 时 55 分，为了进一步掌握南侧棚洞详细情况，灭火指挥部命令侦察小组，按照"由远到近，由外到内"的原则，对南端棚洞及周围情况进行侦察。经侦察，机车附近棚洞外壁温度为40℃，机车头后大约30m处棚洞外壁温度为60℃；棚洞顶部部分坍塌，距机车头30余米处辐射热强烈；距棚洞南口45m处有一通风口，通风口内是机车和第一节棚车的连接部；由通风口进入向北观察，有明火燃烧，可燃物质不明。

根据侦察情况，指挥部决定将原方案搭建战斗平台变为架设水上便桥，实行远距离注水降温。此次侦察为指挥部调整局部力量部署奠定了坚实的基础。

2. 封堵窒息

5月14日8时，总指挥部组织力量开始对隧道和棚洞实施封堵。隧道北口利用沙袋封堵，中部棚洞顶部孔洞利用石棉被封堵，南部根据火情变化进行相应处置。至15时隧道北口完全封堵。中部棚洞孔洞由于隧道内燃烧猛烈，火风压大，洞口多次封堵多次爆开，终因条件限制，中间棚洞孔洞未能完全封堵。隧道南口山体滑坡和棚洞坍塌形成两处自然封堵，未完全封闭。因火大、烟浓、温度高、辐射热强，作业人员不能靠近，无法实施封堵。但大幅度减少了空气进入量，延缓了燃烧速度，有效地避免了混合性爆炸气体的形成，防止了连续爆炸的发生，为指战员深入隧道冷却灭火创造了条件。

3. 注水降温

14日10时30分，灭火指挥部决定，在南部棚洞下方，搭建一座铺设水带的便桥，棚洞外壁架设两座用于登高铺带的塔架，实施注水降温。15时30分，在南部棚洞孔洞，利用消防车铺设5条供水干线向隧道内注水降温。中部棚洞利用4台手抬泵，铺设4条供水线路，对隧道内部持续注水降温。23时30分，手抬泵调至现场后，在南口利用5台手抬泵新增5条供水线路、在北口利用5台手抬泵新增5条供水线路，共集中19条供水线路注水降温。

15日7时，侦察小组通过南部棚洞通风口进入内部侦察，发现棚洞坍塌处车厢为第1节麸皮车厢，坍塌山石将棚车砸成"V"字形，厢门撕裂，仍有明火燃烧。根据侦察情况，指挥部及时在通风口部署1支水枪，对第1节麸皮车厢实施冷却灭火。

16日10时，为了加大注水强度，尽快降低隧道内部温度，在隧道北口铺设三条水带线路，利用手抬泵取水供水，在南口兰州军区某部铺设6条100mm粗供水管线，实施注水降温。

4. 启封灭火

在部署力量时，灭火抢险指挥部就进行了估算，19条供水干线，一天注入水量万余立方米；隧道北口至隧道南口的封堵长度为 540m，隧道横截面为 42m²，总体积为 2.2 万余立方米；如果不考虑渗漏，隧道内应很快蓄积起一定深度的水。侦察发现，隧道内的温度由开始水带一放进去就烧断下降到 480℃，但隧道的排水沟无水排出，且在山体外部没有发现渗水迹象。指挥部分析认为可能是地震形成隧道内部多处裂缝，造成向隧道内注入的水沿裂缝流失。注水降温的效果受到很大影响。为了提高降温效果，加快战斗进程，缩短灭火排险时间，指挥部在反复论证各种危险因素的基础上研究决定：在隧道南口将注水降温改为射水冷却。启封隧道南口，直接用移动水炮和水枪深入隧道，对罐体和隧道墙体进行冷却。

在集中实施注水冷却的过程中，灭火指挥部在机车头方向部署了两支水枪，对机车进行冷却降温，协助铁路抢险人员清理机车头处的塌方，修复铁路，为整体启封做好了准备。16 日 9 时许，2 节机车头在两支水枪的保护下安全拖出。10 时许，在南口棚洞设置 2 门移动水炮，通过坍塌缝隙处直接向前 3 节汽油罐射水冷却，为侦察小组深入洞内实施侦察创造条件。13 时 30 分，侦察人员从坍塌缝隙处利用红外线测温仪对隧道内温度进行检测，检测得知，靠近山体一侧内壁温度为 200℃，另一侧内壁温度为 150℃，第一节油罐车罐体温度为 170℃。17 时 10 分，侦察人员利用红外线测温仪对隧道内温度再次进行检测，靠近山体一侧内壁温度为 90℃，另一侧内壁温度为 70℃，第 1 节油罐车罐体温度为 60℃，在隧道口利用便携式可燃气体探测仪检测可燃气体浓度为 0.2%。虽然还有许多不确定的危险因素，但为了内攻直接冷却灭火，必须进入隧道，实施内部侦察。

随后，2 名侦察员在一支机动水枪的保护下，从坍塌缝隙进入隧道进行侦察，得知第二节麸皮棚车下部有明火，第 1 节油罐罐体爆裂，严重变形，第 2~4 节油罐经敲击与第 1 节油罐声音有差异，无法确定油罐是否有油，第 5 节油罐上部隧道塌方，隧道内混合可燃气体浓度为 0.4%~0.5%。根据侦察结果，指挥员决定将隧道南口设置的 2 门水炮，由南向北相互掩护逐步推进至 40m，对罐体实施降温（两门水炮分别设置在第 1、4 节油罐车顶部）。此次侦察为指挥部采取启封灭火措施提供了依据。

在南口启封的过程中，铁路部门先后采取牵引、起吊等办法，第 2 节麸皮棚车都因塌方埋压，未能拖走。为了解决此问题铁道部门决定对南侧棚洞壁实施爆破。通过反复检测，第 2 节棚车周围可燃气体浓度为 0.1%，远远低于爆炸浓度下限，同意实施爆破，并要求采取技术手段，减小震动，避免二次灾害事故的发生，同时大量注水冷却，降低温度。17 日凌晨 1 时 10 分，组织对隧道南口坍塌处棚洞进行了爆破，南口开始启封。

5. 起覆排险

爆破后，总指挥部调集力量对麸皮棚车周围坍塌物进行清理，灭火抢险指挥部专门部署 2 支水枪射水冷却保护，其余水炮逐步向前推进至第 12 节油罐车。

17 日 14 时 30 分，为了减轻由南口进入隧道冷却排险的压力，灭火指挥部建议总指挥部在隧道北口、中部棚洞口设置排风机，将隧道内的浓烟、热气由南向北排出。

17 日夜，侦察人员继续对第二节麸皮车厢和油罐车厢进行检测，确认可燃气体浓度在安全范围内。18 日 6 时 39 分，将阻碍第二节麸皮车厢的坍塌物清理完毕，麸皮车厢被顺利拖走，清除了进入隧道南口最大障碍，彻底消灭了第一个火源。隧道南口全面敞开，起覆事故油罐车的条件已经具备。灭火指挥部决定：一是牵引列车必须加隔离车；二是铁轨和所用钢丝绳要涂抹黄油；三是严禁各种火源；四是进入隧道的各种电气设备、通信工具必须是防爆型；五是牵引前大量冷却降温，适时检测，用水枪、泡沫枪不间断保护，防止出现二次事故。18 日 6 时 45 分，在两支水枪的保护下，将第 1 节油罐槽车拖出隧道，经检测未发现油蒸气残留物后，推下河道。

18 日 6 时 58 分，侦察小组侦察发现第 9 节罐体上方凹陷，第 10～12 节罐体严重变形，经敲击各罐体，确认没有残油。第 12 节油罐温度 90℃，可燃气体浓度为 0；第 16 节麦芽棚车有明火，车厢顶温度 60～70℃，底部温度 180℃；第 17 节润滑油罐车未变形；第 18 节饲料车厢没有明火；第 19～20 节下部有明火（饲料车厢车板为木质）；第 21 节饲料车厢火势较大；第 21 节车厢以后没有发现明火。根据侦察情况，灭火指挥部命令宝鸡特勤中队、凤县大队、天水支队各出 1 门水炮，分别为 1～3 号水炮，设置在第 5、7、8 号罐处并逐步向前推进。凤县大队出 1 支水枪在隧道口处机动，每隔半小时检查线路并不间断检测可燃气体浓度。同时对进入隧道内部人员严格控制，最大限度减少进入隧道人员。10 时 40 分，2、3 号水炮推进至 10 号罐处，12 时 35 分，1 号水炮推进至 11 号罐处，16 时许，3 号水炮推进到 12 号油罐，向麦芽棚车和润滑油罐车射水灭火冷却。

12 时 58 分，将第 2 节油罐车拖出隧道。经检测油罐内还有残留油蒸气。为了确保后续处置的安全，灭火指挥部在听取有关专家的建议后决定：采取出 2 支水枪冷却监护，用高压气泵吹动水泥粉清扫的方法紧急处置。15 时 15 分吹扫完毕，排除了危险，将其推入了河道。利用同样的方法，指挥部于 18 日 17 时 30 分至 19 日 23 时 41 分将第 3～11 号汽油罐拖出隧道，并进行了相应处置。由于侦察无法确认第 4～7 号油罐是否有油，启封之后始终部署有水炮、水枪对油罐进行冷却。18 日 23 时 35 分，在实施拖车之前，部署 2 支泡沫管枪对第 4～7 号油罐进行泡沫覆盖。检测油罐可燃气体浓度，确认没有危险后一并拖出。

20日7时，灭火指挥部命令对第12节油罐车及麦芽车、润滑油罐车及饲料车厢进行持续冷却降温。20日15时16分，将第12节油罐车拖出隧道。21日0时57分将麦芽车拖出隧道。4时15分将润滑油罐拖出。

21日7时05分，指挥部命令一次性将8节车厢拖出隧道，前4节为饲料车，有明火，现场指挥员命令打开车门，部署7支水枪冷却灭火，同时出1支水枪消灭隧道内部饲料车残留明火，并对其余车厢进行冷却。

12时30分，随着将最后1节饲料车拖出隧道，隧道内部明火彻底消灭。

13时开始对第21~40节车厢进行起覆，16时20分起覆任务完成，消防部队灭火抢险战斗胜利结束。

四、案例分析

（一）同步侦察，把握火场态势

在109隧道灭火抢险战斗中，消防指战员冒着生命危险，先后侦察42次，为科学决策指挥、合理部署力量、组织实施战斗行动提供了可靠的依据。13日，灭火救援指挥部根据侦察情况制定了火灾事故处置方案；14日9时55分，侦察小组靠近侦察，棚洞外壁最低温度为40℃，近战条件具备，指挥部及时决策，修订方案，把搭建灭火战斗平台远距离射水变为搭建过江浮桥铺设水带直接注水；16日，侦察人员多次从隧道坍塌缝隙处由外向内实施侦检，获取了大量信息，指挥部据此果断调整部署，将注水降温改为直接冷却灭火。在灭火抢险过程中，自始至终不断进行侦察，保证了战斗行动科学合理、安全高效进行。

（二）洞悉灾害特点，及时调整战术

历次铁路隧道火灾扑救的经验作法，基本上都是严密封堵、窒息灭火、大量注水冷却，防止复燃。但是，109隧道的构成本身有它的特殊性，在内部大火猛烈燃烧，产生大量高压气体，隧道内压力不断升高的情况下，要封堵高悬于十几米高的棚洞孔洞，难度非常大。在隧道火灾扑救过程中，棚洞孔洞实施封堵，出现了用石棉被封上了又被炸出来，反复拉锯的局面。此次事故因地震引发，隧道裂缝，路基变形开裂，无法完全密封，注水降温难以达到预期效果。据此，灭火指挥部经过反复侦察研究，决定改变处置方法，变注水降温为直接冷却，加快冷却灭火进度。在没有启封的情况下，利用棚洞坍塌顶部露出小洞口，架设水炮直接向罐体和洞壁射水冷却，适时逐步向洞内推进。后一架水炮保护着前一架水炮，步步为营，梯次推进，逐步深入。同时在隧道中部和北口架设排风机，将隧道内的有毒可燃气体、高温浓烟排出，减轻主进攻方向的压力，为直接深入洞内冷却灭火创造条件，大幅度加快了灭火抢险的速度。宝成铁路109隧道提前7天抢通，这一战术调整起到了至关重要的作用。

（三）科学决策指挥，密切协同配合

1. 充分研究论证，制定了科学合理的灭火抢险方案

灭火指挥部在全面进行侦察、综合分析、反复论证的基础上，详细制定了处置方案，为完成灭火抢险任务奠定了基础。

2. 正确运用战术，牢牢把握灭火战斗主动权

适时运用封堵窒息、注水降温、直接冷却、启封灭火、起覆排险、梯次进攻等战术措施，既争取了灭火战斗主动权，又确保了参战官兵无一伤亡。

3. 科学研判火场态势，坚持合理有效的处置方法

在灭火抢险过程中，总指挥部要求在隧道中部棚洞通风口处开辟第二条进攻路线，灭火指挥部认为，隧道南北两头同时进攻，浓烟、有害气体无法排出，影响战斗进攻。建议坚持从隧道南口进攻不动摇，被总指挥部采纳。

4. 密切协同配合，确保了灭火抢险行动有力有序开展

这场战斗参战单位几十个，参战人员多达2500余人，需要方方面面的配合。如战斗阵地建立的配合、隧道加固与灭火行动的配合、起覆事故车辆与侦检保护的配合、修复铁路与供水冷却的配合、器材供应的配合、生活保障的配合等，哪一个配合出现问题，对抢险战斗都会产生影响，但所有参与抢险的单位和人员，都能积极协作，密切配合，整个抢险战斗紧张有序。

（四）器材保障问题

109隧道灭火抢险，消耗水带2万余米，使用手抬泵20余台，消防移动炮10余架。首先，灭火抢险指挥部在13日19时向总指挥部提出现场所需器材的种类、数量，总指挥部立即成立专门组织，利用铁路系统物资调集快捷的特点，迅速组织实施。其次，灭火抢险指挥部同时向总队进行了专项汇报，总队接报后立即启动器材装备调集社会联动机制，由专人负责紧急组织所需器材。14日23时30分10000m水带、10台手抬泵调至现场；15日16时15分将10台移动炮调至现场；18日13时20分将20套隔热服调至现场。

这些器材装备调集难度大、困难多。除部分在本省筹集外，大部分都是从外

省紧急调集，时间长、协调难，对及时有效的灭火抢险产生了一定的影响。

（五）通信问题

通信问题主要表现在三个方面，一是消防部队内部通信器材不足，参战单位之间现场通信不畅；二是现场通信组网十分困难，相互干扰；三是现场处在山区手机信号很弱，没有卫星电话，与上级联系困难。这些问题一定程度上影响了指令的及时传达。

（六）信息发送问题

109 隧道处于秦岭深处，向上级发送一条信息，要跑几十里山路到徽县县城传送，导致信息不灵。信息发布渠道多，造成报道口径不统一等情况。

（七）生活保障问题

消防部队到达现场之后，首先面临的问题就是生活保障的问题，全体指战员主要靠临时准备的面包、矿泉水充饥解渴。即使到了后来，部队可以吃上盒饭，但是吃不上热饭、喝不上热水，一定程度上影响了部队战斗力。

图 6.6 为 109 隧道火灾灭火力量部署图。

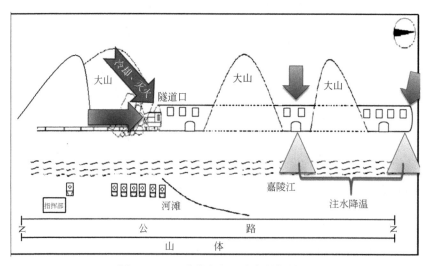

图 6.6   109 隧道火灾灭火力量部署图

第七章 →→→
船舶火灾扑救

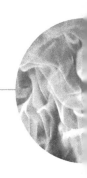

随着国际航运业的不断发展，船舶吨位越来越大，自动化程度越来越高，营运的危险货物种类越来越多。这一切不但没有减少火灾，反而使火灾的危险性不断增大。同时，因为船舶空间比较小，活动范围受到限制，扑救火灾时还要受到许多其他客观条件的影响。因此，船舶一旦发生火灾很难扑救。

第一节　船舶的特点

为有效扑救船舶火灾，需对船舶分类和结构有清楚的认识。

一、结构特点

船舶具有种类繁多、结构复杂、可燃物多、燃油储量大和热传导性能强等特点。

（一）种类繁多

1. 按用途分类

按用途分类，可分为运输船、工程船、渔业船、特殊用途船和军用舰船等。运输船，如客船、货船、客货船、油船、集装箱船、化学品船、液化气船、滚装船、拖船、驳船等；工程船，如挖泥船、起重船、浮船坞、自升式钻井船等；渔业船，如冷冻加工船、拖网渔船、冷藏船等；特殊用途船，如破冰船、海洋调查船等；军用舰船，如驱逐舰、巡洋舰、登陆舰、运输舰等。

2. 按动力分类

按动力分，可分为内燃机船、无动力驳船、汽轮机船、电力推进船、核动力船。

3. 按建造材料分类

按建造材料分，可分为钢质船、木质船、合金船、玻璃钢船、混合材料船、水泥船。

4. 按航行水域分类

按航行水域分，可分为内河船舶、沿海船舶、远洋船舶。

（二）结构复杂

船舶既是载运货物和旅客的水上交通工具，也是船员生活和工作的场所，各种舱室和机器设备分布在船舶各层甲板的不同部位。受船体的局限，舱内通道和楼梯比较窄，空间狭小，弯曲众多，各种管道、电缆纵横交错，形成较为紧凑复杂的船体结构。

大多数船舶由船楼、甲板室、机舱、客货舱和船员室等构成。这里主要介绍与消防工作密切相关的货船、油船、客船的主要结构和主要设备。

1. 船体

船体结构由船壳、内底板、甲板、支柱、各种骨架及上层建筑等组成。

艏，通常指船的前端；艉，通常指船的后端；左舷，指从艉向艏看，在艏艉中心线左边的部分；右舷，指从艉向艏看，在艏艉中心线右边的部分。

2. 甲板

甲板是船体结构的一部分，由船壳板、隔舱壁和骨架组成，其将船体分隔为若干层。

船舶最上层自船艏至船艉的连接甲板，称为上甲板，通常也称为主甲板或干舷甲板。上甲板分别设有船楼、货舱口、桅杆、装卸起动机、起动吊杆，最前端为锚链舱和艏尖舱，有些船在艏楼内还设有油漆、木工间等。

上甲板下面的各层甲板，称为下甲板。按由上而下的顺序，依次称为第二甲板、第三甲板、内底板。每层甲板舱口有木质或钢质舱口盖。有些客（货）船的布置是在第二和第三甲板上载客，第三甲板下为货舱，货舱口有钢质围壁向上延伸至上甲板。

3. 船楼

船楼是上甲板的上层建筑，大多设在船体的艉部或舯部，少数设在艏部。有的油船在舯部、艉部设有船楼。船楼设在艉部的称为艉楼。船楼前部和尾部两侧各有2个楼梯，可沿梯逐层攀登进入各种舱室。船楼按船的吨位大小分为3～6层。第一层，称为上甲板或干舷甲板，设有普通船员舱室、餐厅、会议室、厨房、冷藏室等；第二层，称为上层建筑甲板或露天甲板，主要设船员舱室；第三层，称为游步甲板，设有船长、大副、二副、三副、报务主任等的舱室，船长房间内通常设有武器库，存放少量的常规武器和弹药；第四层，称为艇甲板，左右两侧放置救生艇和救生筏等器材，有的船有少量的船员舱室；第五层，称为驾驶甲板，主要由驾驶室、报务室、海图室等构成；第六层，称为罗经甲板，位于驾驶室顶部，上面放一只标准磁罗经。

4. 机舱

机舱又称轮机舱，位于船楼下部，是船舶的主要动力部位。机舱内结构复杂，有许多机器设备；空间较大，万吨级以上的船舶其机舱空间高达数十米；进入机舱用的固定梯道陡而窄，人员进出很不方便。机舱内的主要设备有主机、辅机、蒸汽锅炉、燃油舱和各种油柜、分油机、温油柜、空气压缩机、储气钢瓶、配电盘、主机操作台、集油柜、水泵、通风机、冷气机、烟囱、出入口、逃生孔。

5. 货（客、油）舱

船舶舱室的数量及舱容的大小因船舶的种类和吨位大小而异。

货舱分普通货舱和散装货舱两种；客舱是客（货）船上旅客的卧室（内有座席）；客（货）船上的货舱数量很少，舱容也小，设在主甲板下面，主要装运干货、日用百货等；货油舱用于装载原油或石油产品。

（三）可燃物多

现代船舶多以钢质为主，其一方面为了尽量增大有效承载量，另一方面又为了追求舒适豪华，而大量采用轻质易燃或可燃装饰材料进行装饰装修。我国船舶建造虽然对船舶生活和工作用的舱室内舱壁、衬板、天花板和镶板等，已从防火上作出了严格的规定和限制，但各种新型装饰材料的不断涌现，加之受各种利益驱动的影响，无视规定而大量采用胶合板、聚氯乙烯板、聚氨酯泡沫塑料、化学纤维等可燃（阻燃）物质装饰板壁、门窗的现象仍然不在少数，舱室内的家具、地毯、帘布、床铺等也多为可燃材料制成。据有关部门统计，大型豪华客船的客舱，其可燃装饰材料、家具和床上用品等重量占客船自重的 5%～9%。并且货船所载的干货、日用品等大多可燃。

（四）燃油储量大

船舶主要以柴油、汽油等易燃油品为主，供主机、辅机及其他机器设备作为燃料，此外还有各种设备所需的润滑油。在各种交通运输工具中，船舶的燃油储量最大。船舶燃油储量一般是按照船舶载重量的 10% 估算的。船舶的燃油储量多在几吨到上百吨不等，多集中存放于储油柜和日用油柜，且日用油柜大多设置在环境温度高、通风条件差的机器处所。一旦发生火灾，这些油柜将无异于一枚枚重磅炸弹。

（五）热传导性能强

船体结构采用钢材制造，其热传导性能强。着火 5min 后，温度会上升到 500～900℃，钢板被迅速加热，通过热传导，使相连的或靠近船体的可燃物着火，扩大火势。

钢质材料经高温煅烧，其强度也会迅速降低，出现膨胀变形，失去承重能力而出现建筑物坍塌、船体变形等。

二、航行特点

船舶是货（客）运载量最大的水上交通工具，其燃油储量大，运行时间长。

1. 货（客）运载量大

① 普通货船的载重吨位（装运日用百货、纺织原料、机器设备等），一般为1万～2万吨。

② 散装货船的载重吨位（装运矿石、钢材、煤炭和粮食等），一般为1万～10万吨。

③ 油船、液化气船的载重吨位，一般为1万～20万吨，最大的已达50万吨。

④ 客船的载客量，一般为数百人至两千人；海洋客船比内河客船载客量大。

2. 燃油储量大

船舶主要以汽油、柴油、重油等作为主、辅机及其他机器设备的燃料。远洋船舶燃油储量是船舶载重量的10%左右。在各种交通运输工具中，船舶的燃油储量最大。如一艘载重量为5000t级的货船，其燃油储量约为500t；一艘万吨级的货船，其燃油储量约为800～1200t。

3. 运行时间长

船舶作为水上重要的货（客）运交通工具，能24h运行。在江河、海上航行，少则几天，多则数月，国内航程达数百至数千公里，远洋船舶航程可达数万公里。

三、消防设施特点

船舶一般都设有比较完善的消防设施。各类船舶都配有消火栓、消防泵、火灾报警系统、固定灭火系统，还装备有消防水枪、水带、灭火器、黄沙箱、消防桶、消防斧和挠钩等消防器材。

（一）设有火灾报警系统

现代船舶上均装有火灾报警系统。该系统主要由报警器和火灾探测器两大部分组成。船舶采用的火灾探测器一般为感温型和感烟型两种。

（二）设有固定灭火系统

固定式灭火系统共有如下五种：

1. 水灭火系统

此系统又称消防水灭火系统、消防栓系统或称为消防总管系统。

2. 水喷淋系统

水喷淋是指水以预定的型式和颗粒形状，以预定的速度和流量从设计喷嘴或喷射装置中喷出，水喷淋可以起到控制火灾、消灭火灾和冷却保护三个作用。

水喷淋在不同的场合，不同的标准里有不同的叫法，当在居住区应用时称自动喷水器（automatic sprinkler）系统，当在机器处所应用时叫压力水雾（pressure-waterspray）系统。最近 IMO 在其通函中介绍了一种水基（water-base）灭火系统，这种系统的介质是水或在水中加添加剂，它的特点是雾化较好；美国消防协会近年来也规定了一种水雾（watermist）系统，当 99% 的水滴直径不大于 1mm 时才称得上水雾系统。

3. 泡沫灭火系统

泡沫灭火系统分为低倍泡沫灭火系统和高倍泡沫灭火系统。低倍泡沫系统依照喷射方式不同，可分为泡沫喷枪系统、泡沫炮系统、泡沫喷淋系统、大型储油罐泡沫系统。为了有效地与火战斗，泡沫炮通常与泡沫枪组合成一个"枪炮"系统，而泡沫喷淋则往往与水喷淋联合组成一个"喷射"体系。

4. CO_2 灭火系统

CO_2 灭火系统分为高压系统和低压系统。高压系统是指在环境温度下的高压贮存系统，而低压系统是指在控制低温（$-18℃$）下的低压（2.06MPa）贮存系统。灭火能力需求大的处所采用低压系统比较合算。

5. 干粉灭火系统

此系统往往做成独立单元式灭火系统。干粉通常用氮气进行驱动，在液化气体船上和井口平台上采用此系统。

在灭火系统中有局部应用系统和全浸没系统之说。所谓局部应用系统，是指通过固定管道和喷射装置把灭火剂喷到具有高度失火危险的地方，低倍泡沫、CO_2、干粉和喷淋系统可以设计成局部应用系统。而全浸没系统是指在围蔽处所之内一次性把灭火剂充足，使处所内任何地点的火灾都能灭掉。高倍泡沫、CO_2、干粉系统可以设计成全浸没系统。

（三）备有移动消防设备

1. 备有灭火器

船舶上一般都备有灭火器，分手提式和推车式两种。船用手提式灭火器的容量一般不大于 13.5L，不小于 9L。

2. 备有手抬机动消防泵

船用手抬机动消防泵在其正常工作时能维持两股不小于 12m 的充实水柱，并能连续工作 12h 以上。

3. 备有个人消防装备

船舶上至少配有 2 套个人消防装备，包括消防服、消防靴、消防手套、消防头盔、安全带、安全钩、防火救生绳、安全灯、空气呼吸器、太平斧、隔热服等。

4. 其他消防用具

船舶上还备有一些辅助消防用具，如铁链、铁钩、消防桶等。

（四）备有防火控制图

船舶一般都备有《防火控制图》，在图上用国际海事组织统一规定的图形和符号，清楚地标出以下内容：
① 每层甲板的各消防控制站。
② "A" 级分隔围蔽的各防火区域，"B" 级分隔围蔽的各防火区域（A、B为船舶各防火区域的分隔围蔽等级，A 级最高，B 级次之）。
③ 各类固定消防设备和移动消防设备的详细布置情况。
④ 各舱室和甲板出入通道的位置。
⑤ 通风系统布置，包括风机控制和挡火风闸的位置。
《防火控制图》存放在船舷两侧的防水圆筒内，火灾时，可为前来灭火的消防人员提供船舶情况。

第二节　船舶的火灾原因和特点

现代船舶正在向大吨位化、高科技化和豪华舒适方向发展，船舶造价昂贵，一艘船的造价动辄几千万到几亿元。而且，船载旅客集中、货物密集。船舶火灾造成的人员伤亡，船舶和货物的直接经济损失，以及沉船占用航道、码头、污染水域所造成的经济损失都是相当巨大的，打捞沉船、清理航道、治理污染等间接损失更是惊人。

一、船舶的起火原因

据统计，船舶火灾多数发生在货物装卸和修船期间，也有一些是在运输过程中发生的，大部分是由于工作失职、忽视防火安全制度、缺乏防火知识、违反规定操作等人为因素造成的。引起船舶起火的原因主要有以下几个方面：

1. 热表面引起的火灾

排气管、过热蒸气管、锅炉外壳等热表面，都有隔热材料包扎予以保护，如因修理或更换部分隔热材料，在将隔热材料拆下后，失去隔热材料保护的部分热表面就裸露在空气中，此时若遇溢油、漏油溅落到热表面，就极容易引发火灾。如 2014 年 9 月 14 日，深圳市科发航运有限公司的"深科 108"轮，在宁波海域航行时，右主机涡轮增压器润滑油支管上的压力表分离脱落，致使支管内的润滑油喷溅至排烟管与涡轮增压器连接处裸露的高温部件后起火，从而引发机舱火灾。机舱工作人员在使用手动灭火器无法扑救的情况下，迅速全部撤离机舱，并启动船舶固定灭火系统释放 CO_2 封舱窒息，火势很快被扑灭。

2. 明火或暗火引起的火灾

在船舶维修现场，由于气割、电焊等明火作业时操作不规范，或者安全检查不到位等原因，都易引发"隔空间""远距离"火灾。如 2013 年 10 月 12 日发生在宁波市镇海船舶修造厂码头的"绪扬 11 号"轮火灾，就是因为该轮油舱主甲板输油管法兰油轮闸阀漏油，施工人员在进行气割作业维修时，明火引燃了货油舱内爆炸性混合气体，导致两个油舱相继发生爆炸并引发大火，当场造成 7 人死亡、1 人重伤的重大火灾事故。在船员休息室，烟头则成为了最大的火灾隐患，由于吸烟的人数众多且不易管理，使得烟头引起火灾的危险性极高。

3. 火星引起的火灾

火星具有较高的温度，可以引燃一些可燃物质，还会引起石化气体或其他可燃气体的爆炸。火星有从烟囱里飞出的、气割时吹开的、电焊时飞溅的、金属撞击时产生的等。

4. 输油管破裂或渗漏引起的火灾

有的新建船舶，由于油路安装连接不牢，在投入使用时极易发生漏油现象；有的船龄较大的船舶，由于油路管道老化、锈蚀，也会发生漏油现象。而泄漏的油料一旦溅到高温部位，极易引起火灾。如 2006 年 2 月 15 日，从天津港驶出的"勤丰 169"轮，就是由于导热油管爆裂，导热油泄漏后遇高温部位，从而引发了机舱火灾。

5. 电气设备引起的火灾

电气设备火灾主要是由于短路、超负荷、设计不当、安装错误、电线老化、绝缘失效以及乱拉电线，随意使用电炉、电熨斗等引起的。如 2000 年 2 月 25 日，停泊在巴东官渡口的"齐兴"号机驳船火灾，就是由于船舶与岸电连接不规范，线头脱落短路产生火花，引燃机舱配电柜下方堆放的易燃物品引发火灾。

6. 操作燃油锅炉不当引起的火灾

由于船舶机械和船员生活需要，机舱内设有锅炉，锅炉大多是燃油型的，如果不严格按照操作规程操作，也会发生火灾事故。如 2004 年 2 月 14 日，停泊在日照港岚山港区锚地的圣文森特籍"阿里汗"轮机舱发生的火灾，就是因为该轮的燃油锅炉油头漏油，锅炉熄灭后燃油慢慢漏入炉膛。由于炉膛内高温使燃油汽化，轮机员在启动燃油锅炉时未进行扫气，严重违反规定操作，从而在点火时使油气混合物发生了爆燃。爆燃瞬间产生的高压致使炉膛内的油火从燃烧器的火焰探测孔、火焰观察孔、进风孔等处喷射而出引发了机舱火灾，造成 1 名船员死亡、1 名船员被烧伤的事故。

7. 船舶装卸油操作不当引起的火灾

船舶会经常装卸货油或加装燃油，此类作业要求严格按照操作规程进行操作，并派专人进行监护，一旦疏忽极易引发火灾或爆炸事故。如 2002 年 8 月 3 日，发生在宁波奉化桐照镇洪峙修船厂的"浙奉渔 10097 号"渔船爆炸火灾事故，就是因为该船的轮机长违规使用潜水泵对柴油、机油进行抽油作业，不慎遇电火花后发生爆炸起火，造成 2 人死亡、16 人受伤的火灾事故。

8. 机械设备故障或缺陷引起的火灾

船舶机舱内设备多而且复杂，由于机舱内长期高温、潮湿，机械设备老化快，故障率高，如不及时发现和排除，也会引发火灾。如 2001 年 5 月 30 日，"赣州油 0008"油轮机舱发生火灾，原因就是该轮油泵舱内的油品过滤器及阀门密封垫老化，大量油蒸气泄漏后进入与油泵舱相隔的机舱，由于机舱内无通风设施，大量油蒸气在机舱内沉积，油蒸气达到爆炸极限后，遇柴油机高温发生了爆燃，从而引起火灾。

9. 意外原因引起的火灾

意外火灾主要是由于不可预见的自然因素所引起的火灾，比如雷击等。船舶上有许多易燃物品，在夏季多雷季节，雷击也可能引发火灾。如 2014 年 8 月 29 日，停泊在宁波大榭实华原油码头的"大庆 456"油轮闪燃起火事故，就是由于雷击导致右舷 2 号货舱的高速透气阀混合性气体发生闪燃起火，所幸值班船员扑救及时且措施有力，事故几乎没有造成损失。

二、船舶火灾的特点

正是由于船舶不同于一般建筑的独特构造，同时又是海上的交通运输工具，使得船舶发生的火灾不同于陆上火灾，主要有以下几个方面的特点：

1. 扑救难度大

船舶火灾的扑救远比陆地火灾扑救困难，尤其在海上航行过程中发生的火灾，不易得到别的船只的援救，有时即使有邻船，由于风大浪急或火焰的炙烤，使邻船难以靠拢；水上消防船艇难以及时到达实施有效的救助，陆上的消防队也无法赶赴增援。因此，对于航行中的船舶火灾，从根本上讲主要是依靠船舶自身的灭火力量来加以施救。

即便是停泊在码头或锚地的船舶起火，由于船舶空间狭小、通道狭窄、舱室众多、排烟不畅、货物密集、人员难以疏散等不利因素，使灭火行动很难顺利展开。在通道被火阻断时，很难从几个方向接近火场施救；救援人员对船舶内部结构、地形不熟悉，往往会在内攻过程中迷失方向。由于火灾形成的浓烟和热辐射、热对流，也往往使扑救人员无法靠近。

对于海上的船舶，船上的灭火剂一旦施放完毕就无法得到快速补充，不像陆地可以得到各方面的支持。灭火剂供给不足，会使船舶火灾失去控制，甚至导致灭火战斗的失败。灭火时大量的水灌进舱内，还有可能导致船舶倾覆沉没。上述这些船舶火灾独特的不利因素，给火灾扑救造成相当大的困难。

2. 损失价值大

现代船舶向大吨位化、高科技化和豪华舒适化发展，船舶造价昂贵，一艘船的造价动辄几千万，多则几亿元甚至几十亿元。而且，船载旅客集中、货物密集。船舶火灾造成的人员伤亡，船舶和货物的直接经济损失，价值都是相当巨大的。

3. 易造成人员伤亡

由于船舶机舱内部燃料油多，当发生火灾时，在机舱内不能完全燃烧，随着温度升高燃料油大量挥发，当挥发的油蒸气达到某一特定值时，就会产生蒸气爆炸，很容易造成人员伤亡。船舶底舱发生火灾，着火舱均在水下，各种有机化合物质燃烧产生的高温、有毒烟气集聚在舱内无法排出，消防队员进入扑救时极易被高温浓烟灼伤，若防护不到位或防护设备受损时，极易中毒伤亡。尤其是在扑救过程中，若消防员没注意将聚集大量高温缺氧的舱室门窗突然打开，极易引起轰燃，造成大量救援人员伤亡的惨剧。船舶设计时，为了尽量节省空间，内部所有的通道都比较狭窄，如果发生火灾，再加上人员的恐慌，将会造成严重的道路不畅，容易造成群死群伤的后果。

4. 易引起次生灾害

运载危险化学品的货轮或者油轮在水上发生火灾，施救过程中极易引起危险化学品、油品泄漏到水面上，特别是船舶发生爆炸、沉船等事故时，大量的泄漏物品不但会严重污染水资源，破坏海洋生态环境，还会严重影响过往船只的航行安全。沉船还可能会占用航道、码头，影响其他船只的航行和停泊。这些次生灾害所造成的影响和经济损失也是相当大的。

第三节　船舶火灾的灭火措施

扑救船舶火灾的灭火战斗，是一场十分困难、艰巨、复杂的过程，要夺取灭火战斗的胜利，必须重视灭火战术的研究。

一、船舶火灾初期处置

(一) 加强第一出动力量，适时调集增援力量

第一出动力量的调集，通常在船舶火灾处于初期阶段，也是灭火救援的最有利时机。当接到某船舶发生火灾的报警，指挥员要在出动途中用无线电台询问火

场情况，及时了解船舶着火部位、燃烧物质及火势蔓延情况等，根据需要适时调集出动力量，迅速调集临近消防队、在港消防船、拖消船赶赴现场。同时向市消防指挥中心报告，在必要的情况下，要求增派高喷车、水罐车、泡沫车等，加强第一出动力量。

（二）组织火情侦察，确定火势发展阶段和蔓延方向

到达火场后，火场指挥员要根据需要，制定可靠的安全措施，并让熟悉内部情况的船员作向导，亲自或组织侦察小组，进行火情侦察。在侦察时，应着重查明：

① 船内是否有人受到火势威胁。灭火救援的首要目的是"救人"，首先要确定人员被困的数量和位置，迅速掌握被困人员的情况，及时采取措施减少人员的伤亡。

② 了解和查明火源的部位及燃烧物质性质、数量，确定火势范围及蔓延方向。考虑设置水枪阵地，阻止火势蔓延并为灭火救援创造条件。

③ 燃烧舱室和附近舱室有无爆炸物品，以及其他有助于火势蔓延的物质或数量。

④ 油轮舱室易燃液体在火灾情况下有无爆炸、沸溢、喷溅的可能。

⑤ 机舱火灾对压力容器的威胁程度。

⑥ 燃烧舱室的舱壁和甲板的状态。通过舱壁和甲板的温度变化，确定火源位置，考虑在其外部设置水枪阵地，冷却钢结构，阻止火势通过热传导引起邻近舱室着火。

⑦ 进入燃烧舱室的开口数量、位置以及进攻路线受火势威胁的程度。

⑧ 船舶固定灭火系统是否启用。

（三）充分调动，合理部署灭火力量

在进行火情侦察后，火场指挥员要针对火灾的发展趋势，对灭火力量进行编配，将灭火的主要力量部署在火场的主要方面，如果火场中有人员被困，则应将主要力量用于救人。如被困人员已被救出，则主要力量应用于保护重点部位和物资。

1. 内攻救人

首先要合理处好救人与灭火的关系，救人是最重要的，灭火通常是辅助救人的手段。如果火场被困人员多，到场力量相对薄弱，应集中力量对被困人员进行施救，积极为救人服务，要布置力量用水枪开辟救人通道或掩护救人，堵截火势，防止烟气向被困人员方向蔓延。

2. 进攻路线的选择

选择进攻路线要按照当时的火情、结构部位和灭火力量的情况来确定。因此，选择船舶火灾的进攻路线，必须尽快接近燃烧部位，占据有效控制火势蔓延的位置，利用门洞、窗口、走廊通道、楼梯间（包括竖井直梯），以及检修孔、应急通道（轴隧弄）等，以便攻入舱室内部。在上述进攻路线有困难时，方可在船舷、甲板或舱壁上破拆开洞。

3. 规定任务

扑救船舶火灾比较复杂，火场指挥员要加强统一领导，组织好协同作战。同时，为了加强前沿阵地指挥，可根据抢救人命、疏散物资、控制火势、扑灭火灾的需要和灭火力量的实际情况，利用船上的结构，划分战斗区域（段），并规定具体任务：战斗段的任务及实施手段；进攻路线，遇到情况的处置方法；联络方式；提出安全注意事项。

（四）正确选择水枪阵地，合理运用战术方法

确定灭火任务后，对应用的灭火技战术要与所处置的火灾意图相符合，根据船舶部位的火灾特点，确定相应的技战术要求。

1. 合理设置水枪阵地

水枪阵地的设置包括：在内部开辟疏散、进攻通道，冷却和降低火灾温度，掩护消防员深入内部搜救被困人员；在船舶外部设置水枪和海上拖消船水炮，利用水流冷却外部，控制火势蔓延；对内部主要燃烧区实施近战强攻，射流灭火、喷雾驱散烟雾和冷却。在实施强攻中，水枪阵地的灭火力量必须充足，确保快速、沉稳、准确、强攻，一举消灭火灾。"快速"就是要快速设置水枪阵地，控制火势发展。"沉稳"就是要有英勇顽强的斗志，在水枪力量充足的情况下，守住阵地。"准确"就是要在主要蔓延方向、救人和主要疏散通道上合理设置水枪阵地。"强攻"就是要充分发挥水枪的作用，近战强攻，压制火势。

2. 及时采取排烟措施

烟气具有减光性和毒害性，大量的烟气会大大降低能见度，也使消防员在救人、灭火中难度增大，特别是有毒烟气会造成人员中毒，因此，要采取有效的措施减少烟气的危害，如在灭火力量布置充足时，打开天窗或下风门窗形成自然排风或机械排风。

3. 合理应用技战术

指挥员要针对火场的具体情况，确定合理的战术，在灭火力量强于火势时，应集中优势兵力迅速消灭火灾；当灭火力量不足时，应抓住最主要的救援目标，实施救人、堵截火势、抢救财物等防御性战术。对大面积多处火点，在控制下风向火势蔓延的同时采取上堵下攻、逐层设防、内部强攻、阻断火势发展的战术方法，分段消灭火点。

（五）确保灭火作战保障，为灭火最终胜利奠定基础

1. 供水保障

根据控火、灭火、掩护所需的水枪数量及供水力量分布，确定火场不间断供水的线路及水源的分配。灭火中，要科学合理使用水源，采取不见明火不射水，杜绝盲目射水，防止船舶倾斜。必要时，可采取水泵抽水、开孔的方法进行排水，以保证船舶的稳性。

2. 通信保障

在火灾扑救中，要保证火场三级组网的有效运行，确保火场通信指令的畅通。入舱灭火时，针对机舱信号屏蔽的因素，应科学合理运用有线通信系统等，保障前后方信息传输畅通和灭火指战员的安全。

3. 灭火力量及装备器材保障

根据火场规模，险情和灭火救援任务，指挥员要随时分析现场灭火救援力量，及时确定和调集增援力量及灭火器材装备。当需要特种器材装备时，应尽早调集。

二、自救灭火的一般程序

船员发现火灾，如是一般可燃物起火，时间不长或范围不大，应一面呼救，一面使用火场附近的灭火设备，对火灾进行扑救，并力争能控制火灾蔓延。如不能控制火势，应边报警边尽可能关闭门窗、通风系统，疏散易燃、可燃物质，用水冷却舱壁及甲板，防止火灾的进一步扩大。

驾驶台接到报警后，应尽早查明火灾情况，并发出救火紧急信号，用扩音器广播失火地点，所有船员均应按应变部署表上规定携带灭火器材，迅速赶赴现场，以大副为现场总指挥。若使用固定灭火系统，须征得船长同意。

大副到达现场后，首先应关闭通风，侦察火情，查明火源及部位、燃烧物的数量、火焰蔓延方向，是否威胁到人的安全。对易燃易爆品，应迅速撤离或采取隔离冷却等措施，以防灾情扩大，并随时将侦察情况报告驾驶台。

驾驶台应将火灾发生的时间、准确船位、火灾种类、地点、发现者的情况等详细地记入航海日志。为防止火灾蔓延，船舶应减速或使失火部位处于下风，使火焰吹向舷外。灭火时要注意船舶稳定，并注意清点人数，了解人员的伤亡、失踪等情况。对内外通信宜作好详细记录。对不同特点和场所的火灾，采取不同的灭火措施。充分冷却燃烧区域周围的可燃物、设备，防止火灾蔓延。集中力量扑灭火源，充分发挥移动式灭火设备和固定式灭火设备的作用，抓住时机速战速决。灭火后，要注意清理火场，以防复燃。

三、扑救船舶火灾的基本要求

扑救船舶火灾时：在集中优势兵力打歼灭战的思想指导下，坚持公安消防队、水上专职消防队、群众义务消防队相结合，充分发挥各种消防车辆、水面消防船（艇）与着火船舶固有灭火系统或其他设备的灭火效果，灭火、救援、排险并举，分工合作同时进行，灵活运用灭火战术的原则，发扬勇敢战斗、近战灭火、主动配合、协同作战的作风；做到查明情况，部署正确，机智果断，速战速决。

1. 成立火场指挥部

在船舶火灾条件下，由于参战单位多，水面作战情况复杂，成立火场指挥部，实施统一指挥是必要的。火场指挥部的成员应由下列人员组成：公安消防队的负责人；水上专职消防队负责人；着火船舶的船长及船上负责消防工作的负责人；港口负责人及调度；精通船舶业务的工程技术人员；根据需要吸收其他有关方面的负责人；根据需要配备翻译、信号员。

2. 实地侦察

根据需要，火场指挥员亲自或组织侦察小组，深入火区进行实地侦察，在侦察时，应着重查明：船内是否有人受到火势威胁；火源的部位及燃烧物质性质、数量、火势范围、蔓延方向；燃烧舱室和附近舱室有无爆炸物品，以及其他有助于火势蔓延的物质或数量；易燃液体在火灾情况下有无爆炸、沸溢、喷溅的可能；火灾对压力容器的威胁程度；燃烧舱室的舱壁和甲板的状态；进入燃烧舱室的开口数量、位置以及进攻路线受火势威胁的程度；固定灭火系统是否启用，灭火效果如何。在侦察时，必须有可靠的安全措施，并有熟悉内部情况的船员作向导。

3. 力量部署与装备投入

扑救船舶火灾的力量部署，在通常情况下，应选战斗力较强，且具有一定的船舶灭火经验的中队、班，并配备必要的防护器材（如氧气呼吸器）组成主攻力量，部署在控制火势蔓延的主攻方向上；同时以一定的灭火力量部署外攻，力求从燃烧舱四周实施包围迂回，分进合击，以达到彻底扑灭火灾的目的，并建立预备队，主要用于应付意外情况，必要时接替主攻任务。

在有陆上、水上和灾船上的三种消防力量作战的火场上，陆上消防队应部署在靠近口岸的灾船一侧登船灭火；水上消防队应部署在靠近水面一侧登船灭火；灾船上的义务消防队主要是配合这两支队伍作战，并担负救援、疏散任务。

高倍数泡沫发生器等高效灭火剂（如水流、干粉、泡沫、CO_2等）和优良的防护装备［如隔热服、氧（空）气呼吸器等］应集中配备在主攻方向上，以控制猛烈的火焰，阻止火势蔓延。而其他小型灭火器材则应配备在担负内攻穿插、扫清外围、实施冷却、掩护疏散、清理火场的任务方面，巩固和扩大成果。

4. 进攻路线的选择

选择进攻路线，要按照当时的火情、地形和灭火力量的情况来确定。因此，选择船舶火灾的进攻路线，必须是能尽快地到达燃烧部位，占据有效控制火势蔓延的地段，利用门洞、窗口、走廊、通道、楼梯间（包括竖井直梯），以及检修孔、应急通道（轴隧）等，以便攻入舱室内部，只有在上述进攻路线有困难时，方可在船舷、甲板或舱壁上破拆开洞（如用切割器开凿洞口）。

5. 规定任务

扑救船舶火灾比较复杂，火场指挥员要加强统一领导，组织好协同作战。同时，为了加强前沿阵地的指挥，可根据抢救人命、疏散物资、控制火势、扑灭火灾的需要和灭火力量的实际情况，利用船上的自然条件，划分战斗区域（片），并规定各战斗队（班）的具体任务。

火场指挥员给所属战斗队（班）规定任务时，应明确：战斗队（班）的任务及其实施手段；进攻路线，遇到情况的处置方法，通信联络方式，各种信（记）

号；提出安全注意事项。

四、灭火战术与实施方法

火场指挥员在查明情况、正确部署力量、做好战斗准备的基础上，下达战斗展开的命令，向火点发起猛烈进攻，根据机舱、货舱、货油舱、起居和服务处所等不同部位的火灾，分别运用内攻外防、上堵下击、围舱（室）打火、逐层消灭的战术，发挥固定灭火装置、移动灭火装备结合的作用，采取灌（灌注）、封（封闭）、淹（淹没）、断（隔断）、降（冷却降温、降压）等措施抓住有利时机，选准突破点，扑灭火灾。

（一）扑救机舱火灾

扑救机舱火灾，应实施"正面突破、分进合围、逐层堵截、上下合击"的战术，并辅以灌注、封闭的灭火方法，具体方法是：

（1）当机舱某个部位发生小面积燃烧时，消防人员可顺机舱梯道深入机舱内各层平台或舱底，用手提式灭火器（泡沫、干粉）或雾状水直接灭火。

（2）当机舱某层甲板层发生较大面积燃烧，火势开始向机舱上方平台或下部蔓延时，对舱内主机、辅机、燃（滑）油箱（柜）、锅炉等设备构成威胁，其灭火力量应布置在各层甲板出入口处并深入到机舱各层平台，在近距离内，从正面向火焰喷射泡沫或喷雾水流，冷却主机、辅机、油箱（柜）、舱壁，阻止火势向上部平台或船楼蔓延。利用机舱天窗口的有利地形，居高临下，喷射雾状水流，降低燃烧强度。同时，组织力量从舱底轴隧攻入机舱，便于使水枪手占据有利地形，接近火源，有效地发挥上下合击灭火的作用。

（3）当机舱内部火势猛烈，向机舱内部强攻无法实施时，灭火步骤如下：①关闭机舱通风机、出入口、通风孔、天棚窗和烟囱两侧的百叶窗等，减少机舱内的空气流通，尽快撤出机舱内人员，为封舱灭火创造条件。船上机舱的动力通风机和天棚窗，都装有可在机舱外部关闭的设施，当舱内出现浓烟时，消防人员可在舱外将其关闭。②开启船上固定灭火装置，向机舱内施放高倍泡沫或二氧化碳灭火剂，进行封舱灭火。③如果采用船上固定灭火系统不能扑灭机舱火势，可使用陆上消防队的2～4具高倍泡沫发生器进行扑救。将发生器摆放在机舱两侧出入口处，同时向机舱内灌注高倍泡沫。高倍泡沫淹没整个机舱底部的需要量，最好能达到1m/min以上的厚度。④在与机舱毗连的船楼舱室内和天棚口等处布置消防人员用喷雾水枪进行冷却保护，防止因热传导和热对流引起新的燃烧。

（4）扑救船舶机舱火灾的注意事项如下。

① 扑救机舱初期火灾，要注意以下几个方面：

a. 要迅速关闭油箱（柜）、油管线上的截止阀，停止燃油驳运泵的运转，断绝油料来源。船上切断燃油的截止阀和停止燃油驳运泵运转的装置设在机舱内外。机舱外的关闭装置大多设在机舱门的外侧，标有红色标志。

b. 油箱（柜）、油管线上有破漏处时，要立即用棉纱等物质进行封堵，一时不能封堵时，也要设法阻止漏油向四处喷射。

c. 用泡沫管枪和喷雾水枪对油箱（柜）、油管线进行覆盖或冷却，防止受热爆炸。

d. 压缩空气钢瓶受到高温威胁时，最好放掉钢瓶内的压缩空气（用于启动汽笛的钢瓶装有安全阀或易熔塞，当温度超过 100℃ 时即自动放气）。

② 在紧急情况下撤离机舱，应根据不同情况，选择好撤离路线。

a. 机舱内起火后烟雾浓，可见度低，分辨不清通道和出口。1000t 以上的船舶，机舱内均有 2 个相互远离的脱险通道，当找到梯道后，如果从两舷的各层舱门撤不出去，可沿梯道一直往上攀登，从烟囱顶部的出入口撤出机舱。

b. 机舱上部被火封锁时，可从机舱底部主机后侧的艉轴隧逃生孔钻出机舱，进入艉室，沿铁梯撤出。

c. 在机舱内受伤的人员，无法从上部撤离时，可进入艉轴隧中躲避，等候营救。

d. 在船上固定灭火系统控制室向机舱施放灭火剂之前，应发出声、光警报，舱内的人员应迅速撤离，以免窒息。

（二）扑救货舱火灾

扑救货舱火灾，基本上采取开舱、封舱、灌舱三种灭火方法。开舱灭火一般用于停泊港口码头装、卸货或检修的船舶；封舱灭火一般用于航行途中的船舶；灌舱灭火在船舶停泊与航行时均可采用，但不可轻易采用这种方法灭火。

1. 开舱灭火

登船灭火时，必须具备下列条件才能开舱：第一，货舱内的货物能够用水扑救，且不会因水渍而造成重大货损；第二，到场的消防力量和灭火剂（主要指高倍泡沫液）足以满足扑救货舱火灾的需要。

开舱灭火前，消防人员、车辆、器材装备和灭火剂，必须预先全部展开，充分做好进攻灭火的准备。水枪手着隔热服，做好自身防护，并占据起火货舱四周和船楼正面的有利地形，以低于货舱盖的姿势做好喷射准备，防止货舱盖开启的瞬间，由于空气进入货舱而导致火焰窜出灼伤人员；开启消防水泵，检验船上消火栓出水能力和泡沫液的发泡倍数，以防水泵、消火栓故障或泡沫液失效；如果船上消防泵不能出水，则应将陆上或水上消防队的水带与灾船上消防总管的国际通岸接口连接好，以便使用船上消火栓出水灭火；水枪和高倍数泡沫发生器呈喷射状态，以便在开舱时迅速压制火势。

开舱灭火时应实施"上面冲击、两侧堵截、上部预防、内攻灭火"的战术，具体实施方法是：利用该船机械设备开启燃烧货舱舱盖；在舱内燃烧面积和燃烧强度较小的情况下，作战的主攻方向是舱内燃烧地带，消防人员可通过货舱口向燃烧区射水；待火势减弱，可利用货舱内的固定壁梯、船舶或码头装（卸）货用的起重吊斗以及挂钩梯等，或利用安全绳悬吊水枪，从货舱口深入到舱内抵近火源射水；与此同时，在邻舱和上层建筑布置力量，以防舱壁热传导而使燃烧扩大。

深入货舱抵近射水时，应采取边翻货边射水灭火，边疏散转移货物的方法，将灭火后的货物用装卸起重吊机疏散到码头安全区域，由专人监护检查，防止余火复燃。

当货舱内的燃烧面积和强度较大时，则应采用向货舱内灌注中、高倍数泡沫的灭火方法，也可以用数支喷雾水枪在货舱口四周平行射水。封闭货舱口，隔绝空气进入燃烧区，待火势减弱后再深入货舱内灭火；必要时可在船舷或货舱壁上割开洞，进入货舱强攻灭火；灭火后，应对货舱进行彻底清理，消灭残火、阴燃火、死角火，不留后患。

2. 封舱灭火

关闭燃烧货舱的舱盖和通风孔洞，隔绝空气来源，并向货舱内施放灭火剂，达到窒息灭火的目的。采用这种灭火方法对舱内货物损害较小，但火势完全熄灭的时间相当长，一般需要几小时、几天甚至长达几个星期。

开启船上的二氧化碳固定灭火系统配合封舱灭火最为有效，但因种种原因，货船上的二氧化碳储量往往不能满足灭火需要，还要依靠陆地消防队补充大量的二氧化碳灭火剂。

卸货舱内的空气含氧量必须降至15%以下，一般可燃物质的火焰才能逐步窒息。施放二氧化碳后，要通过仪器从通风管或检测管检测舱内空气含氧量和二氧化碳气体的浓度。

3. 灌舱灭火

灌舱灭火主要有两种方式：一是局部灌舱，即用消防船（艇）、消防车、各种泵浦，向船上的某一起火舱内灌水，使货物完全被淹没。二是全船沉没，即开启舱底海水阀，或用炸药爆破等方法破坏船，让海水灌进舱内，使船体完全沉入水中，遇有下列情况，应采取灌舱方法：

（1）货舱内的货物具有爆炸性，或其他严重危害性，火势极其猛烈，有可能从一个舱室蔓延到全船，并严重威胁到港内船舶和城市安全。

（2）开舱与封舱灭火均不奏效，又不允许长时间扑救，采取灌舱方法能大大加快灭火速度，在短时间内扑灭火灾，最大限度地减少火灾造成的经济损失。

扑救货舱火灾的注意事项：①施放二氧化碳封舱灭火时，必须关闭货舱通风机、封堵货舱通风口，使货舱处于全封闭状态。否则每平方米面积孔洞在30s内能逃逸5kg二氧化碳，使灭火效果受到影响。②施放进货舱的二氧化碳量不足以灭火时，要用外来的二氧化碳继续向货舱内施放。③由于施放二氧化碳封舱灭火需要很长时间才能奏效，因此，封舱后不能过早地打开舱盖检查火情，防止空气进入货舱后引起复燃。在没有气体检测仪器的情况下，可以用手触摸起火货舱舱壁或舷板的温度，检查火情。④要加强监视和保护与起火货舱相毗连的货舱，将未起火货舱内与起火货舱壁紧靠着的可燃货物迅速疏散，设置水枪予以保护。⑤实施灌舱灭火必须事先征得该船船长、港口当局和有关上级领导的同意，消防指挥员不得擅作决定。⑥实施灌舱沉船的地点由港口水上安全监督部门指定，不能沉没在港口的航道上和主要码头边。全船沉没之前，要将船上人员、文件和贵重物品撤离。⑦货物具有放射性、毒害性、遇水爆炸等危害因素时，不能采用灌舱灭火的方法，防止造成更大的损失。⑧用钢（绳）缆加固货船艏艉时，要防止因货舱内积水过多，使钢（绳）缆绷断，造成人员伤亡。

（三）扑救客舱火灾

扑救客船火灾，应以积极抢救人命，掩护和引导旅客安全疏散为首要任务，视火势情况，运用扑救楼层火灾的战术，控制和消灭火灾。

1. 掩护和引导旅客疏散

当起火客船上有大量旅客面临被火势围困的危险境地，需要紧急疏散到船下时，抢救旅客脱险是火场的首要任务。①指挥员应把主要兵力用于掩护和引导旅客安全疏散。同时，部署一部分力量堵截火势，最大限度地减少旅客的伤亡。②消防员登船后，要充分利用船中的扩音设备或手提扩音喇叭向旅客喊话，以安定他们的情绪，引导他们向安全的地方疏散，避免因拥挤、恐慌，使通道阻塞，造成彼此踩踏、坠落溺水或伤亡。③船上的工作人员和消防人员应及时打开客舱和通道所有出口，使旅客能及时疏散到舱外安全地点。④利用大口径水枪（炮）堵截火势向有旅客聚集的方向蔓延；用喷雾水枪消除火势或火势辐射对疏散通道的封锁，掩护旅客安全通过。

2. 利用船上消防设施灭火

消防人员登船灭火时，如机舱消防泵能出水，应首先启动船上的应急消防泵，利用船上的消火栓、水带和水枪等消防设施进行灭火；若应急消防泵也不能启动，则应将陆地消防队的水带与灾船消防总管上的国际通岸接口连接，利用消防车泵加压出水灭火。

3. 关闭通风系统

大、中型客船内通风系统分布很广，火焰或热气流会顺着通风系统向客船的其他舱室扩展，引起燃烧。消防人员应及时关闭通风机、通风孔筒和通风管道上的挡水闸，防止火焰或热气流沿通风系统蔓延。

4. 利用风向控制火势蔓延

当客船航行途中发生火灾，在可能的情况下，应利用风向控制火势的蔓延方向和速度，具体方法是：

①火势在客舱的前部，风向由前向后刮，可立即将船头调转180°，停泊在水中。利用风向改变火势蔓延方向，同时达到减缓火势蔓延速度，使船上人员得以安全疏散的目的。②火势在客舱后部，风向由后向前刮时，采用同样的调头方法改变火势蔓延方向。③火势在客舱的中部，应立即将船头向左（右）调转90°，使火势沿船体横向发展，减缓纵向蔓延的速度。

5. 运用扑救楼层火灾的灭火战术

扑救客船火灾应重点保护驾驶室和机舱，在燃烧舱室的四周和上、下层舱室内布置灭火力量，用雾状水流冷却舱壁，防止热传导引起邻舱燃烧。沿海和远洋客船上均有固定展示的防火布置图，在采取灭火对策前，清楚地了解船上的防火布置，有利于灭火战斗。①火势已在几层客船形成立体燃烧时，首先全力救人，并实施上堵下攻，四面包围的战术方法。②火场指挥部应设在船下能通观起火客船的地方，最好设在消防船（艇）或小型机动船（艇）上，以便使火场指挥员机动观察客船的燃烧情况，及时准确调整部署，指挥灭火战斗。③客船火势大面积燃烧时，应划分若干战斗区（段），部署灭火力量实施穿插分割，逐层逐舱地消灭火势。

6. 扑救客舱火灾的注意事项

（1）水面上疏散旅客。消防人员要协助船员迅速放下救生艇、救生筏，让旅客穿好救生衣，套上救生圈等，不到万分危急时，不要让旅客跳水逃生。要做好老弱病残妇女的救助工作。

（2）码头上疏散旅客。要利用船上所有可以使用的通道，打开第二、第三甲板的舷板船门和各层甲板舱室、通道的门，让旅客迅速疏散下船。一时打不开的门窗，消防人员可用破拆工具打开。

（3）根据火势确定疏散顺序。客船发生火灾，为避免旅客惊慌失措，竞相逃命，涌向一舷，从而造成船的倾覆，必须采取果断措施，锁闭前、后舱区，上下楼层的通道，并根据火势危害的程度，分层、有秩序地组织旅客疏散（以船的右舷靠码头为准，每一层次旅客的疏散，按照在前舷舱区—左后舷舱区，左前舷舱区—右后舷舱区的顺序对角进行），首先是起火层受火势威胁严重的旅客，其次是起火层其他旅客和起火层上层的旅客，再次是起火层下层的旅客。

（4）做好自救准备。在客船上灭火的消防人员，要穿好救生衣，当火势猛烈又无法控制时，船上既没有撤退的安全地带，船下又没有救生船只，情况紧急，业已危及到自身安全，可跳入水中进行自救。

（四）扑救货油舱火灾

扑救货油舱火灾，应实施外围冷却，重点堵击，围舱打火，消灭火灾的战术。视燃烧具体情况，分别采取灌注、封闭、隔断、降温等措施，以及固定式和移动装备结合使用灭火。

1. 货油舱口呈火炬状燃烧

（1）开启固定灭火系统。现代油船货油舱内均设有二氧化碳或泡沫等固定灭火系统。货油舱起火后，如果没有因爆炸使舱壁破裂，可首先开启固定灭火系统进行灭火。

（2）覆盖舱口灭火。首先用水枪对货油舱口外围甲板进行冷却，然后用雾状水流掩护消防人员用湿棉被、湿麻袋、湿草包、石棉毡等覆盖舱口灭火。

（3）水封舱口灭火。首先用水冷却货油舱口外围甲板，然后用数支喷雾水枪朝舱口平射，隔绝舱口空气，使燃烧窒息。

2. 货油舱爆炸敞开燃烧

（1）用大量的水进行冷却。集中各种大口径水炮（枪），对燃烧货油舱和与之毗连的货油舱进行冷却，防止破裂口扩大，或引起邻舱起火，同时，也为下步灭火创造条件。

（2）用大量的泡沫灭火。若上甲板货油舱区域的固定泡沫炮没有被摧毁，则可先用该泡沫炮灭火，一般至少可喷射20～30min。在到场灭火力量所配备的泡沫液足够使用时，可集中各种泡沫炮、泡沫管枪和泡沫钩管等，一起向燃烧货油舱内喷射泡沫灭火。

（3）持续冷却货油舱。货油舱的火被扑灭后，负责冷却油舱的水炮（枪）仍需继续进行冷却，直至温度下降不会引起复燃为止。

3. 油船停靠码头起火的应急措施

（1）拆除输油管线。油船停靠码头装（卸）货油时起火，应迅速将与码头连通的输油管线、蒸汽加热管和鹤管等拆除。

（2）关闭管道阀门和舱盖。防止火焰和热辐射引起货油舱起火、爆炸，对货油舱透气管也要采取隔断措施。

（3）转移船舶。起火油船停靠的油码头附近若有大型储油罐、炼油厂、城市等，应将油船迅速驶离该码头；若起火船失去动力时，应迅速调用拖船将其拖离油码头；油船附近的船只也应迅速驶离起火油船，防止油船发生爆炸，或因沸腾、喷溅使货油流出，形成大面积火灾，造成更加严重的损失和后果。

4. 防止沸腾和喷溅

货油舱内载运重质油品起火时，有可能发生沸腾和喷溅。扑救时，必须做到以下几点：

（1）加强冷却。用大口径水炮（枪）出水冷却货油舱主甲板和两舷板（但不能使水进入货油舱），降低舱内货油温度。

（2）集中喷射泡沫。灭火时应将泡沫集中连续地喷射到货油舱内，防止喷射进舱的少量泡沫被猛烈的火焰破坏，使泡沫中的水进入货油中，引起沸腾或喷溅。

（3）利用"伏"的有利时机。重质油品在燃烧过程中会出现时起时伏的现象，扑救时应充分利用"伏"的有利时机，用大量泡沫强攻灭火。

5. 沉船灭火

当货油舱火灾已无法扑灭，火势威胁到全船，有发生强烈爆炸、形成大面积火灾、影响到其他船舶航行、大幅度污染海面等严重危害时，如果沉船灭火可以最大限度地减少危害和损失，应采取沉船的方法灭火。具体方法参见货舱火灾扑救"灌舱灭火"。

6. 扑救水面油火

货油舱发生爆炸、沸腾或喷溅后，大量货油漂浮到水面上形成大面积流动燃烧，给港口、船只等造成严重威胁，扑救时应采取以下措施：

（1）敷设拦油浮漂（围油栏），用消防船和其他船只拖拉敷设陆地上或消防船上配备的拦油浮漂，把水面上漂浮的油拦挡在安全水域里。

（2）施放化学药剂。用消防船（艇）施放化学药剂（乳化剂等），使石油凝集或沉入水中，防止油品到处漂流扩大火势蔓延。

（3）用水枪、水炮拦阻火势。当燃烧着的货油向下游漂流时，应派消防船（艇）前往拦截，利用水炮（枪）喷射泡沫或水流冲击灭火。

（4）用木（竹）排等拦油。没有拦油浮漂和化学药剂的地方，也可用木（竹）排或其他漂浮物体设置拦油障。

7. 扑救货油舱火灾的注意事项

首先，选择安全的停靠位置。消防车和消防船（艇）等扑救货油舱火灾时，其停靠位置要尽量避开起火货油舱舷板，防止因货油舱爆炸而摧毁消防车、消防船（艇），导致消防人员伤亡。

其次，密切观察燃烧情况。货油舱燃烧时出现下列征兆，有可能随即发生爆炸：火焰颜色由深变浅，并发亮，货油燃烧速度加快；烟雾由浓黑变淡；船体剧烈颤抖，有的已膨胀变形；货油舱口发出"嘶嘶"的响声。这时，火场指挥员要立即命令所有参加扑救的消防人员、消防车和消防船（艇）等，迅速撤离危险区，以免造成伤亡。

再次，监视水面流动散油。油船发生爆炸、沸腾或喷溅后，大量散油漂浮在水面上形成流动燃烧。火场指挥员要派出专人负责监视水面上的散油流动燃烧情况，防止消防船（艇）被火海包围。

（五）扑救船楼火灾

扑救船楼火灾，其作战的主攻方向是控制火势向船楼上部和水平方向蔓延，保护机舱、控制台、驾驶室等。但由于船楼每层面积很小，舱室内火灾荷载大，发生火灾后，火焰的热辐射将严重阻碍消防人员在船楼内的灭火战斗行动。消防人员在扑救火灾时，应视情况采取"上方堵截、两舷夹击、内攻灭火、冷却机舱"的战术。

1. 船楼火灾初期阶段

此时，火灾只局限于某一舱室，燃烧范围不大，消防人员应迅速关闭通风孔洞和门窗，同时在起火层左、右舷甲板布置灭火力量，深入船楼内部，堵截火势向走廊或楼梯方向蔓延，并消灭火灾。

2. 船楼火灾发展阶段

船楼某层舱室大部分燃烧，火势封锁了该起火层的走廊，并迅速向楼梯间发展，对船楼上部构成严重威胁。应首先在起火层上部甲板设置水枪阵地，阻击火势沿楼梯间向上部蔓延，同时应在起火层的左、右舷甲板布置力量，以门、窗为水枪阵地，强行内攻，夹击灭火，并布置相应数量的水枪，防止火势突破门窗，由外部向上发展，力求将火势扑灭在起火层内。

3. 船楼火灾猛烈阶段

火势已经封锁住通往各层甲板舱室的通道和楼梯，火焰已突破门窗，形成内外有火的立体火灾。对于停靠在码头上的起火船舶，可利用各种消防登高装备和码头上的起重设备进行扑救：①利用码头上的装卸吊机，在起重钩上挂一个吊斗，消防人员连接好水带、水枪，站在吊斗内，由吊机将消防人员提升到空中，抵近船楼灭火。②利用云梯车、举高喷射消防车上的举高平台用大口径水炮（枪）向燃烧区喷射水流灭火。③船靠码头时，临水一侧的船楼火势，可用消防船（艇）上的举高平台和其他大口径水炮灭火。④当船楼外部火焰被消灭，内部火焰得到压制时，抓住战机，选准突破点，向船楼纵深发展，实施内攻，分层消灭火灾。⑤船楼上火势凶猛，有人被困在舱室内或外部甲板上无法逃脱时，也可利用码头上的装卸吊机和曲臂消防车及时进行营救。

4. 保护机舱

船楼舱室起火向机舱蔓延时，消防人员应在火势向机舱蔓延的通道上、舱室内设置水枪阵地，并关闭机舱各层甲板出入口舱门，阻截火势向机舱蔓延；当船楼火势凶猛，已将各层甲板和楼内梯道封锁时，消防人员可从艉轴隧进入机舱内，用水枪冷却机舱围壁；在必要的情况下，开启固定灭火系统保护机舱。开启固定灭火系统的步骤是：①关闭机舱内所有储存油箱（柜）上的截止阀，切断电源，停止各种机械设备工作。②机舱内所有人员迅速从艉轴隧内撤出。③开启固定灭火系统。有些船上的固定灭火系统设在船楼二层甲板的站室内，当站室受到火势威胁时，站室内的灭火剂储存气瓶有发生爆炸的危险。及时将灭火剂放出，既能起到保护机舱的作用，又消除了可能爆炸的危险。

5. 扑救船楼火灾的注意事项

（1）疏散仪器设备。火势在船楼内由下向上蔓延，对驾驶室构成威胁时，消防人员应在控制火势向驾驶甲板蔓延的同时，迅速转移各个舱室内可移动的仪器设备、贵重物资、航海资料、档案、电台和枪支弹药等。

（2）进入正在制造、拆卸或维修的船楼内灭火（侦察）的消防人员，在烟雾弥漫的舱室内和走廊行走时，要用脚或水枪试探甲板虚实，缓步前进，防止不慎跌入未盖好的孔洞或梯道，造成跌伤事故。

（3）当火势凶猛、撤退路线被烟火封锁时，消防人员可沿着船楼两头或两舷寻找通道安全撤离。

（六）船员室失火的扑救要点

当船员室内被褥等着火，火势已经很大时，最先发现的人员应查看失火部位和火势情况，如火势已非个人所能扑灭，则立即关门，通知全船人员进行灭火，同时，尽早拨打火警电话，讲明着火具体地点和着火部位、火势情况。当确认室内无人，应将门关紧，防止空气对流，加快火势蔓延速度。通知全船人员利用本船消防设施进行有效灭火。当火被扑灭后，应指定专人监护，防止死灰复燃，禁止一切无关人员进入现场。

（七）船闸内船舶火灾灭火措施

船闸是一种通航构筑物，利用调整水位的方法，使船舶克服由于建坝所造成的水位落差，保障航道畅通。船闸由闸室、闸首和引航道三个部分组成。船舶在闸室内发生火灾，由于受环境条件影响，人员疏散和灭火战斗困难，极易形成船舶火烧连营的局面。因此，必须采取针对性的灭火措施。

1. 营救人员

迅速组织力量，及时开辟救人通道。通过施放消防软梯、救生绳，或在靠船闸壁较近的船楼甲板之间架设临时通道等方法进行施救；在紧急情况下，可将着火船舶上的被困人员疏散至相邻的未着火的船舶上，再利用闸室等救生舷梯固定救生设施予以疏散；根据被困人员情况，可利用举高消防车对被困人员进行救助；对于落水人员，尽快向其抛掷救生衣。

2. 牵引转移

船舶火灾发生在单级船闸或是多级船闸的首尾闸室时，在控制火灾的同时，要迅速将失火船只拖出闸室，然后对其进行扑救。

3. 抬高水位

船舶火灾发生在多级船闸的中间闸室，首先要迅速将水位抬高，减小着火船只与闸岸的落差，便于消防人员进行救人和灭火。

4. 冷却降温

由于闸室空间较小，船舶发生火灾时会积聚大量热量，同时船只之间间距小，因此应积极采取冷却降温措施，使用水枪喷射开花射流，减轻热辐射对邻近船只、闸墙的威胁；火场面积扩大后，要重点对人字门进行冷却保护。

5. 强攻灭火

（1）火势较小时，消防人员可在着火船只上建立灭火阵地，实施强攻灭火。如果是舱内着火，还应组织消防人员在喷雾水枪掩护下实施内攻灭火。

（2）火势较大时，一方面消防人员可在相邻未着火的船上设置阵地，靠近灭火；另一方面要在岸上设置阵地，利用大功率水罐车、举高消防车和闸岸上的固定灭火设施灭火。

（3）闸室内着火船舶处于全面燃烧时，消防人员不能登船灭火，要充分利用岸上阵地，集中大口径水枪（炮），喷射水或泡沫灭火。

五、战斗保障

为了保障参战人员的安全，顺利地完成战斗任务，火场指挥员应视具体情况，及时采取下列措施。

1. 积极抢救被困人员

船内如有人受到火势威胁时，要首先进行抢救，具体方法应根据地形地物，采用人背、安全绳提吊以及利用船舶起重设备、救生艇、消防艇、消防车上的登高工具等方法，将被困人员救出。必要时，可请求上级派直升机援救。

2. 保护与疏散物资

为了减少火灾损失，对那些因受高温、水渍影响或因燃烧产物作用能够损坏的物资，以及燃烧区邻近的物资，要设法进行疏散，在实施过程中，要充分发挥各种装卸、运输工具的作用，疏散物资与灭火战斗密切配合，同时要依靠船上工作人员，共同完成任务。

3. 船舶转移

停泊在港口或船坞的燃烧船舶，如严重威胁港口设施及附近船只，可将燃烧船只经拖轮牵引到安全水域，或设法将船的停泊方向改变，利用风把火焰引到影响小的方向，而后再组织力量灭火，如撤离有困难，则必须有足够的灭火力量来掩护受威胁的船只或港口设施。

4. 渡船摆渡

船舶火灾，主要依靠港口消防船（艇）、拖轮上配置的消防泵进行扑救，而陆地的消防技术装备对停泊在锚地或浮筒的着火船只则难以接近，必要时要采用渡船或借用登陆艇载运消防车、灭火工具和战斗人员，接近和登上燃烧船，投入战斗，如无渡船，可将燃烧船拖拉至岸边，而后登船灭火。

5. 排除积水

扑救船舶火灾，不仅要避免盲目射水和过量射水，而且要利用船舶的排水系统，排除船体内部的积水，以防船舶发生沉没、倾斜或过多的水渍损失。如排水系统失去作用，可利用手抬泵、排吸器向外排水。

6. 压载扶正

当灭火过程中，船舶出现危险的大倾角，而排水扶正效果不明显时，可采用向距水面较高一舷的压载舱注水，或在甲板上加压钢锭的方法，也可采用向舱外倒货，用钢缆吊拉和用顶推船顶推的方法，改变灾船的倾斜度，将灾船扶正，防止灾船的倾覆。

7. 控制气体对流

船舱发生火灾，流入新鲜空气越多，燃烧的强度越大，灭火战斗中要在燃烧区域关闭门、窗、堵塞孔洞和覆盖舱口，并停止机械通风运转和隔开通风系统的主要进、出风口。

8. 保持不间断的通信联络

水面作战机动性差，为保障战斗的顺利进行，必须采取有效措施，利用一切可以利用的通信工具和手段，保证陆地与水面通信联络的畅通无阻。如：利用电台、无线电话、步谈机、挂旗、手旗、灯光、雾角等通信设备和器材进行多种方式的明语、旗语、摩氏语言的联络。

9. 安全措施

在灭火战斗中，火场指挥员必须指派专人采取有效措施确保全体指战员的安全。

① 凡进入船舱进行灭火的人员，均应佩戴防护器具，携带照明用具，每组至少2人，不得单人行动，并使用安全绳保持舱内外的经常联系，距离较远，可采用"接力"联系，装备"头盔台"的可用明语联系。

② 对进入高温舱室进行灭火的指战员，应组织好掩护工作（如用喷雾水枪掩护），确保行动安全。

③ 在灭火战斗中，要控制登船人数，并随时检查船舶储备浮力平衡状态，防止沉船或翻船事故。

④ 铺设水带时，要将水带固定牢靠，以免水带下坠而使水枪手跌落受伤。

⑤ 船舶火灾一般扑救时间较长，因此，对长时间在第一线参战人员应定时组织轮换，并采取防护措施，防止发生中毒、灼伤、冻伤、溺水等事故。尤其是对深入内部的战斗人员要严加控制，定期清点，防止意外。

六、船舶火灾的灭火行动要求及注意事项

1. 注重保证消防人员的自身安全

参战人员必须在做好个人安全防护的基础上投入战斗，前沿战斗人员必须佩带空气呼吸器，着避火服，防止中毒、灼伤等意外事故的发生。大部分火灾引起的人员伤亡，都是因为在火灾发生与救援过程中的人员缺乏自我安全保护意识与经验，在忙乱中衣物燃火、窒息导致死亡。灭火人员在灭火前要充分利用设备对自身的安全防护作用，避免未穿防护装备直接进入火场。组建消防小组进行协力灭火，不建议单独行动，以防突发危险时缺少外援。

灭火队员经过判断认为船舶状态严重危险，失去灭火条件，可选择保护人身安全，紧急退出火场。

2. 注重内攻安全

深入舱内侦察和实施内攻时，组织要严密，人员要精练，要规定出入时间和联络信号。在烟雾较大严重影响视线时，人员出入一定要严格按双手交替扶栏、前虚后实等安全规定行进，必要时要在水枪掩护下实施侦察与进攻行动。

3. 防止轰燃

实施"破拆封堵"灭火时，要注意破拆时必须是在舱顶或舱的一侧破拆，而不能同时两侧破拆，防止发生空气对流，导致加速火势蔓延；同时破拆时要从船舱的顶部或门、窗的上部位置进行破拆，且开口时不要突然打开，以免引起轰燃，造成人员伤亡。

4. 防止复燃

实施"封舱窒息"灭火时，应注意封舱前必须严格核对，确定无人在内后才能实施封舱，否则必须设法救出被困人员后方可封舱；封舱窒息灭火过程中，仍必须对船舱外壁进行一定时间射水降温，防止爆炸，当温度降到一定程度后再停止射水；但必须定时对舱内温度、含氧量等数据进行不间断严格监测，直到各类数据达到正常值后方可开封检查，防止复燃。

5. 防止次生灾害

注意船体平稳，避免因灭火而引起其他危险。作战中，由于会使用大量的水，往往使船的稳性产生变化，而船体水量积累过多并且船体受到外力而摇晃时则会出现倾斜，严重的可能导致翻倒沉没。当船体发生倾斜时，应采取必要的措施及时排除积水，保持船的稳性，防止因射水过量导致船舶倾翻。

6. 减少水渍损失

在火灾扑救时，要根据燃烧部位及时调整船舶停泊方位，尽量使着火部位位于下风方向，避免风助火势。船舶有忌水物质时，应尽量使用封舱灌注 CO_2 窒息灭火的方法，最大限度减少水渍损失。

7. 注重统一指挥调度

灭火情况紧急时可能会出现人员区域性集中，导致火场其他范围不能及时得到扑救。而且，对于较大火势，灭火人员会产生恐慌心理，严重情况下不仅延误灭火，甚至会危及个人安全。因此灭火时有灭火队长的统一调度安排，不仅给灭火队员造成精神上的鼓励，还能提高灭火效率，实现迅速灭火。

8. 清点人数

灭火工作结束后要将所有人员集中起来进行人数清点，检查是否有人员漏失情况。一旦人数核对不明，立刻进行搜找，保证无灭火人员晕倒或被困于火灾现场而无法脱身，造成人员伤亡。对于灭火过程中的被救人员以及受伤的灭火队员，要进行临时医护处理，并迅速转移实施抢救。

第四节　案例分析——江西省南昌市
"10·6"赣江油轮火灾扑救

2004 年 10 月 6 日凌晨 0 时 8 分左右，江西省抚州航运有限公司的"玉茗油壹号"油船在南昌富昌油库卸油过程中，因机舱内柴油机传动轴与密封轴套摩擦，产生火花引爆汽油蒸气发生爆炸，并引起大火。南昌消防支队调度指挥中心于 0 时 13 分接到报警后，先后调集了市区、郊县 12 个中队，24 辆消防车，168 名消防官兵参战。在海事部门及公安干警的密切配合下，经过广大参战官兵的奋力扑救，油轮火灾于 6 日中午 13 时被扑灭，抢救出 141 余吨汽油，成功地保护了附近富昌油库及附属设施安全。这起火灾造成 1 人死亡，直接财产损失303.64 万元。

一、基本情况

1. 油轮基本情况

"玉茗油壹号"油轮建于 1994 年 1 月，属江西省抚州航运有限公司所有。油轮总长 56.6m，型宽 8.8m，型深 3.75m。

油轮甲板下共分三个部分：机舱、泵舱、油舱。

油船设有 6 个油舱，总容积 1362m³，设计装载汽油 930t 或柴油 1058t。油舱与油舱之间利用钢板进行分割，每个油舱均在甲板上设有一个油舱盖。油舱从船头向船尾编为 1～6 号，靠右舷为奇数号，靠左舷为偶数号。

泵舱位于油舱和机舱之间。

油船上有二氧化碳灭火系统一套、消火栓 2 个、手提灭火器 12 具、大型泡沫推车 1 具、消防桶 4 只、砂箱 2 个等灭火设施（上述设施在油船发生爆炸时均已损坏）。

2. 富昌油库

南昌富昌油库位于昌北凤凰洲，该油库座落于富林木业有限公司院内。东面是富林木业公司。南面是赣江北大道和赣江（赣江北大道是南昌市新修建的一条沿江公路，周围 5km 范围内没有任何市政消防水源）。西面是亚东水泥厂，亚东水泥厂门口有两个单位内部室外消火栓，水压较低，供水量小。

库内有立式油罐 4 个，3 个卧式油罐，除 4 号立式罐未使用外，1、2、3 号罐分别储有汽油 2000t、1000t、500t，3 个卧式油罐各储有汽油 30t。1、2、3 号立式罐位于库区西面，4 号立式罐和 3 个卧式罐位于库区北面，四周筑有防火堤，东面有发油台、泵房、办公用房，在北面有一个消防泵房。在赣江北大道南侧赣江堤下有卸油趸船、输油管栈桥，趸船上有发电间、配电房及两个真空罐。该库消防用水是从赣江抽取的，在库内有一个 1000m³ 的全封闭储水池，共有 14个室外消火栓，有泡沫灭火系统，储存 4t 蛋白泡沫液，在消防泵房内，有两台消防泵（火灾发生的当晚，消防泵损坏，无法启动）。库房内有 100kg 泡沫推车4 个，40kg 干粉推车 2 个，干粉灭火器 60 个，输油管栈桥上有 65mm 消火栓出水口一个。

3. 船上人员

事故发生时该油船上共有 7 人。

4. 起火原因及经过

2004 年 10 月 4 日 18 时许，"玉茗油壹号"油船在湖北南顺白浒山油库装载 800t90 号汽油启程，于 5 日 19 时许到达位于南昌八一大桥下游约 2km 处赣江边的富昌油库卸油码头。由于水位较低，油轮距岸边 50m，油船无法与油库的趸船靠拢。油库将一艘小铁船停靠在趸船边，油船再停靠在小船边上。

22 时许，开始向油库卸油。

22 时 10 多分，船上人员发现输油胶管渗漏。

23 时 20 分许，油船水停泵，更换油管。

23 时 55 分许，重新启泵恢复卸油。

6 日 0 时 8 分许，因机舱内柴油机传动轴与密封轴套摩擦，产生火花引爆汽油蒸汽发生爆炸。

爆炸发生后，船上人员纷纷弃船逃生，船长受伤跳水后溺水死亡。

油库工作人员随即关闭输油管线阀门，解开系船缆绳，拆开连接进油口的输油管，并向 119 报警。

二、火灾特点

① 油船远离岸边，灭火行动不便；
② 燃烧猛烈，辐射热强；
③ 燃烧中有爆炸，爆炸之后再燃烧；
④ 船体倾斜，后舱结构复杂，泡沫难覆盖，灭火难度大。

三、扑救经过

（一）第一阶段

1. 冷却抑爆

0 时 13 分，南昌市消防支队调度指挥中心接到报警后，立即调责任区中队东湖一中队两部水罐车、昌北中队一部泡沫车到场扑救。

0 时 32 分，责任区中队东湖一中队和昌北中队相继到达火场。此时该油轮驾驶舱已在全面燃烧。东湖一中队指挥员带领侦察小组进行侦察后，发现油船与岸边尚有50m距离，艉甲板附近火势燃烧比较猛烈，艉甲板附近江面上有大约50m²的流淌火，立即命令本中队一辆消防车停在沙井采砂场空地上，铺设一支干线两支水枪冷却灭火，后由于水枪射程只能勉强够到油船，遂采用两干线架设消防移动水炮对未燃烧油舱进行冷却，控制火势蔓延，另两台车进行供水。

0时34分，东湖一中队指挥员将现场情况向支队调度指挥中心报告，要求增援。

0时35分，支队值班首长带领值班人员赶赴现场。总队、支队领导接警后均赶往现场。同时调集东湖一中队一部车、特勤二中队三部车（两水一泡）、洪城中队一部泡沫水罐车、昌北中队两部车（水）、特勤一中队两部车（一水一泡）9部消防车到场增援。

0时45分，副支队长命令特勤二中队一辆车停在赣江北大道上出设一支水枪冷却趸船上的真空罐，防止真空罐损毁（后扑救油船驾驶舱大火）。

0时50分，支队政委等领导接到报告后相继赶往现场指挥灭火战斗，到场后，成立了以政委为总指挥的火场指挥部。

0时52分，总队领导相继赶到现场。随即成立以总队长为总指挥的火场指挥部。

在经过简短的情况了解、汇总后，火场指挥部决定先采取冷却船体、防止发生爆炸、控制火势向岸上的趸船蔓延的战术措施：

① 命令特勤一中队在趸船后侧架设移动水炮（后改为自摆炮）冷却趸船内的两个容量各6m³的真空罐，利用美国大力神机动泵在江边吸水供水。

② 特勤二中队在趸船东侧甲板架设一门移动水炮，冷却5、6号油舱，并控制火势向3、4号油舱蔓延。

③ 昌北中队和洪城中队的两辆水罐车停在300m外的水泥厂室外消火栓处向特勤二中队车辆接力供水。

④ 东湖一中队将移动炮前移至趸船右侧甲板处，冷却3、4号油舱，由特勤一中队一水罐车供水，剩余车辆采用运水供水的方法进行供水。

1时30分，正值参战力量按火场指挥部命令进行灭火战斗时，6号油舱附近的火势突然由红变白，火场总指挥果断下达了撤离的命令。

1时35分，油轮6号油舱发生剧烈爆炸，紧接着5号油舱也发生爆炸，6号油舱与船舷内侧的连接处被撕开一条大口子，火势变得更加猛烈，江面上流淌火面积达到200余平方米。

2. 调集备足物资，开辟进攻通道

由于现场情况复杂，车辆无法靠近江边吸水，而仅有的两个消火栓（300m

外，单位内部消火栓），因水压不足，造成现场供水时断时续。根据这种情况，火场指挥部又调集了新建县中队、昌北中队、高新中队、洪城中队机动泵到江边吸水供水，同时又调集卫星通信指挥车到场照明，西湖二中队两部车、西湖一中队一部水罐车到场供水。

为防止再次发生爆炸，火场指挥部命令各中队利用移动炮继续对船体进行不间断冷却。但是由于现场3门移动水炮流量均在50L/s以上，而运水供水的车辆要到5km以外甚至更远处取水，供水依然满足不了需要。

根据这种情况，火场指挥部又调集了进贤县中队、南昌县中队、湾里中队以及九江支队一台机动泵到场供水。

为加大现场供水强度，为总攻做准备，根据指挥部命令，调集了一辆推土机将临近油船处的沙堆推出一条道路，铺设横木，由消防车抵近江边吸水供水。

凌晨3时30分，省政府召集参与处置油船火灾事故的单位负责人，研究火灾扑救对策，决定成立由省公安厅副厅长任指挥长的火场指挥部，下设灭火组、油库保护组、后勤保障组、水上交通管制组、现场秩序维护组，灭火组由总队长任组长，参谋长、支队政委任副组长，全权负责现场的灭火工作。

凌晨3时40分，火场指挥部调集的12t泡沫液和6门自吸式泡沫炮相继运到现场。

7时35分，火场指挥部同海事部门联系的一条拖船到达现场。为了加大冷却强度，为总攻打基础，灭火组决定调一门自吸式泡沫炮到拖轮上近距离灭火。

7时30分，采砂场一辆推土机按火场指挥部的要求，在临近油船的沙堆开辟出一条长20余米、宽5m的取水通道。为防止消防车塌陷，消防官兵不顾疲劳，从近1km外的富昌木材仓库运来圆木，铺设在取水通道上。9时30分，取水通道修筑完成。至此，现场灭火用水量基本达到灭火要求。

（二）第二阶段

1.调整力量部署，强攻灭火

10时55分，灭火组召开了总攻部署会，对灭火力量进行了调整，组织3个灭火组进行灭火，并提出了"两枪一炮、两面夹击"的战术措施：即利用两支泡沫钩枪钩住5号舱旁的船舷灭火，一门自吸式泡沫炮在征调的拖船上出泡沫扑救驾驶舱大火，同时，利用海事部门一艘快艇运载机动泵，在油船南侧出两支泡沫枪灭火。

为确保总攻一举成功，总队参谋长又对作战人员进行了分工：

第一组由总队战训处处长、南昌支队副参谋长负责挂泡沫钩枪；

第二组由支队参谋长负责，在拖轮上掩护挂泡沫钩枪和灭火；

第三组由副支队长负责，利用海事部门一艘快艇运载机动泵，由昌北中队队长带领中队战士在油船南侧出两支泡沫枪灭火；

南昌支队政治处主任、支队副参谋长、战训科科长负责保障灭火供水。

会议结束后，各参战单位按灭火组的要求，对灭火力量进行了调整。

为防止在灭火过程中出现人员意外落水等险情，水上公安分局一艘巡逻艇始终在油船附近巡弋。

11时20分，各项准备工作准备完毕。

11时25分，随着火场指挥部一声令下，第一组由支队副参谋长带领特勤一中队四名战士携带两支泡沫钩枪，着避火服、隔热服在水炮掩护下，乘坐小铁船向油轮靠近，11时30分成功地将泡沫钩枪挂在了5号舱旁的船舷上，出泡沫灭火。

第二组在参谋长带领下，在拖船上用自吸式泡沫炮先出水掩护第一组人员挂泡沫钩枪，然后出泡沫抵近油轮灭火。

第三组在副支队长和特勤大队副大队长带领下乘坐海事部门的快艇，在船的南侧指挥昌北中队利用机动泵出两支泡沫枪灭火。

待火势稳定后，副参谋长带领特勤一中队五名战士携带两支泡沫管枪，强行上船灭火。

12时，大火被控制住，13时，大火被彻底扑灭。

2. 堵漏卸载（过驳）

大火被扑灭后，消防人员在清理现场时发现，由于大火的猛烈燃烧，甲板舱面及船舷边上出现了多条裂缝，油品通过裂缝流入赣江，一旦不慎，又将引起新的火灾事故。

火场指挥部命令支队副参谋长带人利用木尖（片）进行堵漏，并由西湖二中队出设两支水枪稀释油品。15时左右，船舱上部裂缝被封堵住。17时，南昌市石油公司一艘油船到达现场，在消防人员的监护下，对剩余油品进行卸载。

四、案例分析

（一）统一指挥、协同作战

这次灭火战斗时间长，调集力量多，仅靠消防部队孤军作战显然是不行的。地方领导亲临现场组织指挥，调动各有关部门和单位进行联合作战是成功扑灭火灾的关键。由于各级领导亲临现场组织指挥，各参战队伍的灭火任务明确，保证了前方灭火、后方供水及其他工作有条不紊地进行。

（二）正确、灵活运用灭火战术方法

1. 加强冷却降温，防止爆炸

针对油类船舶火灾蔓延速度快、燃烧猛烈、温度高、容易发生爆炸等特点，在整个灭火过程中，将冷却始终贯穿于整个灭火战斗行动中。

2. 堵截包围，分片消灭，保护重点

在灭火力量不足、泡沫枪射流距离短、快速扑灭不现实的情况下，坚持采取堵截包围、分片消灭、保护重点的战术，对油舱进行保护，防止了爆炸的再次发生。

3. 集中优势兵力打歼灭战

各级指挥员始终坚持集中优势兵力于火场主要方面打歼灭战的指导思想。特别是在最后总攻阶段，指挥部先把灭火用的泡沫液补充够，在力量调集上和战术运上贯彻"集中优势兵力打歼灭战"的方法，在灭火阶段集中了 1 门泡沫炮、2支泡沫钩枪、2 支泡沫枪进行灭火，确保了最后总攻的成功。

4. 勇于打近战

由于油轮的 5 号、6 号舱爆炸，舱面凹凸不平，被爆炸撕裂的船体和舱面甲板犬牙交错，驾驶舱底层火势必须近战才能彻底消灭掉。

5. 成功开辟了进攻通道

在总攻前，一是开辟了岸上进攻通道，二是开辟了水上进攻通道。

（三）后勤保障有力

此次灭火战斗，参战消防官兵连续作战，体力消耗很大。为此，火场总指挥部的指挥人员深入一线了解现场情况，及时收集感人事迹，鼓舞官兵士气；后勤处处长始终在现场组织有关单位、部门，将水和食品送至灭火现场，从而保证了灭火工作的连续进行。

（四）消防装备落后

南昌到现在还没有建立水上消防中队，装备消防艇；火场上比较实用的小器

材小装备缺乏，如在搬运泡沫桶时只能凭肩扛手抬，极大影响了灭火进度，机动泵不能保持平衡吸水等。

（五）火灾现场组织指挥层次不分明

指挥部与各大队、中队与中队在联合作战时不够协调，场面比较乱。部分一线指挥员组织指挥能力不强，全局意识不够，协调能力弱。个别官兵心理素质不过硬，存在畏战心理，贯彻命令指示不坚决。

（六）火场通信不畅通

总、支队级的电台与中队对讲机有时无法联系上，影响了灭火力量的调度和协同作战。应尽快完成消防三级组网，改变火场通信混乱的局面。

（七）消防监督存在漏洞

作为消防重点保卫单位的富昌油库，在发生事故后消防泵无法启动，导致贻误战机；在卸油码头两侧堆满了砂石，没有消防车通道和消防取水码头，导致灭火力量无法靠前作战，造成火灾现场水源缺乏；富昌油库内的消火栓均未起到作用，这一切都暴露出监督工作存在漏洞。

图 7.1～图 7.3 为赣江油船火灾扑救力量部署示意图。

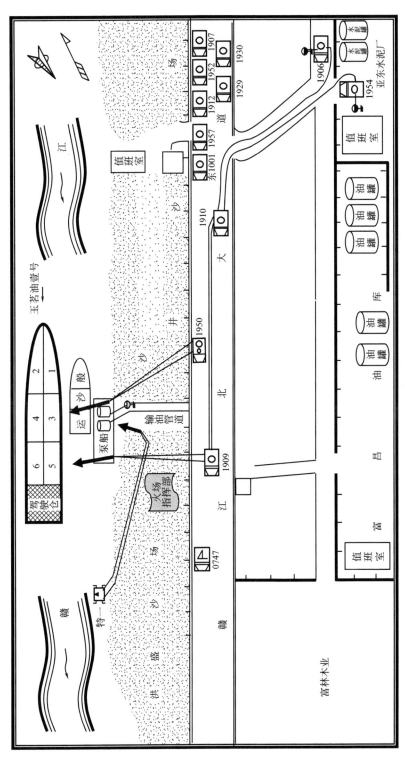

图 7.1　赣江油船火灾扑救第一阶段力量部署示意图（一）

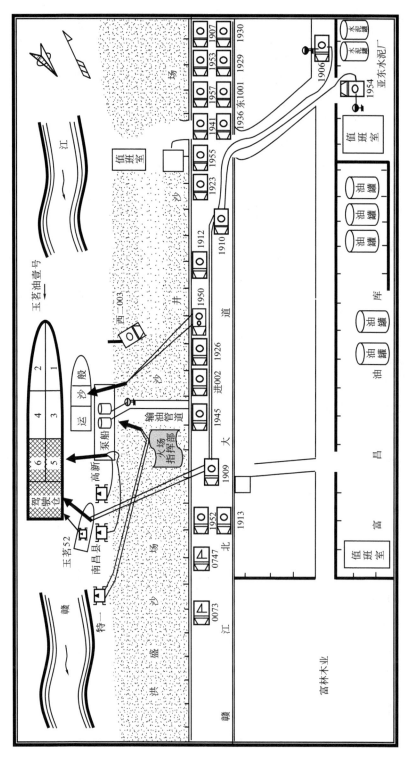

图 7.2 赣江油船火灾扑救第一阶段力量部署示意图（二）

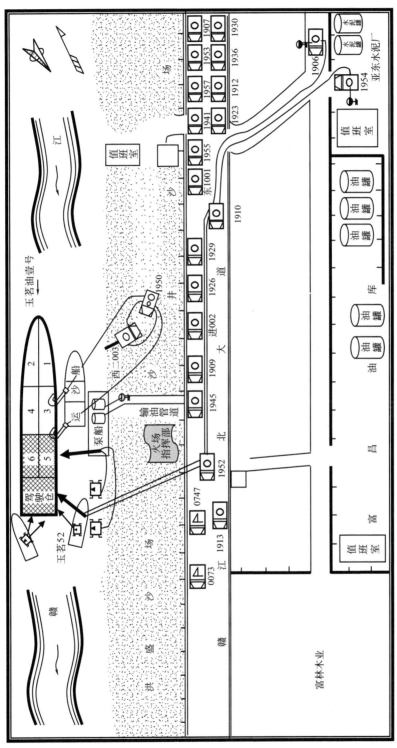

图 7.3 赣江油船火灾扑救第二阶段力量部署示意图

第八章

井喷火灾扑救

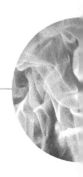

井喷是一种地层中流体喷出地面或流入井内其他地层的现象，是石油、天然气勘探和开发过程中，油、气层压力过大，在失去控制的情况下形成的喷发现象。井喷事故往往伴随着有毒气体（硫化氢等）的释放或燃烧，会对环境和人身安全造成极大的危害。如：2003 年 12 月 23 日，川东北气矿罗家 16H 井发生井喷事故，造成 243 人死亡、10175 人不同程度受伤，10 万群众被紧急疏散。因此，公安消防部队作为处置井喷事故的主要力量，应该了解处理井喷事故的一般程序和扑救井喷火灾的基本方法。本章主要从钻井的基本知识、井喷的火灾特点、井喷控制的一般技术措施和井喷火灾的扑救措施等方面进行阐述。

第一节　概述

钻井工程是油、气田建设的基础工程，要将地下的石油、天然气开采出来，需要钻打采油井、采气井。所谓钻井就是钻穿地下岩层，使其形成井眼，并清除被破碎的岩石碎屑，以便继续加深井眼的过程。

一、钻机简介

原始的钻井方法是顿钻，后来发明了旋转钻井法。其原理是：钻头在井底旋转，通过冲击和剪切作用破碎岩石，破碎后的岩石通过钻井液（水或泥浆）循环带至地面，泥浆的循环是由地面泥浆泵将泥浆注入空心钻柱，向下流动到达钻头，经过钻头水眼喷向井底，随后泥浆带着岩屑沿着井壁与钻柱之间的环形空间返至地面。

井底动力钻井，有井底涡轮钻具、电动钻具、振动钻具等几种。涡轮钻具是利用泥浆水力冲击涡轮带动钻头旋转，电动钻具则是在井底安装电动机来驱动钻头旋转。

目前广泛采用的是旋转钻井法。相应的有转盘旋转钻机、液压钻机、柔杆钻机三种，而转盘旋转钻井是世界各国广泛采用的钻井方法。

转盘旋转钻井生产设备可分为起升系统、旋转系统、循环系统、动力与传动系统及其他辅助设备。

（一）起升系统

这个系统的功能包括起钻、下钻、下套管和正常钻进。它包括井架、游动系统（天车、游动滑车、大绳、大钩等）和绞车等设备。

（二）旋转系统

这个系统的功能是驱动井中钻具，带动钻头破碎岩石，钻机配备有转盘、方钻杆、水龙头、钻柱、钻头等。

钻柱由钻杆和钻铤及各种配合接头组成，它是联系地面和地下的枢纽。在钻进时，通过钻柱向钻头施加钻压并传递破碎岩石的动力，以及向井内输送洗井液等。

（三）循环系统

为了及时清洗井底、携带岩屑、保护井壁、冷却钻具，每台钻机都配有整套的泥浆循环设备。在喷射钻井和涡轮钻井中，循环系统还担负着动力的任务。

循环系统主要包括以下设备：

1. 泥浆泵

提高泥浆的流体压力，将泥浆注入井底。一般一部钻机配两台泥浆泵。

2. 地面管汇

泥浆从泥浆泵流出后，经地面高压管线、主管、水龙带、水龙头后注入方钻杆下井。这部分设备总称为地面管汇。

3. 净化设备

它用来清除泥浆中的岩屑、泥沙、气泡等物，主要包括振动筛、除砂器、除泥器、泥浆槽及沉淀池等。

4. 防喷器组

一般由数台不同性能、不同作用的防喷器组成，以便发生井喷时紧急关井，保证工作人员和钻井设备的安全。

（四）动力及传动设备

带动整个钻井设备运转所用的柴油机或电动机称为动力设备，目前现场绝大多数采用柴油机。

二、旋转钻井的井身结构

井身结构合理设计是控制井喷的首要条件，井身结构设计就是开钻前根据地质资料，确定钻达深度、设计套管尺寸，决定钻进中需几次加固井壁及各层套管间相互直径差值，进而推算出开钻时的井径。

一般井身结构包括表层套管、技术套管和油层套管。

1. 表层套管

它用来作为井口的开始方向，同时加固井的疏松地层，作为泥浆循环的出口，另外用于安装防喷器，它的下部要用水泥固定于坚硬的岩石上。

2. 技术套管

它是为了封闭上部高压油、水、气层，堵塞多孔隙、漏失及坍塌复杂地层，保证后继钻井的顺利进行。

3. 油层套管

一口油井往往有许多油气层，而各油气层的性质又不尽相同，为防止各油气层相互串通，实现分层开采，就必须下油层套管。

三、钻井特点

井喷与钻井有着密切的关系，许多井喷是在钻井的生产过程出现的。钻井的地理位置又对井喷事故的处理具有重要的影响。

1. 钻井设备特点

钻井生产设备主要有井架、钻机、钻具、操作平台、柴油机、电动机、燃料油罐、泥浆循环设备（秋季生产还有锅炉）等。

钻井的主要设备高大、笨重、密集，发生火灾时不易拆除、移动，妨碍战斗展开。

2. 钻井火灾危险性

石油钻探过程中，如果井内油气压力过大，泥浆注入达不到规定标准，容易发生井喷事故。发生井喷后，井场原油流淌和天然气扩散，一旦遇明火或火花，即会引燃原油蒸气、天然气而着火或爆炸。

同时，井场上有井架、钻机、钻具、操作平台、柴油机、泥浆循环设备、测试装备、燃料油罐、发电机房、锅炉房和值班房，火源、电源较多，也极易引起火灾。

3. 井场车辆通行困难

井场一般都位于偏远的草原、湿地、沙漠和滩涂等地方。井场交通不便，通向钻井的道路比较狭窄，有的只能通过一辆车，发生火灾后，消防车经常出现只能进不能出的情况。

四、井喷特点

通常是油气两相喷出，压力大、气柱高，喷势猛烈，易造成大面积原油流散，是大多井喷的共同特点。

（一）井喷种类

① 钻井过程中发生井喷。
② 修井过程中发生井喷。
③ 油井套管断裂发生井喷。
④ 开井放油发生井喷。

（二）井喷形式

① 石油井喷，一般把石油质量超过 50％ 以上的称为石油井喷。
② 油气井喷，一般把石油喷出质量占 10％～15％ 的称为油气井喷。
③ 天然气井喷，一般把天然气喷出量占 90％ 以上的称为天然气井喷。

（三）井喷主要原因

① 钻井套管破裂，油气从破裂的套管里喷出。
② 起钻的速度过快或未向井眼灌注泥浆，造成井喷。
③ 钻入高压油气层，发生井喷。
④ 防喷设备失灵，造成井喷。

（四）井喷射流形式

1. 密集喷流

密集喷流井喷一般是独立的井口，尚未装上井口时发生的井喷事故。喷出形式呈密集喷流的现象，见图 8.1(a)。

2. 分散喷流

分散喷流井喷，一般井口已经装上，从管接头处几个管头同时出现喷流的现象，见图 8.1(b)。

3. 多股射流

多股射流井喷，一般是多井出现井喷，出现了多股的喷流的现象，见图 8.1(c)。

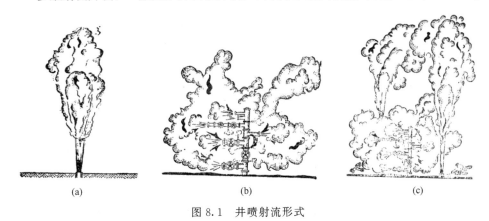

    (a)   (b)   (c)

图 8.1　井喷射流形式

（五）井喷特点

1. 压力大，气柱高

一般井喷压力可在 5~50MPa，气柱可达 20~80m。

2. 喷势猛烈

井喷时大多是油气、岩屑、泥沙同时喷出，可达几十米，随着井喷时间的延长，有时会出现井场塌陷。

3. 大面积原油流散

井喷时大多是油气两相同时喷出，喷出的原油落到地面，使井架周围流满油品，容易形成大面积火灾。

4. 喷出毒害气体

有的油气井含有大量的硫化氢气体，当发生井喷后，毒害性气体随着石油和天然气一同喷出，形成大面积的有毒区域，会造成大量的人员伤亡和牲畜、家禽死亡。

第二节　井喷的火灾特点

井喷火灾由于地理环境、井口设备、井口数量、地层的压力、油气的燃烧性和爆炸性等，既具有一般石油化工火灾特点，也有与其他石油化工火灾不同的一些特点。

一、井喷火灾的类型

（一）按引起井喷着火的方式分类

1. 喷时由于金属工具碰击或喷出的杂石、钻具与井架碰击起火

1957年2月，四川巴县石油沟9号井井喷，使井内钻具喷出，碰到井架发生火花，引燃气流发生的火，使这场大火共燃烧了78天。

1970年2月，天津大港油田75号井井内喷出的沙石打在井架上击出火花造成井喷大火。

1979年1月，新疆叶城油田西十井井喷大火，由于发生井喷后，喷出的石子碰撞井架打击火花，引着油气发生的火灾。

1980年3月，新疆克拉玛依油田8605井喷火灾，则是喷出的油气将卡瓦抛向空中，碰撞井架打击出火花，引起火灾。

2. 电气照明系统被气流夹带的石块碰坏起火

井喷后，如果井架和钻台上的照明灯未能立即关闭，灯泡被震坏，或被喷出的石块、泥沙冲破，都能使喷出的油气与灯泡炽热的钨丝接触而引起火灾。

1952年7月，四川永川县黄瓜山的石油钻探井发生井喷，强大的气流中夹有泥沙，这股气流经过井架时，击碎了安置在井架边的照明灯。由于天然气接触电火，便猛烈燃烧起来形成大火成灾。

1976年6月，四川纳溪县沈15井因井喷后未关闭电灯，被井内冲击的沙石碰击起火成灾。

3. 由于井场内运转的柴油机引起火灾

井喷后，如果井场内的柴油机未能立即停车，排气管内必然排出高温废气，

甚至有时还带有微细的火花。井喷出来的天然气和石油蒸气遇到这种火花、高温废气或灼热的排气管，很容易燃烧引起井喷火灾。

1973 年 12 月，辽宁辽河石油勘探局兴 84 井，井下油气压力突然高达 32MPa 发生井喷，喷出的大量油气与正在运转的一号柴油机排气管喷出的火花接触，瞬间引起井喷大火，井喷火柱高达 40m。

1971 年 4 月，黑龙江省安达 3 区四排 27 井在起油管时采取的措施不当发生井喷。当在井场作业的拖拉机要离开井场时，排气管排出的火花与喷出的油气接触，瞬间引起井喷的油气着火，整个井场一片火海。

4. 忽视安全制度，在井场带电作业或使用明火成灾

1962 年 5 月一口封存的四川蓬 7 井，有人将井口管线拆掉，井内的天然气大量喷出，接触井场煮饭的明火，引起爆炸，当即炸死十多人，烧伤多人。

5. 井口装置质量不高，引起爆炸起火

1967 年 4 月，已经完钻的威远 23 井，由于四通下面的技术套管被硫化氢腐蚀，承受不了气体的高压而发生爆炸起火。

6. 地层被破坏，造成四周冒气着火

四川合 2 号井在钻至 1500m 时，由于未下技术套管，在井口发生冒气，当时错误地采取加大泥浆比重的措施，将地层破坏，引起 4km² 的地面冒气。气体进入井队厨房，当炊事员生火做饭时，引起火灾，不仅烧毁井队房屋，还烧毁了部分居民住宅。

四川綦江篆塘角的石油钻探井因为漏气，井内天然气穿过地层，在离井约 2500m 的綦江河地冒出来，沿河 200~300m 的河面都在冒气，冲击得河水翻滚四溅，该处钻井队得知情况后派人前往查看，前往者未查明原因便划火试验能否燃烧，于是天然气遇火燃烧，火焰高出水面 50m 以上，大火烧了 13 天。

7. 雷击起火

当井喷后，天然气或可燃蒸气超过井架的避雷设备时，遇雷电火花而引起火灾。

四川合江 4 号井，1974 年 4 月 4 日晚上 9 点 50 分发生强烈的井喷，尽管采取了安全措施，杜绝了井场内外的电源火种，临时搬迁了靠近井场的 25 户居民。但是到了 4 月 13 日上午 10 时 05 分，下起了暴雨，雷电交加，突然雷击闪电，一声巨响，天车以上的天然气起火，瞬间从上向下蔓延，酿成一场延烧 22 天的大火。

（二）按失控井喷出的物质成分分类

1. 以喷天然气为主的着火井

某油田合 4 井，喷出的物质主要是天然气，其中甲烷占体积百分比的 98.2%，乙烷 0.51%，二氧化碳 0.69%，氮气 0.67%。

2. 同时喷油喷气的着火井

某油田卫 146 井，在起钻过程中发生井喷，同时喷出大量的石油和天然气，在井喷的情况下，抢装上了新井口。但由于钢圈密封不严，被迫强行压井，后因风向突然改变，被其中一台水泥车排气管排出火星引燃，发生爆炸着火。估计每日产石油 $60\sim100m^3$，产天然气（$70\sim100$）$\times10^4m^3$。

3. 同时喷油、喷气、喷水的着火井

某油田兰 7 井，在钻井过程中，钻到高压油气层时发生井喷。由于防喷器底法兰、套管头法兰、四通、旁通法兰处均漏气，引起失控着火。估计日产天然气（$150\sim200$）$\times10^4m^3$，日产石油 $80\sim120m^3$，日产盐水 $100\sim150m^3$。

4. 喷出天然气井含硫化氢的井

某油田天东 5 井，1990 年 1 月 15 日钻至井深 3570.72m，下钻途中发生强烈井喷，将井内钻具 99.68m（重约 15.7t）冲出，飞落井场周围。经测试日产天然气 $44.19\times10^4m^3$，同时喷出大量的硫化氢，硫化氢含量达 $97.764g/m^3$。

（三）按井喷着火井的地理环境分类

据不完全统计，我国油田发生井喷失控着火的油气井，按所处地理环境分可分为平原、山区、沙漠、丘陵、沼泽等。

1. 平原地区油气井喷火灾

平原地区的油气田属于浅气层，浅气层埋深一般在 $50\sim400m$，易发生井喷的多为明水组，该气层埋藏浅，深度在 $120\sim220m$。由于上部气层渗透性好，允许压力波动为 0.5MPa，相当于钻井液液柱高度 50m，故在浅部天然气层钻进或起下钻时，井筒内钻井液液柱压力波动易引起井喷。上部地层疏松，发生井喷后，关井易憋漏地表，造成井口周围到处冒泡，因此浅气层井喷后不能采用常规方法关井，不能有效控制井口，往往比常规井喷更难于处理。浅气层井喷往往会造成井塌而停喷，使井眼报废，因此危害极大。

2. 丘陵地区油气井喷火灾

我国的丘陵地区油田主要集中在西南，其地层构造、地层孔洞缝发育程度及流体分布、地层压力系统等客观地质情况复杂，发生油气井喷时具有以下特点：井喷层段的地层压力具（异常）高压特征；井内液柱压力具高负压特征井喷失控的比例高；井喷处理中井漏明显；硫化氢含量高，造成大量的人员中毒和伤亡。

3. 戈壁沙漠地区油气井喷火灾

我国戈壁沙漠油田主要分布在新疆，其中以塔里木盆地为代表。塔里木盆地位于新疆南部，总面积 $56 \times 10^4 \, \mathrm{km^2}$，是我国最大的含油气沉积盆地，具有丰富的油气资源，油气总资源量 $191 \times 10^8 \, \mathrm{t}$，其中石油 $107 \times 10^8 \, \mathrm{t}$，天然气 $839 \times 10^{12} \, \mathrm{m^3}$，与松辽盆地、渤海湾盆地并列为全国三大含油气盆地，被中外地质家称为中国石油战略接替地区。其主要特点是干旱缺水，在发生井喷火灾时，人员和装备运送困难，由于其气候和地形的原因，对灭火剂的限制也高。喷出的物质主要是石油混合着天然气，扑救难度较大。

（四）按作业过程分类

1. 钻井过程中发生井喷着火

从前面的一些实例中不难看出，很多井喷火灾都发生在钻井、下钻或起钻过程中。特别是起钻时更容易发生井喷火灾。因为起钻时，井眼内液面下降，当上提钻具时，在钻头处又产生抽吸作用，如果未采取向井内补灌泥浆的措施，那么井眼内液柱压力与地层压力将失去平衡而发生井喷，导致火灾。

2. 完井后开井放油发生井喷着火

某油田一口暂停产的油井，因长期关闭，井眼内压力很大。一农民私自开井盗油，致使油气喷出，引起火灾。

3. 修井作业过程中发生井喷着火

某油田港 8～28 井，在修井过程中井眼液柱压力低于油气层压力发生井喷，喷出的油气遇高压电器产生的电火花，引起火灾。

4. 在进行其他作业过程中发生井喷着火

某油田狮 4 井，在压裂酸化后进行了 2 次气举排水，而后刚用测井车测试完毕，关井套压 15.6MPa、油压 14.2MPa，1h 后爆炸着火。

二、油气井火灾的特点

（一）火柱高，热辐射强，火焰温度高

1. 火柱高

（1）从井内喷出的油、气，在井内压力作用下，下部不燃烧，一般是在气柱上部燃烧。

（2）气柱长短与压力大小有关，压力越大，气柱越长，反之越短。由于天然气在地层下以 $5\sim50$MPa 的压力喷出，形成冲天火柱，高度可达近百米。

（3）井喷压力大，其冲击力远远超过水枪的水流压力，难以打准火点。

2. 热辐射强

热辐射强度，与火焰的高度有关。一般火焰高度达 50m 时，距火焰柱 50m 处，车辆、人员不能靠近，尤其下风方向，热辐射更强，影响消防人员的战斗行动。

3. 火焰温度高

井喷油气与空气混合，在高压作用下，喷射火焰与气割机火焰相似，温度可达 $1800\sim2100$℃，短时间内，能把钻机烧红，使金属熔化，井架塌落。

新疆叶城西 14 井由于地层压力大（井喷压力 57MPa）经采取措施无效，造成井喷。喷出的石子碰击井架，打出火花，引起火灾，火焰高达 80m，隆隆的声音。火焰温度达 1000℃，辐射热极强，距火柱 150m 处，人员不能站立，消防车轮胎和车灯被火烤得发黏。充满水的麻质水带，靠火柱的一面被烤干。

（二）井喷火焰变化大

井喷发生后，火焰受到地层压力的影响，火焰时大时小，同时受到井口及井口障碍物的影响，火焰喷射的方向多变。

1. 井喷火焰时大时小

井喷一般有间歇性的特点。由于油气层物理性质不同，压力时大时小，致使气柱火焰也时大时小。压力大时，火焰高达数十米；压力小时，火焰只有几米。间歇阶段是灭火的最佳时机。

2. 火焰喷射方向多变

（1）在井喷火焰高温作用下，常会出现井架塌落、井口破坏、钻具变形等情

况，从而改变了油气流的喷射方向。

（2）随着油气流方向的改变，出现垂直上喷或无一定方向的斜喷现象，水平方向及向下喷射的火焰，对灭火战斗行动十分不利。

（3）火焰受到塌落设备的阻碍，被分成多股，巨大的火舌翻卷乱窜，形成不规则燃烧。

（三）容易形成大面积火灾

① 井下喷出的原油在空中没有完全燃烧，形成飞火，随风飘落到井场设备及周围建筑物上，产生新的火点，增大燃烧的面积。

② 井壁塌方，钻机和井架陷落地下，原井位形成喷泉，油、气四处流淌扩散，形成一片火海。

③ 地质条件复杂引起的井口周围地表冒出天然气，形成多处燃烧。

④ 大面积火灾不但严重威胁着现场人员和设备的安全，同时更增加了扑救的难度。

（四）油气压力高，产量大

一般失控着火井都是压力高、产量大的油气井。强大的油气流夹带着岩屑高速喷出，冲击力大破坏力强。

某油田合 4 井地层压力高达 50MPa，日产气量 500×10^4 m^3 以上。将井口装置和一切阻碍喷流的物体刺成千洞百孔，损坏严重。其冲击力远远超过水枪的水流压力，致使水流难以射准火点，给清障、灭火带来极大困难。

（五）响声大，噪声强

井喷失控着火，井眼内高压油气流以很大的流速冲出井口，产生频率很高的啸叫声，吼声如雷，震天动地，噪声刺耳欲聋，远远超过了国家规定的噪声标准。人员到井场工作，必须戴隔音耳塞或将棉球塞入耳孔内，给通信联络和火场指挥带来了很大的困难。

1973 年 12 月 11 日，辽河试验勘探局兴 84 井喷火灾，井下油气压力高达 32MPa，喷出的油气与正在运转的一号柴油机排气管喷出的火花接触，引起井喷火灾，两部柴油机立即起火，顿时浓烟滚滚，火光冲天，整个井场一片火海。高大的井架 10min 被烧塌，方钻杆被烧弯，井喷火柱高达 40m，井喷吼声如雷，20km 内能听见声音。

（六）井场设备多，高大笨重，不易拆除

石油钻井设备：井架、天车、游动滑车、水龙头、绞车、转盘、柴油机、泥

浆泵、防喷器、钻杆、钻铤等高大笨重，多数都是采用高强度合金钢制成，连接牢固。井喷着火后，烧塌物纵横交织，集中堆积在井口上，迫使火焰倒卷、四处乱窜，清除这些设备的工作十分艰巨。

(七) 井场道路少，车辆进出困难

石油钻井分布区域广，山区、丘陵、沙漠、平原、沼泽均有井队钻探。一般井场面积小，井场公路狭窄，没有专门的停车场。井喷着火以后，有的井场由于未燃烧完的原油及污水一时难以排出，或来不及处理，在井场周围形成一片汪洋。原油浮在水面上，深浅不一，不但消防车辆难以进入，而且人员进出都十分困难，也非常危险。

(八) 抢险作业时间长，耗水量大

扑救井喷火灾，根据现场险情特点，按照抢险方案的设计要求，需要分阶段进行一系列作业。因此，处理时间较长，一般需要 10～30 天。据不完全统计，按照目前国内的技术水平，处理较大的井喷火灾，时间最短是 7 天；对于压力高、产量大、险情复杂、条件差的着火井，从井喷开始到处理完毕，需要 50 天左右。

处理井喷火灾，水枪阵地多，水枪流量大，井口及部分设备需要保护，井口周围需要冷却降温，掩护人员工作和灭火，并需要大量的消防用水。

此外，地处沙漠、丘陵、山区的井喷火灾，大多远离水源，供水条件极差，常常因供水中断，贻误灭火战机，给灭火工作带来很大困难。

三、井喷火灾的危害性

(一) 使井场设备严重破坏

由于井内油气压力高，产量大，火势猛，井口障碍物多，一般难以做到迅速扑灭。井喷火灾一旦发生，首先烧毁井架、钻机、钻具、井口装置、柴油机，接着是泥浆泵、固控设备、各种管汇等，井口周围的一切设备、仪器、物资器材将被大火烧毁变形，难以修复再用。

(二) 对地层破坏性很大，地下资源损失惨重

井喷着火以后，井口装置失去了对地层油气的控制能力。井口上形成敞喷的态势，井下套管将受到严重影响。有的油气井造成套管松扣或憋破，地层被压裂或塌陷，石油、天然气四处乱窜。由于无控制的敞喷，造成石油、天然气资源的

巨大损失。

（三）严重威胁着现场工作人员的生命安全

井喷着火是石油勘探开发过程中最严重的恶性事故。一般来得突然，喷势猛烈，喷射的油气中夹杂着岩石碎屑，井内钻具随时有被喷出抛向空中的可能；喷出的天然气迅速扩散，并与空气混合，遇火源随时有发生爆炸的危险；井喷着火初期，井架等设备随时都有被烧塌的危险；井喷火柱的温度高，燃烧面积大，热辐射强。这些都严重威胁着井口周围工作人员的安全。

（四）对环境污染严重

井喷着火后，一般井场约100m范围内是一片火海。井场上空浓烟滚滚，未燃尽的灰尘飘落在井场周围；特别是燃烧生成的一氧化碳、二氧化碳，以及硫化氢燃烧生成的二氧化硫，随着风向迅速扩散，严重污染大气环境，更有甚者使下风方向的家禽、牲畜中毒死亡。有的油气井污染面积达几万平方米，造成井场周围的禾苗、树木枯萎和死亡。

（五）影响面广，耗资巨大

井喷火灾不同于一般的火灾，火场情况复杂，处理起来更加困难危险，涉及的单位多，影响面大。需要多工程协同作战，需要现场和后勤保障配合，需要调集大量的设备、运输工具、消防车辆、物资器材，需要各方面的技术力量和人员的长时间处理。一个油田只要有一口油气井发生井喷着火，不但能打乱该油田正常的生产、工作秩序，而且能影响到毗邻单位人员的正常工作和生活。

第三节　井喷控制的一般技术措施

钻井过程中，要求钻井液在井筒内的液柱静压力要大于地层流体压力，以防地层流体进入井眼。当静液压力降至地层流体压力以下时，地层流体即能进入井筒中。若流入较少，则为"侵入"；若流入较多，则为"溢流"；若失去控制，则为"井喷"。

在井喷过程中会有大量的石油和天然气及硫化氢喷出，火灾危险性大。

一、及时发现溢流是控制井喷的关键

溢流是井喷发生的征兆，不同的溢流速度会发生不同的地面反应，少量的溢流会使钻井液气侵、井涌。成段的气柱上升至井口附近时，将其上部钻井液举出地面而形成间隙井喷。大量的溢流能将钻井液呈柱状推出。即使溢流为气体，其日产量达 $10^6\,\mathrm{m}^3$ 时，初期也只能看到钻井液循环出口流量突然增大而看不到喷势，只有当井筒液体将要喷空，气体接近井口时，钻井液才能形成冲出转盘面的直立液柱。

溢流显示，往往有下列表现：

① 憋跳钻，钻时加快或放空。油气层岩性往往比较疏松，钻速快，可能发生憋钻。当钻进碳酸盐岩裂缝性油气层时，常因裂缝或溶洞发生憋跑钻或放空等情况。

② 钻井液循环出口流量增加、减少或断流，池液面上升或降低。

③ 泵压上升或下降。当溢流速度快时，会发现钻井液循环出口量剧增，由于流动阻力增大，循环泵压突然上升；当溢流量不大，特别是气体时，由于环形空间钻井液平均密度降低，泵压下降。

④ 钻井液中出现油、气显示。当溢流物是原油时，钻井液中有油花或油流，钻井液密度降低，黏度上升。当溢流层是气体时，钻井液密度降低，黏度上升，气泡多，取气样能点燃，出口管返出不均匀，有井涌现象。

⑤ 悬垂变化。当钻进中发生钻时加快或放空时，能使悬垂增加，甚至恢复到"原悬垂"；当溢流速度很大时由于循环阻力增加，泵压上升而对钻具"上顶"，使悬垂降低，甚至将钻具冲出井口。

溢流、井喷有多种早期显示，其中循环出口流量和池液面变化是发现溢流、井喷的主要依据。因此，必须采用可靠的仪器对循环出口和池液面高度进行自动监测。同时应当固定岗位，定点、定时观察对比，及时发现溢流。

发现溢流后，应尽快关井，将溢流量控制到尽可能小的程度。在条件相同的情况下，溢流量愈大，排除溢流过程中的套压愈高，压井困难程度愈大。

二、利用防喷装置控制井喷

（一）防喷装置

防喷装置一般主要包括以下部件：全封闭闸板防喷器、管子闸板防喷器、环形防喷器、钻井四通、压井管线、阻流管线、防溢管、灌泥浆管线、套管短节等。

1. 闸板防喷器

闸板防喷器是因它的密封元件是两块闸板而得名。老式闸板防喷器是人工操作的，而近代的则是液压的，但它们一般都具有手动锁紧螺钉，当液压系统失效时，还可由人工关闭。闸板防喷器可装有不同类型的闸板，分别用以封闭井眼、钻杆或套管的四周。有些防喷器是双职的，在一个壳体内装有两副闸板。管子闸板是抵住钻杆接头台肩密封的，这样可以防止钻柱从井内被喷出；紧急情况下还可以把钻杆接头坐在这种闸板上，并关闭锁紧螺钉用以支持井内钻具重量。闸板防喷器承压能力小，工作压力为 7.5MPa，一个闸板防喷器只能封闭一种尺寸的钻具。

2. 环形防喷器

环形防喷器由压盖、外壳、闭式橡胶芯子（断面形状像切开的南瓜）、活塞、支承套和密封圈等部分组成。

它是靠液压的力量推动活塞上行，使闭式橡胶芯子的内径均匀缩小，以达到包紧和密封各种尺寸钻具及油管的目的。

相对闸板防喷器而言，环形防喷器具有以下优点：能够在方钻杆接头上关闭，能够在不同尺寸钻柱的任何部位上关闭，能够在测井和射孔用的电缆及各种下井工具上关闭，能够上下活动钻具等。

环形防喷器开、关灵活迅速，能在井口压力达 20MPa 时正常工作，一般情况下这种防喷器主要是作为闸板防喷器的备用品。

3. 钻井四通

钻井四通是用来连接套管短节和封井器，连接下封隔器与上防喷器，并连接泥浆循环管线、放喷管线（阻流管线）和压井管线。当关闭防喷器后可通过这些管线向井内泵入流体，或者在控制下排放井内流体。四通底部有与外壳铸成一体的法兰盘，法兰盘上有安置钢圈的槽子，安装时将钢圈放在槽内，以保证密封。不少防喷器具有可以连接阻流器和压井管线的出口，这样就可以不用钻井四通了。

4. 套管短节

用以调节井口的高低，套管短节可以一端带丝扣，另一端带法兰，或两端均带法兰。

5. 防溢管（喇叭口）

它的主要作用是防止泥浆溢出，引导泥浆经过出口管流入泥浆池，并引导钻头入井。

6. 放喷管线

放喷管线的布局要考虑当地季节风向、地形、居民区、道路、各种设施等情况，并接出井口 75m 以外；转弯夹角不小于 120°，尽量采用铸件弯头；每间隔 10～15m 用水泥基础加地脚螺钉或地锚固定，其直径一般采用 127mm，最小不小于 75mm 的无缝钢管。从放喷管线上接一条分叉管线至泥浆搅拌器，便于泥浆气侵时循环排气并回收泥浆。

压井管线、放喷管线、防喷器的组合选择必须根据井内压力确定。防喷器的安装要求操作开关轻便灵活，密封严密，所有防喷器的芯子应在同一中心线上。对上、下防喷器和高压闸门以内的管线必须试压，试压标准为 15MPa，30min 压降不大于 0.5MPa。

（二）利用防喷器控制井喷

利用防喷器控制井喷是制服井喷的最基本方法，它不仅适用于钻井过程中的井喷控制，也适用于各种井下作业时发生的井喷控制。这里只介绍钻井过程中，根据不同情况井喷的处理方法。

1. 钻进中井喷

首先提方钻杆，然后停泵，打开放喷闸门，关防喷器控制井口。

2. 起下钻时井喷

若钻杆立柱的丝扣未松，就不要再松，放卡瓦，接回压阀门，接方钻杆，开放喷阀门，关防喷器；若钻杆丝扣已松，则赶快卸扣，把钻杆拉进立根盒，接回压阀门，接方钻杆，开放喷闸门，关防喷器。

上述操作步骤中，如果喷势大，接不上回压阀门时，可把回压阀门接在方钻杆下面，同时开放喷闸门，然后接上方钻杆，关闭防喷器。

3. 起下钻铤时井喷

先接钻杆，再接回压阀门，打开放喷阀门，关闭防喷器。

4. 空井井喷

应抢下钻杆，再接回压阀门，打开放喷阀门，关闭防喷器。

5. 电测时井喷

立即起下电缆，若喷势大，则切断电缆，强行下入钻具，再接回压阀门，打开放喷阀门，关闭防喷器。

三、利用泥浆压井来控制井喷

另一种常用的井喷处理方法就是压井，压井是控制井喷的根本，其目的是通过压井重建地层与井筒液柱底部的压力平衡，以彻底消除井喷的发生。发生井喷后在下列情况下需要考虑压井：需要潜入泥浆继续钻进或下套管固井时；油气压力太大，估计井口防喷装置承受不住井喷压力时；确定开采该层需要完钻，但又不具备条件时；地表形成大面积喷洞时。

（一）常用的压井方法

1. 灌注法

灌注法即往井筒内灌注部分压井液即能达到压井的需要，此法多用于井底压力不高、作业施工内容简单的油气井。

2. 正循环压井

正循环压井即压井液从钻杆内腔泵入，套管返出。对于低压、气量不太大的油、气井，一般采用正循环压井。从水龙头泵入压井液时，水龙头、水龙带应拴保险绳。使用该法时常须先把井内气体放空，然后压井，这样可避免压井液气侵和防止漏失。

3. 反循环压井

反循环压井即压井液从套管泵入，从油管返回。多用于高压，产气量大的油气井。因为反循环压井初期，井内油、气从油管大量喷出，当压井液到达循环孔时，可用出口闸门控制其喷出量。所以，不致使压井液气侵，可确保压井取得满意的效果。

（二）压井工艺要点

1. 准备足够数量的泥浆

至少准备三倍乃至四倍、五倍于井筒容积的泥浆量，力求压井一次成功。

2. 压井的泥浆密度要适当

泥浆密度过小压不住，密度过大则漏失量大，泥浆消耗量多，由于压井泥浆的数量不足，高压油、气窜入井内，致使压井失败。压井的泥浆液柱压力一般比油、气层压力大 4～5MPa 为宜。同时要求泥浆密度均匀，加重剂不沉淀。压井时一般先打入轻泥浆或水，然后迅速压入重泥浆，待循环正常，返出泥浆的密度与注入的泥浆接近时，证明压井成功。然后及时调整（适当降低）泥浆密度至继续钻井时所要求的数值。

压井的关键是要设法迅速形成液柱，避免让高压油、气把注入的泥浆分割开喷射出来。因此要采取下列措施：把钻具下到喷层，除了泥浆泵外一般要有水泥车，以保证高压、大排量地连续工作；一般为正循环注入，出口处控制回压，当喷出的泥浆中气量大时，控制回压大一些；控制回压的大小还要考虑井眼裸露的地层是否会憋压，切不可在压井过程中又把别的地层憋漏，否则情况会更加复杂。

压井时一定要在压稳后再起钻，起钻速度不要太快，以免因起钻时的抽吸作用把井抽喷。

压井过程要防卡，特别是用重泥浆压井时，很容易发生泥饼黏附卡钻。因此，要注意活动钻具，搞好泥浆净化，配制压井用的轻、重水泥一律过筛。

压井的管汇布置要使水泥车和泥浆泵均能正、反压井，要保证泥浆能充分供给，若是比重 2.0 以上的重泥浆，应以"明沟"排放泥浆，切忌用管线排放，条件许可时，采用水泥车自吸。

若井内钻具水眼堵塞或系空井井喷，可采用置换法，即间歇放气、间歇灌浆的办法建立液柱压井。

第四节　井喷火灾的扑救措施

扑救石油天然气井喷火灾是一项十分危险、复杂而艰巨的任务。参加的人多，需要大量的技术装备和灭火剂。如准备工作做得不好，就很难完成战斗任务。因此，这就要求参战的消防指战员要有充分的准备，只有这样才能做好组织指挥灭火战斗工作，保证顺利地完成扑救火灾的任务。

一、有足够灭火力量调到火场

扑救井喷火灾是一项复杂而艰巨的任务。这就要求消防队在接警出动之时做到：问清发生火灾的地点、井底及井口压力、井口装置、井架设备塌落的程度、火焰高度、燃烧范围、水源、道路等情况。根据初步了解的情况，按照集中兵力打歼灭战的指导思想，加强第一出动，争取一次调足力量前往火场。具体地说，就是抽调业务熟练、组织指挥能力强、具有扑救井喷火灾经验的指挥员和经过严格训练、体格健壮的消防战斗员担任扑救任务。

同时，应调集一定数量性能优良的水罐泵浦车和良好的器材装备参加战斗，还要带足灭火时所需要的燃料。为了保证车泵的正常运转防止车辆发生故障，还应抽调技术熟练、经验丰富的修理人员到火场维修车泵，另外还应调一些机动力量到达火场应付突发事件。

二、成立火场指挥部

指挥部一般由石油部门的专家、领导、当地政府领导和消防部队的最高首长组成，并明确分工。指挥部下设技术组、抢险组、消防组、后勤生活保障组、安全保卫组（见图 8.2）。

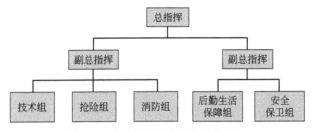

图 8.2　井喷火灾灭火指挥部结构图

技术组负责资料收集、井喷现场监测、环境污染监测、通信调度、器材供应、设备维修、方案设计；勘察井喷流量、井口压力、井口装置损坏情况、喷出物、设备损坏程度、障碍物、井口周围地裂地陷漏气情况、地形、水源、道路状况、抢险危险程度、操作困难程度、火焰强度、污染程度、热辐射强度、风向、气流及天气情况等。

抢险组负责井口拆装、切割、吊装、拖拉、挖掘及联络等工作。

消防组根据火势大小及现场实际情况调集足够的消防、照明、通信等设备及操作人员。

后勤生活保障组根据现场实际情况和消防所需水量，储备足够量的消防用水；设现场医务室，负责现场的治疗与抢救；保证抢险人员的生活供给。

安全保卫组组织危险区域内的家属、职工及周围群众疏散到安全地方；维护好外部环境、保护好救援现场；设置警戒线，做好现场警戒保卫工作；在交通线上设立检查站和车辆导向标志，限制非有关车辆和人员进入现场（危险区）。

灭火指挥部的基本任务是：

① 查明火灾特点、井喷性质和喷出量，火灾发展的可能途径；

② 选择灭火方法和调集所需人力物力;

③ 详细制定和实施灭火作战计划,并将战斗段布置在适当位置;

④ 根据灭火战术计划,将到达火场的分队布置和分配到各战斗段去,向他们布置任务;

⑤ 保障准确完成灭火措施的战术计划;

⑥ 用水保护在井喷井口工作的人员,保证喷淋井场和金属结构;

⑦ 不间断地向正在工作的消防分队供水;

⑧ 组织灭火指挥部与各战斗段之间的通信;

⑨ 使人员在战斗段工作时遵守安全技术;

⑩ 在各分队人员中开展政治教育工作。

在灭火前,要将总体规划向全体指战员讲授清楚。在技术分工清楚、责任明确的基础上,根据作战方案进行协同演习和技术训练,然后进行正式扑救。

三、搞好火情侦察

为了采取有效的灭火措施,在扑救井喷火灾之前,指挥员对井喷火灾现场要反复地进行侦察。

(一) 火场外部侦察

火场外部侦察的内容有:

① 查明火势大小、热辐射强度,人能进入火区的安全距离;

② 查明火场周围的地形情况,确定警戒范围,为供水、排污、抢险作业确定实施方案提供依据;

③ 查明井架倒向和井场烧塌物的堆积情况;

④ 查明地层表面是否有塌陷、压裂情况;

⑤ 查明火柱高度和火势大小,结合地质、钻井资料推算油气压力和产量;

⑥ 查明天然气中硫化氢的含量;

⑦ 查明火场周围是否有受牵连的生产井、注水井和民房;

⑧ 查明火场周围是否还存放有爆炸、毒害、腐蚀、遇火遇水会燃烧爆炸的物质,查明其数量、存放形式和危害程度;

⑨ 查明火场风向、道路情况,合理选择进出通道。

(二) 火场内部侦察

① 井口探查。用消防水炮和直流水枪,从上风方向压火偏向一方,然后指挥员在喷雾水枪掩护下,着避火服进入火场,尽力靠近井口,对周围环境反复进

行观察、分析，从而获得火场中的有关信息。

② 查明障碍物彼此之间的内部联系。

③ 查明钻机底座的变形情况。

④ 查明井口装置烧坏变形情况及刺漏方向、大小。

⑤ 查明井眼内是否悬挂有钻具。

⑥ 查明压井管线及放喷管线的损坏情况。

四、搞好火场保障

（一）火场供水

为了保证消防队工作，要组织好备用水量，这是组织灭火的首要任务。

因为扑救天然气和石油井喷火灾，需要相当大的水量，而在钻探或钻井开采的正常条件下，没有考虑到这么多的用水量。所以，发生井喷事故时，必须就地采用人工建造蓄水池或专门给水管道的办法建立所需的备用水量。

蓄水池的水量应保证消防队白天从事每项作业时不间断工作，这时还要考虑到在一昼夜时间内把蓄水池补满水。

作业的内容和持续时间根据井喷种类、喷出量，灭火和井喷消除特点，气象条件等来确定。

扑救实际火灾的经验表明，蓄水池的总容量一般为 $2000 \sim 3000 \mathrm{m}^3$，而各种作业的平均用水量为 $50 \sim 200 \mathrm{L/s}$。

为了贮存备用水，大多数情况下用挖掘机、推土机和其他挖土机械修造人工土制水池。也可利用炸药爆炸法修建蓄水池。采用易渗透土时，其上制蓄水池墙壁上要抹一薄层黏土或水泥砂浆。有时也修建混凝土或钢质蓄水池，其底应是平坦的，无明显坡度。蓄水池应不少于两个，设在安全地点、主导风向一侧，距井口 $150 \sim 200 \mathrm{m}$ 的地方。每个蓄水池旁边开辟消防车停车场。根据井喷喷出量，停车场应容纳 $10 \sim 15$ 辆消防车。

例如，新疆西十井火场处在戈壁滩中，水源奇缺。为了解决火场用水由油田负责人带领技术人员，工人百余名，日夜奋战，安装泵水站，焊接水管线和储水池，就铺设了 $8 \mathrm{km}$ 输水管线和 19 个总容量为 $620 \mathrm{m}^3$ 的储水罐，利用两个水源、三条管线向火场供水，在四天内为抢险灭火提供了近万立方米的消防用水。而8605 井火灾则是利用油田装 $8 \mathrm{t}$ 水的泥浆车 56 辆，往返 $15 \mathrm{km}$ 运水，才保证了 $7 \mathrm{h}$ 灭火的不间断用水。

四川合江 4 号井火灾扑救用水是从远离井场 $4 \mathrm{km}$ 的赤水河里抢接 $6800 \mathrm{m}$ 的 $145 \mathrm{mm}$ 供水管线一条，利用五个堰水塘储水，总储水量为 $20000 \mathrm{m}^3$，供水能力为每小时 1000m³。

（二）火场通信

扑救井喷火灾，战斗人员车辆都比较多、战线比较长，所以必须做好火场通信联络。噪声大导致一般设备无效，可用纸条、小黑板、通信员、小旗等，以保障火场通信的畅通。

（三）现场警戒

抢险力量到达现场后，为避免灾害的进一步扩大和保障救灾工作的顺利进行，应在现场侦检的基础上划定警戒区域，设置警戒线，做好现场警戒保卫工作，疏散危险区域内的群众。在交通线上设立检查站和车辆导向标志，限制非有关车辆和人员进入现场（危险区）。进入危险区施工车辆必须戴好排气管火花熄灭器。

五、井喷未着火时的措施

井喷未着火时，要及时使用水枪驱散可燃气体、喷湿设备，做好火种管制、检测、稀释有毒气体，建立警戒区，疏散现场无关人员。

（1）井喷失控后立即停机、停车、停炉，关闭井架、钻台、机泵房等处的全部照明灯和电气设备；熄灭火源，搞好警戒。

（2）迅速做好储水、供水工作，尽快向井内连续注水。

（3）设置观察点，定时取样，测定天然气、硫化氢和二氧化碳含量，并根据风向、风力，划分安全范围，及时疏散危险区域内的群众。

（4）迅速组织力量配制压井液压井，控制井下地层油气压力，防止地层流体进入井眼。压井的主要方法有司钻压井法和工程师压井法。

（5）当有硫化氢气体喷出时，应当迅速采取应急措施，防止造成人员伤亡。应急的措施包括：

① 在井架入口、井架上、钻台边上、循环系统等处设置风向标，以确定风向方位，一旦发生紧急情况，消防人员可向上风口疏散、撤离。

② 在钻台上下、震动筛、循环罐等气体易于积聚的场所，驱散有害、可燃气体。

③ 对钻井液中硫化氢浓度进行测量，充分发挥除硫剂和除气器的功能，保持钻井液中硫化氢浓度含量在 $50mg/m^3$ 以下。当硫化氢含量超过 $20mg/m^3$ 的安全临界浓度时，人员必须佩戴空气呼吸器或氧气呼吸器等安全防护器具，做好现场监护。

④ 当现场不能实施井控作业而决定放喷时，要将放出的天然气点燃烧掉，防止天然气与空气混合比达到爆炸极限。放喷点火应派专人实施，佩戴空气呼吸器或氧气呼吸器，在上风方向远程点火。

六、井喷着火时的措施

(一) 掩护清障

一般井喷火场井架烧塌的为多，被烧残的近百吨钻井设备（如钻机、井架、柴油机）堆积在井口及附近，拉不动拖不走。同时也造成井口分散的气流燃烧，直接妨碍进行灭火、火情侦察和换装井口等工作。因此，为了便于部署进攻阵地和为安装井口、压井创造条件，在扑救之前一般都要经过清理井场这个阶段，把压在井口上的转盘、钻杆及井口附近的设备及残物排除掉。

清理井场有两种方法：一是带火清理井场（简称带火清障）；二是灭火清理井场（简称灭火清障）。带火清障的目的是为灭火创造条件，而灭火清障是为了安装井口、控制井喷创造条件。

1. 清障队伍组成及要求

井喷火灾的清障队伍一般由消防组、切割组、现场施工组、拖运组、指挥员、安全员、联络员组成。这些人员必须是经过严格挑选，具有思想好、技术精、反应敏捷、身体好的素质。

由于现场环境恶劣，连续工作时间较长，为了提高工作效率，减轻硫化氢对人体的危害，通常每组分成 2～3 班，这样便于倒班休息以保持连续作业。

2. 清障现场需要的主要设备及工具

(1) 消防设备及工具　大功率消防车、带架水枪、大口径橡胶衬里水带、隔热服、避火服、防毒面具等，其数量要根据火场实际情况确定。

(2) 切割设备及工具　氧-乙炔切割机 3～5 台，长、短气割刀各 6～10 把，专用的水力喷沙切割机 1 台（配切割机 2～3 支，直径 3～10mm 特别喷嘴 10～20 个）。

(3) 拖吊设备及工具　拖拉机 3～5 台，长臂吊车 2 台以及拖绳、吊绳、钩子、绳套等。

(4) 其他工具　大锤、小榔头、撬杆、抬杠等若干。

3. 清除障碍物的战术方法

(1) 带火清障　清除障碍物应尽量采用带火清障的方法。采用氧-乙炔切割的工具，各油田容易准备，携带方便，操作灵活，使用安全；全体工作人员处于明火状态下操作，没有突然起火或爆炸的危险，即使工作人员闯入火海有一定的危险性，但因目标集中，只要不中断消防给水，水枪压火扎实可靠，安全顺利切割拖拉障碍物是完全可以做到的；可以将火场的毒性降低到最大限度。

如果一开始就灭火，一是烧塌物太多，喷射灭火剂易形成死角，多次实践证明难以扑灭，即使一时扑灭了，烧红的坍塌物立即又会引起复燃；二是长时间在井喷情况下进行清障工作，随时有引起爆炸起火的巨大威胁；三是不能动用明火，切割操作受到限制。

① 带火清障的方法步骤

a. 集中力量组合好若干支水枪，用强大而密集水流压住火势，把火焰推向一方，挡住辐射热，为工人突击队开辟一个安全地带（范围）。并连续地以水枪交叉掩护工人进行切割等操作，注意水流不可间断，否则工人有发生危险的可能。

b. 对切割目标采取由表及里、由近到远、由易到难层层剥皮的清理原则，把井口及其附近的障碍物一件一件地清除掉。

c. 对切割掉的物件采取人抬肩扛或用拖拉机拖拉等相结合的方法清除井场。

带火清障这个阶段，应有总的实施方案和根据具体任务制定出具体的战斗方案。方案的制定，要充分发挥军事民主，把战斗方案交与参战的有关人员进行讨论。在讨论中使方案更加完善，使每个战斗员都明确自己的任务及完成任务的途径和方法。

② 带火清障的力量配备　即带火清障，各种水枪如何配备才能把火压住。关于水枪数量的多少，取决于喷气量的大小。

原则上根据压火、冷却的对象来决定，到底各种水枪如何配备冷却、压火效果最佳，还有一个实践摸索的过程。这不仅仅决定于井喷的喷气量大小，而且还取决于火场指挥员的指挥水平，取决于战斗员的实践经验和战术动作。

直流水冲击力强，故可借其冲击力打偏主气流火焰和气流较强的分支火焰。

开花水流有一定的冲击力，而且冲击面较大，水流较密集，故可借其水流冲击作用，压住面积较大，气流较强而分散的火焰。

喷雾水流，雾化效果好，冷却控制面积大。故可借其水流作用，可以冷却构建、地面、掩护前线战斗人员。降低来自火焰的辐射热。

按照几种水枪的作用来配备水枪，根据实践总结原则是：

a. 对于气压较大、井口设备憋坏、气流速度较强的火焰配备，可用直流水枪2～3支、开花水枪1支、喷雾水枪1支。喷雾水主要用作掩护，每支水枪可掩护 3～4 名水枪手。

b. 对于气流分散较大，火焰面积较宽的火焰，水枪的配备是直流、开花可各占一半。喷雾水枪的掩护范围与上相同。

③ 控制火焰的战术方法和措施

a. 进攻队形的排列，为了水枪网集中，有效地降低辐射热，进攻时，尽量缩短战线，以人字形的队形进攻压火。

这种编队水枪集中，让开两侧，中间突破，好处是由于水枪向同一个方向射水，既突出了重点，又给压住的火焰留出了后路，避免了水枪手的相互交叉，同时又保证了担任重点突破的水枪手的安全。

b. 纵深配备。纵深配备就是在进攻压火时，队列分成前后两排或三排，排与排之间的距离不得超过 1m。前排主要是操纵直流水枪的水枪手，中间主要是操纵开花水枪的水枪手，后排主要是操纵喷雾水枪的水枪手。

前排水枪手要以低姿操纵水枪，后排水枪手操纵水枪的姿势略高一点，这样前排就不会影响后排的射水。这种队形编排战线相对缩短，力量相对集中，便于集中使用力量，充分发挥水枪的压火作用。

c. 立体封锁火焰。有时由于井架设备塌落情况，火焰从一堆乱如蜘蛛网的孔洞向外喷射，形成一个小的火山，对于这种特点的火焰，水枪压火时，水枪分布应从上、中、下三层封锁火焰造成一道人工水墙把火压住，这种方法叫封锁火焰的立体战术。

对于各层水枪的数量多少为宜，这要视具体情况而定，在封锁压火时，要以中下层特别是下层为主，这是因为操纵水枪和切割物件的人员姿势较低，他们的面部易被窜出的火焰烧伤。这种队形编排特点是针对立体火焰的特点，采用立体封锁的战术，可以把火焰全部压住。

d. 水枪手要严格做到服从命令，听从指挥，火焰已经压住，不得随意移动或改变设计目标。要随时预防热辐射的影响，谨防 H_2S、SO_2 中毒的发生。与此同时，水枪手在操纵水枪时要正确使用直流、开花、喷雾水流压住火焰，降低辐射热，确保带火清障的顺利进行。在带火清障战斗中，火场指挥员要沉着冷静地严密观察火势变化情况和水枪手的动作。如因火势突变改变方向或主要阵地水枪手停水，应一面抽调水枪前往补充，一面责成有关人员迅速排除故障，避免造成不必要的伤亡事故。

e. 进攻与撤退。向火点进攻是战斗的开始，根据切割目标确定主攻方向，在全面进攻展开前，可先确定 3～4 支水枪出水，以降低距井口 30～40m 的进攻方向的地面的辐射热。进攻时，靠两侧的水枪先展开出水，待个水枪全面出水后，逐渐向井口移动，当水枪手前进到距火焰边缘 6～10m 处时，排成一列横队，向井口射水全面压火。待辐射热全面降低后，再继续前进到火焰边缘 1～

2m 的位置，这时火场指挥员要逐个调整水枪位置和射水目标。调好后继续进行压火，这时水枪手已进入火焰区，火已经压住，水枪手要基本固定，突击队和侦察员就可以进行安全侦察和切割物件了。

从火焰区撤出水枪，标志着清场战斗的结束。撤退也是每次战斗结束的重要工作，稍不注意就会发生火柱烧伤人员的事故，通过实践的摸索，认为撤退中应注意：

一是撤退信号要明确，行动要求统一，动作要一致，本着先撤退突击队，后撤退水枪手的原则，逐渐有序地撤退。

二是在火场指挥员统一指挥下，保持原有队形，射水方向和射水目标不变，水枪手逐渐后撤到火焰的边缘要继续射水。

三是本着先出水的水枪后撤、后出水的水枪先撤的原则，逐渐把队形间距拉大。这样做的目的是克服水带打卷，以避免水带拉不动、撤不开的忙乱现象。当队伍撤退到距火焰区 8～10m 处时，水枪位置抬高，水流要上射。但是要防止水流伤人，这时指挥员可发出全面减压信号。当队伍撤离距火焰区 20m 时，除留下 2～3 支水枪继续射水冷却外，其余人员停水收带，这时撤退就基本完毕。

④ 吊转盘，清除钻机底座，并拆除旧井口。带火清障越接近井口，工作难度越大。如果继续分段切割，速度将大大减慢，而且危险性也越来越大。当清障到难以再清理时，为了不延误更多的时间，可以压火后再清障。

用 30t 以上的长臂吊车（排气管带防火罩），开到钻台前就位。吊绳用钢丝绳，做成绳套与转盘捆绑好。为了防止转盘翻面和摆动，可用 2 股棕绳人工加压扶正，在消防水枪掩护下，将转盘安全地吊离井口。

清除钻机底座可根据失控井所处的地理环境、钻机类型、火势大小、变形情况而定。

在消防水枪掩护下，用 30t 以上长臂吊车作起吊设备，用钢丝绳作吊绳和加压绳。拉紧后，拆掉旧井口上的连接螺栓，然后人员撤出，大吊车收绳上提，就能安全地吊出旧井口。

（2）灭火清障　目前由于国内高效化学灭火剂的广泛应用，以及广大消防指战员扑救井喷火灾的经验不断丰富和完善，只要条件具备，是可以采取先灭火后清障的这种办法。

灭火清障具备的条件是：

一是带火清障的后阶段，尽管消防队用水枪压火，但是工人突击队难以接近井口起吊转盘和切割物件，在这种情况下，可先灭火，再清除井口上的障碍物。

二是井口情况不太复杂，只要灭火后，就可以吊起转盘，或把压在井口上的物件吊开排除，使气体向上成柱状。

三是井喷火灾现场水源缺乏，在无充足的补充水源的情况下，只要一次灭火冷却用水充足，可先灭火后清障。上述一、二项在四川合江 4 井、沈 15 井、双 9 井井喷现场均采用过。

灭火清障便于侦察人员查明井口情况，加快清理井场的速度，节约用水，节约大量的人力物力，缩短控制井喷的时间。但值得注意的是井场布满了天然气，稍有不慎，易发生着火伤人、中毒事故，因此，火场指挥员要特别注意。

（二）冷却设备

为避免井架倒塌或保护井场设备，要组织力量对井架和井场设备进行冷却。

① 要根据冷却供水强度，确定移动水炮的数量。

② 在冷却射流形成的有效覆盖范围内，合理确定移动水炮的位置。

③ 应对操控水炮的战斗人员采取防辐射热的保护措施，确保长时间作战。

④ 火场供水宜采用油田专用的大功率水泵，能同时保证若干支大流量的消防水炮的用水需要。

（三）灭火方法

1. 工艺灭火法

（1）泄压灭火　当井喷火灾由于井底压力过大，在放喷管线上燃烧时，可采用导流泄压的工艺措施，将其他闸门打开放喷，降低井口压力，然后实施灭火。

（2）压井灭火　压井灭火主要有清水压井和泥浆压井两种灭火方法。

清水压井灭火：是使用泥浆泵车向井内不断地压注大量清水，降低井口压力，然后再射水或使用干粉灭火。

泥浆压井灭火：井口设备如未损坏，应及时向井口的反循环管线灌注重泥浆，对喷出的气体形成反压力，压住井喷，使井喷停止，火焰熄灭。

（3）打斜井灭火　若井口损坏，失去控制，可在井喷附近打一斜井与井喷井相通，再灌入大量泥浆沙土压住井喷。

（4）更换井口

① 准备好新的井口。

② 制作套筒（也称井罩），用吊车将套筒吊装在井口上。套筒上部形成火炬燃烧，下部实施更换井口作业。

③ 使用喷砂切割机，将已经损坏的井口法兰的固定螺栓切除，卸掉旧井口，

装上新的井口。

④ 新井口装好后，将井口的阀门关闭，使燃烧停止。如果井喷压力过大，新的井口阀门难以关闭时，应当通过旁通管线泄压，以降低井喷压力，然后关阀灭火。

2. 利用密集水流扑救井喷火灾

利用密集水流扑救井喷火灾，就是组织相当数量的水枪，从不同方向射出密集水流，由于水流的冲击作力，将燃烧的火焰与未燃烧的油气分隔开，同时用强有力的水流冲击火焰，增加油气中的含水量（当油气中的含水量大于 30％时火焰就熄灭）使火焰熄灭。

用水流扑救油气井喷火灾比较经济、简单、方便，但必须具备一定的条件和运用正确的战术方法才能达到灭火的目的。

当把井场障碍清除之后或在井口障碍物不多的情况下，燃烧面积不大，油气流形成一股气柱从地下喷向空中。由于地层压力大，油气流速快，因而在油气喷出地面后，距井口的一段距离内来不及燃烧，使燃烧的火焰与未燃的油气形成明显的分界，这就是冲击分割的有利条件。

喷射水流可借助喷嘴口径 25～28mm 的便携式带架水枪进行。各支水枪均匀地设在井口周围，从上风向呈 210°～270°弧形，距井口 6～8m 远的地方（但不超过 15m），水枪出口水头 60～80m。

向井喷火柱注入水射流的手段有若干种，如图 8.3 所示。

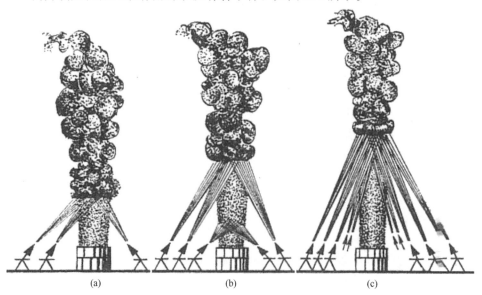

图 8.3　水枪灭火的示意图

第一种手段［见图 8.3(a)］是将水射流注入到井喷射流的底部，然后同步沿井喷向上移动，直至把火焰全部端掉。射流向上移动要缓慢，每 30～60s 向上移动 1～2m。为了清晰指挥各个水枪手，选定一支起主导作用的水枪（与一名水枪手一起），由战斗段段长指挥。在火焰冲破水环的情况下，射流回落原位，重新发起攻击。

第二种手段［见图 8.3(b)］是将水射流分两个阶段喷射到井喷的气体射流中去。一开始，将两股水射流注入井喷未着火部分，在这个位置保持住，直到灭火结束。其余水射流从下而上同步移动扑救火灾，如同第一种手段一样。这种手段同第一种手段相比具有某些优点。把两股射流注入井喷未着火部分可抬高火焰前峰，降低火柱高度，弱化热辐射强度。

第三种手段［见图 8.3(c)］是带架水枪和手提式手枪交替使用。带架水枪的水射流将火焰抬高到井口上面 7～8m 处，从而降低火焰的总高度并减少热辐射的强度。然后，把水枪设在距井口 1.5～2.0m 处，顺着井喷射流射水。这种手段可减少 30％灭火用水量。灭火的计算时间采用 60min。如果在灭火计算时间内不能扑灭，应查明井喷喷出量，加大用水量。

3. 空中爆炸扑灭井喷火灾

（1）爆炸灭火机理

① 爆炸会在瞬间产生强大的冲击波，将油气喷流下压，将火焰推向一定的高度，使燃烧的火焰与油气分离，使燃烧停止。

② 爆炸会产生大量的二氧化碳气体和其他废气，隔绝空气而使燃烧终止。

③ 爆炸会在瞬间形成爆炸区域的局部真空，使燃烧区域内失去氧气的支持而终止。

（2）选择炸药　炸药一般选择耐高温、对撞击摩擦灵敏度小和对爆震敏感度小的炸药作为爆炸用药，通常选用硝铵炸药。

一般天然气日喷量在 $50 \times 10^4 m^3$ 的选用 50～300kg 的炸药。密集喷流的炸药用量少，分散的和多股的炸药用量相对增加。

（3）爆炸灭火的实施方法

① 扑灭井喷火灾的爆炸实施方法。可用小型吊车安放炸药，如图 8.4 所示；也可用钢丝绳吊送炸药，如图 8.5 所示。

② 清理井口障碍物的爆炸实施方法。井口已经损坏，必须更换新的井口或者无法对井口实施清理时，采取爆炸的方法清理井口。根据周围的障碍物情况，确定炸药的用量。炸药包应投放在井口中心部位。

③ 使用水炮实施冷却。无论实施何种爆炸方法，都必须对井口或相邻的设备先进行冷却降温，防止扑灭后发生复燃。

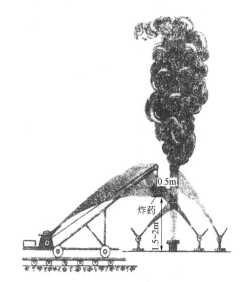

图 8.4 吊车安放炸药示意图

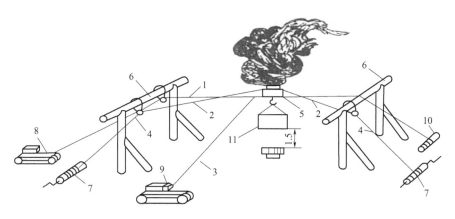

图 8.5 用钢丝绳吊送炸药示意图

1，2，3—钢丝绳；4—滑轮；5—带吊钩的滑轮；6—支架；7—绞车；
8—起重机；9—牵引拖拉机；10—圆木；11—炸药包

4. 利用涡喷消防车扑灭油气井喷火灾

涡喷消防车是将航空涡轮喷气发动机作为灭火剂的喷射动力安装在消防车上，配置常规消防车的水箱、水泵。涡喷发动机产生的高速尾气射流与注入的直流水发生撞击、切割，产生大流量的雾状水，高速尾气携带大流量的雾状水形成"尾气-水雾"射流，实现了雾状水的远距离、高强度的喷射。

处置井喷事故中主要利用涡喷消防车强大的射流对燃烧物质进行切割，断绝燃烧物的供给，从而破坏燃烧的条件，使火焰熄灭，同时对硫化氢进行稀释，减少对环境的危害。

1991 年，在海湾战争结束时，为了扑灭科威特 727 口油井大火，来自 10 个国家的 27 支消防队使用各种先进的灭火装备实施灭火战斗。其中，匈牙利使用了 2 台航空涡轮喷气发动机并列安装在坦克上的灭火装置（其喷射功率大于 $2 \times 10^4 \text{kW}$），涡喷发动机产生的高速气体射流将注入的海水切割成雾状水射向油井大火，扑灭每口油井大火的时间从 12s 到 2min 不等。

涡轮喷雾消防车的灭火计算时间为 15min。灭火后这种车辆冷却工作时间由灭火指挥员确定。

应把不超过 15m 的距离看作在各种灭火条件下涡轮喷雾消防车停放的最佳距离。如果这种车停放距离少于 10m，保护消防车免受井喷热辐射的条件就更加复杂了。

风、风速和风向均影响涡轮喷雾消防车工作效率。如果把灭火射流顺风射向井喷，则能达到最好的成效。因为在实际条件下，在顺风处未必总能选择到最佳阵地。风对灭火效果影响的研究试验表明，在风速为 5.5m/s 情况下，灭火射流喷射方向与风向成 0°~90°角时，对灭火没有明显的影响。

如果用若干辆涡轮喷雾消防车扑救，则消防车停放的扇形弧度应不超过90°角。

灭火射流与风向之间的角度值列于表 8.1。

表 8.1　灭火射流与风向之间的角度值

风速/(m/s)	容许角/(°)
5 以下	90
5~10	30
10 以上	15

为停放涡轮喷雾消防车，以扑救井喷火灾，应准备主要阵地和备用阵地。主要阵地选在上风方向，备用阵地根据风的变化来选择。场地宽度根据消防车辆数确定，车与车的间距 1~1.5m；至井口的距离应不超过 15m。

涡轮喷雾消防车依次进入阵地，并用制动蹄片加以固定。涡轮喷雾消防车能够扑救各种井喷火灾：密集的、分散的和混合的。

（1）扑救密集井喷火灾　灭火射流喷向火焰根部，对准火柱中心，平稳地顺着井喷射流向上移动，直至切断火焰为止。在火焰突破情况下，灭火射流恢复原位，再次发起攻击。灭火结束后，必须继续向井喷喷射灭火射流。为了防止复燃，利用手提式水枪和带架水枪喷淋井口设备和井喷射流。

（2）扑救有若干股密集射流的井喷火灾　必须从低位的射流开始，然后向上移动。否则，位于支管下面的火柱可能引起井喷复燃。

（3）扑救分散井喷火灾　灭火射流喷向火焰根部，对准井场设备中心，逐渐向上移动（或根据井喷火柱外形水平向左右摇摆），冲击气流扩散地方直到彻底扑灭。

（4）扑救混合井喷火灾　扑救混合井喷必须从井喷分散部分开始，彻底扑灭井喷分散部分以后，灭火射流转向井喷密集射流的扑救。当有两个密集射流——水平射流和垂直射流时，先扑救井喷的水平（横向）射流，而后扑救垂直射流。

如果在计算时间内未能扑灭井喷，必须关闭消防车，查明未扑灭的原因，原因可能有如下几点：

① 灭火剂供给强度不够（钻井喷出量计算错误）；

② 涡轮喷雾消防车离井口太远；

③ 在风向方面，没有选好阵地；

④ 车辆互相布置不妥，工作不同步。

在涡轮喷雾消防车跟带架水枪联用扑救时，后者放置在火焰火柱根部附近固定好，然后启动涡轮喷雾车。

七、井喷火灾的灭火行动要求及注意事项

在扑救井喷火灾时，要立足于长时间作战的需要，做好灭火装备、灭火物资、人员给养等后勤保障，组织好火场供水和预备队员，并做好战斗行动中的安全防护。

（一）组织好火场供水

扑救井喷火灾的战斗时间长，掩护性和冷却性用水量大，要按照长时间作战的需要，组织好火场供水。

掩护性供水，是指清理井口和压井、封井和更换井口，必须对倒塌的井架、井口周围的设备进行清理，需要组织强大的射流掩护清理井场的作业。

冷却性供水，是指对还没有发生倒塌的井架和井口周围的设备，进行长时间的冷却，防止井架倒塌和周围设备烧毁。在井喷火灾扑灭后，也必须进行冷却，防止发生复燃。

为保证火场供水，要组织固定的供水管线。计算现场用水量和供水强度，确定供水线路管径和水泵扬程和流量。

（二）选择精干灭火力量

扑救井喷火灾特别是主攻灭火，任务艰巨，技术要求高，必须选择身体好、

专业技术水平高、实践经验丰富的精干人员参加。

① 组织精干的人员组成抢险突击队，完成灭火中的清场、主攻灭火等艰巨任务。

② 对于缺乏实践经验的水枪手，应组织现场演练，再实施灭火。

③ 在实施战斗行动开始前，要组织参战人员进行演练，明确分工和任务，充分准备，防止出现失误。

（三）防止油气复燃

在井喷火消灭后，井架和井口设备因火焰直接烘烤或强辐射热的作用，温度极高，会将继续喷出的石油或天然气引燃，必须继续对井架等设备实施冷却，直至将温度降至油气的燃点以下。

（四）定时调整轮换

根据火场的艰苦程度和战斗人员的身体疲劳状况，要将战斗人员分成两个或三个梯队，定时组织轮换，确保长时间作战的需要。

（五）确保人员安全

井喷和井喷火灾受地质物理条件影响非常大，时常使井喷的高度发生很大变化，时而高度达百米，时而成为几米的高度，尤其油气井喷，一会是油流，一会是气流，要做好安全工作，防止意外发生。

① 疏散井场一定范围内多余的人员，以防止情况突变时造成人员伤亡。

② 要指定工程技术人员掌握井口压力和地层的变化，防止地面塌陷或喷出火焰，发生意外。

③ 清理井口作业时，要防止井口设施碰伤人员。

④ 消防车选择正确的停车位置，保证与火场的安全距离，防止车辆装备被热辐射损毁。

⑤ 灭火后，应用喷雾水驱散残留的天然气防止复燃。

⑥ 近战灭火时，要设置水枪掩护，防止喷火、回火伤人。

⑦ 扑救间歇式井喷火灾时，要准确掌握间歇喷时间，防止情况变化伤及人员。

⑧ 掩护和冷却射水的消防人员，必须穿戴耐高温的防火隔热服和有防热辐射面罩的消防头盔、消防手套，防止脸部和手部灼伤。

⑨ 井喷的气体中有硫化氢气体时，应当佩戴空气呼吸器或正压式氧气呼吸器等安全防护器具，防止战斗人员中毒。

（六）做好后勤保障

① 做好饮食保障，保证长时间灭火的需要。

② 做好防护装备保障，随时提供空气呼吸器或氧气呼吸等安全防护器具和防火隔热服。

③ 做好车辆油料保障，保证火场战斗车辆正常工作。

④ 做好维修保障，保证随时对故障车辆进行维修。

第五节　井喷失控的安全处理

井喷发生后，若无法借助井控设备采用常规方法对地层流体进行有效控制，则会出现敞喷态势，即井喷失控。

由于天然气具有密度小（仅为原油的 0.7‰），可压缩、膨胀，在钻井液中易滑脱上升，易燃烧爆炸等特性，因而气井和含油气井比油井更易井喷和失控着火。

一、井喷失控井的主要类型

井喷失控井按其失控原因和失控后的状态，可分为以下几种主要类型：

① 井口装置和井控管汇因承压能力不够而失控，但未损坏，井内有钻具或无钻具。

② 井口装置或井控管汇损坏而无法控井。

③ 井口装置和井控管汇完好，但井内钻具在井口严重变形。

④ 无井口装置的光套管井。

⑤ 井口周围形成大面积喷洞。

二、井喷失控的安全处理措施

井喷失控主要是井口装置、井控管汇对油气流失去了控制和套管下入深度不够或套管破裂所致，因此在处理过程中如何使井口装置和井控管汇重新控制油气喷流是关键，如何平衡油气层的压力是根本。

（一）成立现场抢险指挥部

成立现场抢险指挥部，统一组织和指挥抢险工作，制定和实施抢险方案。

（二）未着火的失控井应严防着火，保护好井口装置

钻机、井架等设备烧毁，不但会造成直接经济损失，烧毁的设备、井架堆积在井口上还会使事故的处理更为复杂，条件更为恶劣。因此，井喷失控后首先要防止着火。防火措施包括立即关闭柴油机及井场、钻台和机房等处的全部照明灯，打开探照灯，灭绝火源，组织警戒。准备充足的水源和供水设备，以每分钟 $1\sim2m^3$ 的排水量经防喷器四通向井内注水，并向井口装置及其周围喷水，达到润湿喷流、消除火星的目的。

对已着火的油气井，同样应由防喷器四通向井内注水，向井口装置喷水，这样可以冷却保护井口装置，避免零部件烧坏和在其他设备（如井架、钻机、钻具等）倒塌的重压下变形。

（三）划分安全区，严格警戒

在井场周围设置必要的观察点，定时测定油气喷流的组成、硫化氢含量、空气中的天然气浓度、风向等有关数据，并划出安全区，疏散人员，严格警戒，及时将储油罐等隐患设备和物资拖离危险区，避免人身中毒和油罐、高压气瓶的爆炸。

（四）清除井口障碍物

清除井口周围的障碍物，充分暴露井口装置，使喷流集中向上，给灭火及换装井口创造条件。

（五）失控油气井井喷火灾的扑救

失控油气井井喷火灾的扑救方法同本章"第四节井喷火灾的扑救措施"。

（六）换装新的井口装置

井喷着火井经大火烧后，井口装置几乎全部损坏。如果着火后立即采取了冷却措施，有可能保留下一块套管底法兰，有的油气井着火后连套管底法兰都已损坏。为了制服井喷，必须重新抢装井口，为压井或完井创造条件。

拖装新井口的方法很多，一般常用整体吊装、分件扣装、先扣后吊、带火电焊等方法。

1. 整体吊装

按设计要求，将组装试压好的全套新井口装置一次性拖装在套管底法兰上。具体步骤如下：

① 用 30t 以上的长臂吊车作提吊设备，摆放在离井口 10～14m 处。

② 利用绞车及钢丝绳、复滑轮系统作加压设备。

③ 试压合格的组装新井口，摆放在井口前面，并穿好加压钢丝绳和提吊绳。

④ 消防水枪大量向主气流、新井口以及井口周围射水，防止着火。

⑤ 新井口切割油气流高度距套管底法兰面 8～10m。

⑥ 突击队员 8～10 人带上螺栓、扳手、撬杠等在离井口不远处待命，看到指挥信号才能进入井口作业。

⑦ 在统一指挥下，大吊车、加压绞车、消防队员、突击队员密切配合，有条不紊地争取在较短时间内将新井口抢装完毕，并且使结合面不喷气、不喷油。

⑧ 按设计要求接放喷管线和压井管线及防喷器控制管线。

2. 分件扣装

分件扣装就是将新井口装置的各件，如法兰、四通、防喷器、大闸门分别扣装到套管上去连接起来，组合成新井口装置。

换装为新的井口装置后，可实施放喷、关井和点火。先将放喷阀门全部打开，再实施关井。

对放喷油气点火一般采用以下几种方法：

① 使用军用信号枪，在距放喷油气流 30m 以外较安全的地方，向喷放油气柱发射信号弹，使燃烧的信号弹点燃放喷气体。

② 用烟花爆竹，在其射出的可及的距离内点燃引线发射，引燃放喷的油气。

③ 用军用火焰喷射器点燃放喷油气。

④ 先在放喷管线出口附近放置火炉或油盘（点燃火），再缓慢开启放喷管线闸门。

无论采用哪种方法点火，都应注意实施点火人员的安全防护，主要措施：一是应挑选身体及心理素质好、业务素质强的同志担任点火任务；二是必须穿隔热服或避火服（因放喷气体被点燃的瞬间会发生"爆燃"，尔后呈稳定燃烧），并必须佩戴氧（空）气呼吸器；三是应尽量利用土坎、土堆、土沟、岩石等地形地物保护自己，且宜用卧姿或跪姿发射、点火；四是双耳用棉球堵塞，以保护听觉不受大的伤害；五是应从上风或侧风方向，且应从喷出气体的边缘点燃放喷的气体。

在井口有气体喷出，同时又在放喷的情况下，不能贸然对放喷油气点燃！必须在封井成功后，先使用直流或开花水流对井场进行冲洗，进一步溶解、驱散 H_2S 和 CH_4 气体，确保井场及其周围 H_2S 和 CH_4 的含量均低于爆炸浓度下限的 50%，且井口及其周围管线闸阀确实无泄漏的情况下，方可对放喷油气点燃。

（七）不压井强行起下管柱，压井或不压井完井

若油气井因井口装置和井控管汇的水承压能力不够而失控，但井口装置和井控管汇完好、防喷器在放喷管线排放地层流体的情况下能关闭，则视其井内有无钻具采用不同的处理方法。如井内有钻具，则可立即组织压井作业；如井内无钻具，则根据失控井的条件进行不压井下钻或不压井强行下钻后再压井。下井钻具都应装止回阀，并向井内灌注泥浆。

事故严重的井喷失控井，除井口装置、井控管汇损坏外，多数情况下钻具被冲出井筒或掉入井内，或钻具在井口严重损坏与变形。新井口装置安装好后一般都要进行不压井强行起下管柱或打捞作业，然后是压井或不压井完井。

（八）钻救险井压井

当上述地面处理井喷失控井的方法收效甚微时，可在失控井附近钻一口或多口定向井与失控井下部连通，然后泵入压井泥浆控制油气喷流。若油气井失控着火，则经救险井泵入压井泥浆，灭火压井一次完成。

若失控井较深，所在构造地质条件和地层压力系统复杂，钻一口救险井所花时间太长，技术难度大，有条件时可将失控井附近的油气井加深作为救险井，这比另钻一口定向井要节省费用和时间。

井喷失控井的处理除上述基本方法外，应针对每口失控井的具体状况和所具备的条件制定相应措施。例如，四川某一失控井，井口有完好、长度接近井底的钻具，井口装置被喷流刺坏，钻具内与环空同时喷出强大的油气流，而水龙带的水压能力又不允许直接用钻井泥浆泵压井。处理该井时，在用放喷管线放喷的情况下，在钻具上抢装一简易压井管汇，利用水泥车压井成功。又如四川一失控井在起钻后期发生井喷，井内剩余钻具被井内压力上顶，部分被顶出直到钻杆接头被防喷器钢芯挡住，钻具在转盘上弯曲成严重的"S"形并倒向钻机一侧，致使无法起钻，也无法下钻。井内钻具既少，井又漏，压井更加困难。处理该井时，用"密钻孔工具"在钻杆适当位置钻孔，并注水泥封堵方钻杆以下钻具水眼，然后割去钻杆严重弯曲部分，继而不压井起钻后不压井下油管完井。据国外资料介绍，美国田纳西石油公司曾用"挤扁油管堵塞"技术切断油管内喷出的高压油气流来处理类似井喷失控事故。此技术采用"热钻"工具在井口以上裸露油管适当

位置钻孔并接上泵，再用液体工具将钻孔上方的油管挤扁。经钻孔泵入堵塞材料（如钢球、高强度密封球、橡胶涂层尼龙隔离球、普通尼龙隔离球、橡胶球、橡胶串等），在被挤扁的油管处形成人工塞子，再压井制止井喷。

井喷失控井的最终处理，有的压井后继续钻进，有的打水泥塞后套管开窗侧钻，有的压井后完井，也有的打水泥塞后废弃。

第六节　案例分析——重庆开县 "12·23" 井喷事故处置

一、基本情况

1. 现场及周边环境情况

"罗家 16-H 井"地点位于重庆市距开县西北方约 75km 的高桥镇晓阳村，距重庆市区 400km，井场周边 100m 范围内的住户有十余户，活动人群数量较多。井场坐落于一山脚下，四面环山，道路崎岖不平，交通不便，当时正处天气严寒。井场内有 40t 成品油。该井是中石油为开采新工艺而设计的川东部地区的第一口水平井，是其重点科技攻关项目的试验点，设计井斜深 4322m，垂深 3410m，水平位移 1586.5m，水平段长 700m，于 2003 年 5 月 23 日开钻。平时钻井压力达 28MPa，放喷之后压力为 18MPa，可日产天然气 100000m^3，属西部地区最大的天然气井之一。

2. 事故发生时现场情况

现场燃烧的火焰向着山坡的方向，呈水平角度放喷，放喷火焰高度达 70 多米，宽度为 70m 左右，总面积 300 多平方米，100m 范围内的树木全部烧焦枯萎，现场火焰外围 200m 范围内的热浪袭人，人员根本不能靠近，现场火焰与可燃物接触产生的轰鸣声和爆炸声如雷贯耳，2km 以外的人都能听到现场的巨大声响，强烈的振荡波使周围的建筑发生颤动，门窗不停摇晃。

3. 水源及天气情况

事故发生地点周围 1km 范围内有两条河流，分别位于现场的东面和东南面，当日该地气温 4.6～8℃，相对湿度为 94%～99%，风力为静风（平均风速为

0.13m/s，最大风速为 0.8m/s)，风向为西北偏西。

4. 消防力量调度情况

消防力量调度情况见表 8.2

表 8.2　消防力量调度情况

出动时间	出动人数	出动消防车	到场时间
23 日 22 时 39 分	14 人	2 辆消防车	24 日 2 时 10 分左右
24 日 12 时	10 人	1 辆抢险救援车	24 日 18 时左右
24 日 13 时 45 分	47 人	水罐消防车、防化车、通信指挥车共 4 辆	24 日 22 时 30 分赶到开县天和镇救援指挥部；25 日到达现场
25 日 14 时	64 人	照明车、抢险救援车、大功率水罐车共 5 辆	总队 25 日 16 时赶到天和镇，部分官兵在梁平县集结

二、事故特点

1. 现场毒害性大

钻井喷出的天然气中主要含有硫化氢气体，该气体为无色有毒气体，在水中溶解性较好，具有易燃易爆性，相关性质见表 8.3。

表 8.3　硫化氢主要理化性质

相对分子质量	饱和蒸气压(25℃)/kPa	闪点/℃	熔点/℃	沸点/℃	蒸气相对密度	爆炸极限/%
34.076	2026.5	<−50	−85.5	−60.4	1.19	4.0～46.0

硫化氢是强烈的神经性毒物，它对黏膜有强烈的刺激作用。浓度高时可以很快抑制呼吸中枢，导致窒息死亡；长时间暴露在低浓度的硫化氢中，易导致神经紊乱。硫化氢溶解在水中，毒性相比气体并不会减少，并引起继发性中毒，危害范围大。不同浓度范围下硫化氢的危害见表 8.4。

表 8.4　不同浓度范围下硫化氢的危害

浓度/(mg/m³)	70～150	700	1000
危害	眼结膜炎、鼻炎和支气管炎	急性支气管炎和肺炎	呼吸麻痹，窒息死亡

2. 毒气长时间集聚，不容易消散

井喷事故发生后，剧毒的含硫天然气使现场两名钻井工人当场中毒死亡。长

时间放喷产生大量毒气，受地理环境和气象的影响，有毒气体不能消散或者被稀释，集聚在半山腰、峡谷和地势较低的区域，对现场及附近的人员造成了很大程度上的危害，按常理来说，空气中最大允许量不应超过 $10mg/m^3$，但是开县井喷现场的硫化氢含量却高达 $238mg/m^3$，在井场下风方向大约 5km 的范围内都能闻到很浓的硫化氢的气味。

3. 事故造成人员伤亡惨重

包括高桥镇、麻柳乡等乡镇在内的 28 个村全部涉及在此次事故之中，中毒死亡人数共计 243 人，60000 名相关人员受到不同程度的毒害，在医院治疗人数高达上千人，9 万人有家不能回，家禽、野生动物也遭受死亡的威胁，环境遭到了巨大的破坏。

4. 灾害性质混杂，参战力量多，救援处置困难

开县气井井底压力高达46MPa，日喷天然气超过 $4000000m^3$，事故发生后，现场有毒气体浓度高，火势凶猛，火焰柱高度超过 60m，燃烧面积大，并且燃烧爆炸瞬间转换，给现场消防力量控制灾情设置了很大的障碍。因事故涉及面广，参与救援处置的力量众多，现场指挥员如何合理使用这些力量以便更快更好地打赢这场战斗也是一个主要方面，时间紧迫，如何部署，抢占先机，取得最大的效益，成为各级指挥员要解决的首要难题。

三、事故处置

在整个作战过程当中，指挥部在了解查明现场情况后，在考虑到井喷可能产生严重后果情况下，适时调整了力量分配，准确迅速采取措施：

首先立即通知当地的政府和党委组织，带领当地居民实施安全转移，保证民众的安全；

其次迅速命令周边乡镇包括正坝镇、麻柳乡等社会救援组织进行人力和物力方面的支援；

最后组织现场的消防力量开展有效的灭火救援行动。整个救援工作大致分为调度侦察、搜救决策、决战压井三个阶段。

（一）第一处置阶段分析

1. 力量调集准确迅速

事故发生当晚，支队指挥中心接到报警后，根据事故的严重程度立即电告辖

区大队调集辖区中队前往事故现场。支队长带领另外相邻中队随即赶赴现场，并根据事故灾害规模迅速向总队报告。总队接到报告后先后调集总队、第一支队、第五支队所属的 11 个消防中队，车辆共计 24 辆（其中包括各类消防车 12 辆，指挥车、医疗救护车、器材车等 12 辆）。

指挥中心在接到"罗家 16-H 井"发生井喷的消息后，对灾害性质及危害性作出了科学的判断，果断决策，第一时间从辖区及其邻近单位调集了充足的兵力赶赴现场，为在最短的时间内了解现场情况，作出有效的指挥，部署正确的行动方案提供了有力的保障。在这种特大事故发生时，合理调派第一力量应居于行动要求的首位。合理调派第一力量能够在侦察行动完成后，根据现场局势，合理有效地部署兵力，在疏散救人的同时，还能有充足的力量控制现场事故的发展蔓延，为接下来的行动提供了坚实的基础。如果救援力量调集不果断，第一到场力量就肯定会不足，现场各项救援行动都不能顺利地展开，对事故不能起一个很好的控制的作用，延误最关键的战机。总队在行车的途中，充分发现事故形势的严峻程度，及时合理的调派增援力量以及社会联动力量前往现场，并启动相应的应急救援预案，从一定程度上减缓了灾情的发展，为接下来的行动的顺利开展奠定了基础。

2. 事故情况侦察不全面

辖区中队到达事故现场后，中队长立即组织成立侦察组，使用多种方式进行现场侦察。经过一段时间的侦察后，发现从钻井中喷出的火焰已经有四五十米高，而且正在不断引燃周边的可燃物，呈发展蔓延的事态，不断威胁着周围建筑物和群众的人身财产安全。

第一救援力量到场后立即开展灾情侦察，采用外部侦察与内部侦察结合的方式，大致探明现场情况及发展势态，侦察到了火势发展蔓延方向和周边群众疏散情况以及当时天气情况，向指挥中心进行反馈，但到达现场的时间不够充足，对现场整体局势的把握不够全面，没有弄清楚现场的一些客观条件和水源分布情况，对于后续作战方案的制定产生了一些不利的影响。

（二）第二处置阶段分析

1. 事故现场指挥部决策果断

在第一批救援力量相继到达现场后，总队领导到达现场并成立了事故救援指挥部，负责统一组织现场救援行动，并立即研究部署了以下战斗任务：

一是利用硫化氢气体浓度检测仪检测现场硫化氢浓度；

二是迅速成立搜救组，进入现场进行拉网式搜索，寻找遇险群众和遇难者尸体；

三是迅速落实压井各项作战保障工作；

四是协助公安等社会联动力量做好社会安全稳定工作；

五是组织照明车进行现场照明。

指挥部的任务部署给刚开始比较混乱复杂的现场救援情况指明了一条清晰有序的道路，决策果断主要体现在以下几点：

(1) 立即成立搜救组，进入事故现场，尽可能地疏散和搜寻现场被困人员，使营救现场被困人员成为首要完成的任务，明确了"救人第一，科学施救"的指导思想。消防救援力量到达现场的第一时间是救人的黄金时间，必须立即组织搜救。

(2) 组建突击组在事故点外的安全位置对现场进行立体防控，配合了围歼、夹击等作战方法，对于控制现场情况和抑制突发险情产生了积极的作用。由于钻井口的火焰呈立体势态，热辐射强，而且与周边建筑物距离小，很容易引燃周边建筑，因此使用夹击等战术方法，能够有效地减少火焰对毗邻建筑的热辐射，起到一个安全防控的目的。

(3) 针对夜晚作战的客观情况，出动照明车负责现场的照明工作，便于各项救援行动的有序实施。由于事故发生时为夜晚，能见度很低，无法观测现场状况的变化，不利于救援作战决策和指令的下达，而且在夜晚情况下，对现场一些紧急情况的预判也不够及时，容易造成不必要的伤亡，因此实施现场照明工作是很必要的。

指挥部通过科学严谨的实地勘测和严密客观的商讨将现场情况进行了划分，部署了上述作战任务，随着后续增援力量的到达，现场应急救援工作逐渐步入正轨。各部分救援力量到达现场后，谨遵指挥部下达的各项作战要求，并根据上述任务部署情况，明确分工，落实相关职责，充分发挥协同作战的最大效益，形成整体合力，有效实施救人与排险措施。指挥部根据现场灾情的发展不断调整各单位力量部署和任务分工，各战斗小组能够正确领会上级的作战意图和目的，准确实施各项战斗行动，权衡利弊，机断行事，使整个灭火与应急救援工作得以顺利开展。

2. 整体作战意图准确突出

(1) 紧张有序开展搜救工作　　开县消防大队、中队赶赴井喷发生现场后，通过严密的侦察行动，制定了针对此次事故的初步作战方案，初步成立各个作战小组，冒着随时被现场猛烈的火势伤害的危险，联同乡镇县政府部门力量、公安干警、现场技术工人对事故现场进行警戒，在距离事故点 1km 的范围内划分出了警戒线。与此同时，命令一部分救援力量深入警戒区内部，顶着随时突发的险情，紧张有序地引导现场被困人员疏散撤离，组织群众向距离现场 1km 范围以外的安全区域疏散，经过长途跋涉的努力，事故发生当晚疏散总人数近 10000 人，其中学生大约 3000 人，疏散救援工作一直没有松懈，到 24 日凌晨，四十几名危重度中毒人员得到及时抢救。

（2）科学严密实施侦检 现场指挥部组织成立了侦检组，利用硫化氢气体浓度检测仪对井场和放空管周围、周边住户室内和地势较低的部位进行了检测。经过反复侦检，井场附近 1km 范围内的硫化氢浓度已经降到了安全范围内，并且通过两次点火，使现场整体毒性有所下降。尽管如此，点火产生了大量的 SO_2，有毒气体的威胁并没有从根本上得到解决。

（3）做好保卫作战方案和各项保障工作 为了确保压井行动万无一失，25 日上午 7 时，指挥部人员亲临前线，对事故现场及其周边情况做了详细调查，制定了供水作战方案和如遇特殊情况的撤离路线、现场通信保障方案，并绘制现场作战力量部署示意图。

供水作战方案主要任务是为满足现场供水需要，将现场 100m 以外的一条小溪筑堤蓄水，来实现四台手抬机动泵和钻井公司的四台潜水泵对前方消防车的不间断供水，同时用两辆水罐消防车向事故现场供水，一车出两枪，每支水枪由一名干部、一名班长负责操作，一支对发电房和配电房进行掩护，一支保护机房，剩下两支水枪控制井台周围的突发情况。在实施压井作战行动之前，将水源的水供到水枪口，如果现场参战人员在处置险情时发生突发状况，立即命令供水人员打开水枪开关，出水对其进行掩护，同时稀释现场毒气的浓度，进一步控制火情，对现场压井技术人员进行保护。

指挥部根据现场情况研究制定了现场紧急撤离方案：如果压井行动出现差错，导致二次井喷，恢复控制措施无法立即实施时，在保护好现场工作人员和技术专家的情况下，所有人员向紧急疏散口快速撤离，避免无谓的伤亡。方案规定凡是现场参战人员必须着新式战斗服，并佩戴空气呼吸器，做到防护装备不离身。

由于井喷事发点地势偏僻，现场通信网络差，总队制定了以利用"移动通信指挥系统"来保证现场通信畅通的通信联络方案，从而准确迅速地进行信息传输。保障现场指挥网通信畅通的实现形式是充分利用消防 350MHz 常规无线通信设备。通过使用消防 350MHz 单频组网，来使救援战斗网的联络变得畅通；用消防 350MHz 异频组建地区覆盖网来实现半径 5km 左右的范围内的通信联络，保障指战员之间通信流畅；使用 24 门数字程控交换机组建有线通信网络，使现场指挥部和总队间的市话、文字传真等通信联络得到保障。

整体来看，指挥部的任务部署明确清晰：一是搜救被困人员，二是控制现场势态，并做好各项安全防范工作。各增援力量到场后，处置力量充足，集中力量组织营救了现场被困人员，并及时准确地控制灾情的发展。指挥部的作战意图为广大作战官兵很好地传达、理解，各参战单元的指战员认真履行各自的职责使命，发扬部队不怕苦不怕累的精神，展开细致的搜救行动，使救人工作得到了有效的落实。

(三) 第三阶段处置措施分析

1. 压井作战方案科学周密

在第二阶段的任务有序开展的同时，第三阶段的压井作战方案也随即被确定。在方案制定后，指挥部领导专家对压井作战方案进行了详细严密的审定。指挥部领导通过深入现场，实地勘测，对方案进行了细致详尽的研究商讨，确立了最后的压井作战方案，并要求组织好现场预备队，根据现场状况的变化情况，随时作好交换准备；严格落实现场指挥员和战斗员安全防护问题，以最小的损失来换取最优化的结果；授予各参战指挥员临时的最高指挥权力，如遇特殊情况时不用请示。

指挥部通过精心挑选，组建了 26 名指战员在内的压井突击队，并给各参战官兵召开了战前动员会。根据预案的内容，指挥部领导带领全体参战官兵对之前确定的水源情况、停车位置、消防供水及供水方式、水枪阵地、进攻路线、保护对象、紧急情况下的撤离路线进行了反复熟悉，争取每一次都能贴近实战，不惜一切代价，夺取压井作战的成功。

2. 严格预防压井过程中突发情况的发生

压井过程是处置整个井喷事故的关键，其存在的危险性也是难以预料的。如果在灌浆压井过程中发生意外事故，最可能导致以下三种严重后果：

一是高压天然气从井口喷出，短时间内洞穿人体，危险性极高；

二是大量天然气短时间的快速喷发致使现场硫化氢浓度严重超标，瞬间造成现场人员的中毒，严重者当场窒息死亡；

三是天然气喷出的高压使钻杆冲出井口，与井架发生摩擦产生火花，从而引发天然气的爆燃，导致现场人员的严重伤亡，巨大的火势在短时间内将钻井设备全部烧塌，倒塌的设备堵塞钻井，对救援行动的顺利开展产生极其严重的影响。

压井过程中无论出现上述哪一种情形，都将导致无法挽回的后果。27 日 7时，在现场指挥部的指挥带领下，突击队赶赴事故现场。为防止危险的发生，指挥部对现场官兵各项安全保障工作进行了部署，成立了现场内外的水枪掩护组，内部的负责跟进掩护突击队压井，外部的负责控制现场事态发展，降低内部人员的面临的危险，通过灵活运用"进攻、防御、撤退"等战术，实现作战效益最优化。

3. 压井工作顺利开展，现场清理井然有序

所有参战官兵按照预先定制的方案一切准备就绪后，压井工作展开。10时07分，重达140t金属泥浆成功压入井内。1h后，260t泥浆全部压入井内，使得地层孔隙压力相比于井底压力得以平衡，压井作战取得关键性的胜利。

由于前期现场过火面积太大，导致事故点周边部分地区仍有残火，现场作战指挥部根据具体情况，立即作出部署，在组织灭火救援力量对残火进行扑灭的同时，组织相当一部分力量清理现场，消除潜在隐患。

在组织指挥扑火时，指挥员要熟悉掌握灭火的四个阶段和八个程序。此次压井处置过程中，作为最后一个阶段的残火清理过程得到了充分的重视。在灭火与应急救援过程中，中间处置过程固然重要，但是结束阶段的现场清理也是必不可少，因为在灭火救援工作的后期，消防官兵很容易出现思想松懈、身心疲惫的情况，一旦现场清理不到位，很容易使一些隐蔽的险情进一步扩大，有可能使整个作战行动前功尽弃。此次井喷事故现场情况复杂，专业性较强，现场人员受威胁较大，指挥部留下相当部分力量对现场进行清理、监控，确认情况稳定后移交相关部门，灭火与应急救援工作落下帷幕。

四、案例分析

（一）事故处置的成功之处

1. 各级领导高度重视，作战指挥部统一协调指挥

事故发生后，国家领导高度重视，成立了以国务院秘书长为组长的工作组到现场进行抢险救援工作的指挥；重庆市市委书记、市长等领导亲临现场，作出任务部署；总队长、副总队长亲自在现场督促消防部队实施搜救工作和压井工作，保证了整个作战行动有序的开展。

所有参战力量全力搜索现场被困人员和遇难人员，并有效地防止有毒气体向周边的扩散，缩小其危害范围，与此同时，组织周围群众的疏散，落实各项保障措施。

由于事故性质的复杂性与现场事态的扩大，现场救援指挥部也进行了三次调整和改进：事故发生初期，指挥部由县委书记和川东钻探公司领导组成；随着增援力量的到达和救援工作的进行，由一名政府副市长负责现场指挥部的指挥工作；事故处置的中后期，国务委员兼国务院秘书长拥有现场主要指挥权，负责现场抢险救援工作。

2. 参战力量调集准确迅速

井喷事故发生后，指挥中心接到报警，通过收集、处理现场情报，认识到事态的严重性，立即调集开县大队和中队，第五支队赶往现场，并启动应急预案。总队领导根据事态的发展先后调集三批力量前往现场，较好地做到了及时调集充足的警力和装备，为灭火与应急救援工作的顺利展开，有效地控制现场灾情发展打下了坚实的基础，掌握了事故现场抢险救援主动权。

3. 灵活运用战术实施搜救

指挥者通过询问现场知情人和相关技术工人来确定待疏散人员的位置，并结合拉网式搜索、水枪掩护等方式方法，从现场内部，疏散搜救人员近万人。事故现场共设置水枪阵地 9 个，水带延伸近 500m，采用梯次进攻的方法进行交替掩护，快攻近战控制现场事态，救人控火行动有序开展。为防止火势太大，对毗邻建筑造成威胁，指挥部从东南西北四面布置了多只水枪，呈合围之势，对火势进行有力的控制，有效地保护了进入现场的搜救人员，避免了官兵和现场人员的无谓伤亡。

4. 科学分析决策，周密部署计划

在采取正式进攻措施之前，指挥部召集现场技术专家仔细分析了现场情况和压井过程中可能出现的种种险情，尽可能地将所有可能对现场救援人员产生威胁的情况纳入计划当中，详细周密地制定了压井作战方案、现场人员疏散方案和供水方案，并结合现场客观情况，对方案的可行性和结果进行了评估和预测，为整个战斗的胜利打下基础。

在研究决定现场供水保障方案时，指挥部考虑到到场消防车水量不足以满足现场供水要求的情况下，立即决定使用井场周围的池塘、河流等天然水源作为现场消防供水的主要力量，按照每 100L/s 的用量进行准备，水量要求共计 1600t。另外为了防止紧急情况的出现，保证现场供水不间断，预备供水设备和水源也在考虑范围之内。

在制定压井作战方案的同时，现场指挥部成立了消防突击队，负责压井工作的实施。作为整场抢险救援工作的重点和关键，指挥部针对压井作战过程进行了详细的组织计划。首先，指挥部将井口部位、周围的油罐区、发电机房和高压管汇处作为压井过程中重点监护的对象，实时了解掌握其情况走向。接着指挥部对其进行了力量部署，要求在井口、泥浆车高压管汇处分别设置一个水枪阵地，出 2~4 支水枪，油罐区和发电机房设置一个水枪阵地，出 1~2 支水枪，并且将水供至水枪口，做到出水及时；然后，指挥部根据掌握的情况，对突击队部署了具体作战任务，要求突击队队员进入现场协助现场专业技术人员进行压井处置工作，并做好水枪掩护工作，一有突发情况，立即对有毒气体进行稀释，控制现场灾情，如果燃烧爆炸瞬间发生，消防突击队员应当在控制现场险情的同时，配合压井技术人员实施紧急排险措施。当现场事态已经无法控制，威胁人员自身安全时，应当集中高压水流掩护各参战单位的撤离。最后，指挥部进行了指挥权的统一，要求由消防突击队队长统一行使指挥权，压井过程中所有作战行动必须在指挥长的指挥下进行，统一了通信联络方式，明确各突击小组任务分工、协同作战、现场纪律、注意事项及突发情况下的撤离方案。

（二）教训与不足

1. 井队生产安全性和管理意识有待进一步提高

该井队管理松懈，在钻井过程中存在违规指挥、违规操作等严重问题，对泥浆循环时间估计严重不足，对于溢流征兆察觉不及时，在井喷初期未采取及时有效的措施。情况失控以后，并未在第一时间内采取"放喷管点火"的处置措施，指挥严重失策，造成大量有毒气体溢出，大范围扩散，使得人员伤亡惨重。

2. 井喷现场救援战术与控制措施有待提高

对于此类井喷事故，现场环境复杂，灾情规模大，被困人员较多，消防官兵普遍存在对于处置程序生疏的现象，参战官兵搜救、疏散被困人员和控制现场灾情的措施过于单一。现场指战员在采取各项行动措施时，仅仅是遵循常规的灾害事故的一般处置程序，没有从整体上把握各个关节，缺乏对于此类综合性事故特点的分析判断，下达的命令与指令不能体现出对于井喷事故的针对性和适用性，导致现场作战行动进展缓慢，效率低下。在这种大型灾害现场，官兵的心理素质、战斗素养问题同样需要注意。

3. 大型灾害现场通信保障力不从心

在大型灾害现场的抢险救援过程中，由于到场的灭火救援力量多，指挥机构内部设置复杂，层次较多，指挥部与各参战中队，中队与战斗班之间，因为现场各种因素的干扰，导致通信联络效果不佳，造成现场参战部队的"协同作战能力"难以提升。此类灾害事故涉及面广，消防官兵作战跨度大，这对于现场通信保障提出了更高的要求。事实上由于现场各种干扰因素的存在和通信设备的滞后等情况，如何解决灾害现场的通信保障问题一直为各级领导和指挥员所困扰。

4. 消防部队缺乏处置井喷事故的相关专业知识，后勤保障难以满足需要

井喷事故现场处置技术复杂，流程烦琐，消防部队对于此类事故缺乏对应的

专业知识，在处置过程中力不从心的现象时有发生，对现场灾情走向把握不够准确，对事故后果估计不足，对应的救援装备未做到一次到位。井喷事故不同于一般火灾事故，它包含了多种灾害事故的特点。在处置井喷事故时，掌握井喷相关的理论知识是前提条件，熟知井喷事故的各种危害和特点，在全面细致的分析判断后，才能下定正确的作战决心；针对井场特殊的地理位置，消防部队缺少对应的野营抢险装备和完善的后勤保障体制机制。

（三）改进措施

1. 加强宣传教育培训

井喷突发事故具有"突发性、高危性、可控性"等特点，其应急处置的宣传教育与培训工作是贯彻实施应急救援预案的重要保证，也是增强相关工作人员和消防官兵对于此类事故防范能力的有效途径。通过运用多种方式手段来开展井喷应急措施和应急管理知识的教育培训工作，使相关应急部门人员和消防官兵明确树立责任意识和危机感，熟悉井喷应急处置基本流程，提高现场分析判断和果断决策的能力。

2. 确保装备器材准备充足

消防装备器材是灭火与应急救援作战行动开展的必要条件。抢险救援器材包括"侦检、破拆、堵漏、救生、警戒、照明、排烟、输转、防护"等个人防护装备。充足的装备在整场抢险救援行动占有十分重要的地位。装备器材准备充分包括两方面的要求：一是装备器材的数目、种类满足要求；二是要保证各类装备器材始终处于完好能用的状态。装备器材准备充足与否，决定了各项措施实施的流畅性。在灾害现场，要想有效地处置各种灾害事故，离不开先进齐全的装备，具备了这个条件，消防指战员在开展各项灭火救援行动时才能得心应手，掌握战斗的主动权。

3. 拓展新型战法的技术研究

针对井喷事故现场的特点，进行快攻排险等战法的研究，拓展此类事故应急处置行动编程，协调一致地组织现场指挥机构有序运行，明确各类指挥关系。通过积极创新适用性强的战术战法，着眼实际，将消防部队的作战能力提升到一个更高的阶段。老式的战术战法只能满足过去的灾情事故，随着时代的跟进，消防部队面临的各种灾害事故也在不断地出现新的特点，现有的战术方法已经不能满足消防部队处置各种事故的要求，急需进行改善，更新战术战法，创新出符合现代灾害事故特点的新式战法。

（四）几点启示

1. 初期到场力量要第一时间采取紧急排险措施

在处置类似石油钻井、化工区等社会灾害时，初期到场力量首先要迅速开展现场侦察，了解现场灾情的发展趋势，观测现场气象条件，来判断毗邻建筑受威胁程度，并结合询问知情人、使用侦检仪器、内攻侦察等多种侦察方法确定现场易燃易爆物品的种类、威胁程度，现场被困人员数量和位置，同时查明附近水源情况。在掌握现场基本情况之后，要准确迅速地部署救援力量，以控制现场险情，排除危险因素为目的，采取紧急排险措施，将现场灾情有效地控制在一个可以接受的范围内。运用紧急排险措施时，要在满足现场客观条件的基础上，在灾情尚未扩大的情况下，尽快占据现场有利位置，对灾情进行堵截。在灾情可能蔓延的主方向上加大应急救援力量的部署，把握主次，为后续工作的开展创造有利条件。

2. 应注意落实各项后勤保障措施

大部分石油钻井地处郊区，周边环境险恶，对于习惯了城市作战的消防部队来说，需要一个适应的过程。处置此类事故耗时较长，对消防官兵的体力和意志力都是一种严峻的挑战，因此现场后勤保障工作显得尤为重要。指挥部在下达各项战斗指令的同时，启动后勤保障预案，做好与战斗员相关的各项保障措施，组织生活服务、医疗和修理等部门深入一线服务，为参战官兵提供基础保障。每一场战斗的胜利都包含了多方面的努力，其中不但有正面处置措施，包括灭火、救人、破拆等，还需要后勤保障等工作的有力开展来实现正面战场的不间断，后勤保障是灭火救援工作的补充和支援，灭火救援工作是后勤保障的延伸和继续，两者紧密联系、相互渗透，共同作用于整场灭火救援战斗，两者缺一不可。

3. 善于着眼全局，把握关节

当现场灾情复杂，包含多类事故特点时，应急救援现场有多种险情需要解决。针对这类综合型社会灾害，指挥员要亲临前线，全面掌握现场实际情况，抓住对全局胜利具有决定性意义的主要方面。在此次战例中，灾害性质既包括火灾又包括有毒气体扩散，属综合类型灾害，初期到场力量不满足处置现场灾情的需要，指挥员首先占据现场水源，从外围对灾情进行控制；在增援力量到达现场后，灵活运用搜救与控险并举的战术方法，一方面成立搜救队，对现场被困人员进行搜救、疏散，另一方面从不同方向加强对现场灾情的控制；在后续增援力量全部到达现场之后，指挥员调集足够的力量成立突击队，开展压井作战行动，全力消除险情。

对于综合类型的灾害，现场的主要方面随应急救援作战行动的发展而改变，这就要求指挥员必须具备应有的分析判断和果断决策的能力。指挥员的每一次抉择都决定着现场事故的发展走向。不同阶段针对性地采取不同的应对措施，牢牢掌握现场势态的主动控制权，是每一位指挥员都应具备的基本能力。这就要求指挥员贴近一线，掌握最全面、最准确、最具体的情报信息。在这种综合性灾害现场，灾害情况复杂，不可能实现面面俱到，各级指挥员应当有选择性地对关键性的问题和情况加以分析，适当性地在众多矛盾中进行取舍，优先解决灾害现场的主要矛盾，合理采用"内外夹击，上下合击，围歼"等战术方法，使灭火与应急救援工作始终朝着有利于灾害得以控制解决的方向发展。

第九章

放射性区域火灾扑救

放射性区域是指存在有放射性物质而具有放射性危害的区域；放射性区域火灾则是指放射性区域内发生的火灾。放射性物质具有不稳定的原子核，因原子核衰变，会自发地放射出 α 射线、β 射线、γ 射线的物质。放射性物质如果失去安全性保护而泄露，会使环境受到污染，人体受到辐射伤害。消防人员在放射性区域内扑救火灾，必须进行特别有效的安全防护，运用有针对性的灭火战术方法。

第一节　放射性区域的基本特点

放射性物质被广泛地应用于国防、科研、医学和人们日常生活等各方面。放射性物质有天然放射性物质和人工放射性物质两类。

一、放射性物质

放射性物质，从物理状态看，有气态、液态、固态和粉末状之分；从放射的射线看，有射线种类的不同；从毒性看，有低、中、高和剧毒之分。

1. 不同物理状态的放射性物质

固体放射性物品，常见的是镁 231、钴 60、独居石、镭等。液体放射性物品，如发光剂、磷 32、金 198 等。粉末状放射性物品，多为镭盐、夜光粉、铈钠复盐等。晶粉状放射性物品，如碘 131、硝酸钍等。气体放射性物品，如氪 85、氩 41 等。

2. 不同射线的放射性物质

放出 α 射线、β 射线、γ 射线的放射性物品，如镭 226 等。放出 α 射线、β 射线的放射性物品，如天然铀。放出 β 射线、γ 射线的放射性物品，如钴 60。放出中子流（同时也放出 α 射线、β 射线、γ 射线中的一种或两种）的放射性物品，如镭-铍中子流，钋-铍中子流等。

3. 不同毒性的放射性物质

具有低毒的，如碳 14、氯 38、锌 69 等；中毒的，如钠 24、磷 32、硫 35、钾 42、钙 45 等；高毒的，如钠 22、钴 60、锶 90、铅 210 等；剧毒的，如镭

226、钍 230、钋 210 等。

二、放射性活度及衰变规律

放射性物质的不稳定原子核称为放射性核素。具有一个或几个放射性核素的物质称为放射源。放射性物质在单位时间内发生衰变的次数称为放射性活度。

放射性源活度 A 的衰变服从指数规则，如式（9-1）所示。

$$A = A_0 e^{-\lambda t} = A_0 \exp\left(-\frac{t \ln 2}{t_{1/2}}\right) = A_0 \, 0.5^{t/t_{1/2}} \tag{9-1}$$

式中，$t_{1/2}$ 叫做半衰期，即一定量的放射性物质衰变一半所需的时间，它是评价放射性物质残留污染时间的量度。放射性源活度 A 的国际单位为贝克（Bq），定义为放射性物质单位时间内衰变的次数。常用的单位是居里（Ci），即 1g 镭 1s 内的衰变次数。

三、辐射的种类

1. α 粒子

α 粒子带两个正电荷，质量较大（约为电子的 7300 倍）。α 粒子辐射与物质的作用很强，在经过物质的通道上，α 粒子会有相当大的直接电离，因而会快速失去能量。因此，α 粒子的穿透能力弱，只能在空气中穿行几厘米，一般不能穿透人体皮肤。然而，α 粒子如果被吞咽吸入或通过皮肤擦伤而进入人体有足够数量，其危害效应就可能变得严重。

2. β 粒子

β 粒子有 β⁻ 和 β⁺ 两种类型，β⁻ 带一个负电荷，β⁺ 带一个正电荷，质量约为 α 粒子的 1/8000。同 α 粒子一样，β 粒子辐射也在穿过物质的通路上引起直接电离，但 β 粒子耗散能量的速度比 α 粒子慢，故在空气和其他物质中能有较远的行程，其中高能 β 粒子能穿透人体的皮肤外层。β 粒子的主要危险是因吞咽吸入或直接接触皮肤进入体内引起的内照射危害。

3. X 射线

X 射线是一种常见的电离辐射，可由人造的或自然的放射性物质发射，当高速电子撞击到金属物质的靶，就产生 X 射线。X 射线被广泛地用于工业损伤影像和医疗工作中。

4. γ 射线

γ 射线是在原子核发射 α 或 β 粒子之后的光子发射，是一种波长很短的电磁辐射。因为光子没有静止质量，又不带电荷，所以 γ 射线与物质的作用较弱，能量损失较慢，穿透力很强。

X 射线和 γ 射线由于高能量，具有穿透致密材料能力，其辐射能穿透人体造成组织损伤和皮肤损伤。

5. 中子辐射

中子来自核燃料的裂变反应，在裂变过程中或裂变后会放出高速中子。中子不带电荷，质量约为 α 粒子的 1/4。因为不带电荷，它对物质的电离效应是通过间接方式进行的，能量损失较慢。中子的能量损失主要是由其与其他粒子的"碰撞"引起的。因此，中子的穿透力很强。

各种辐射的穿透能力如图 9.1 所示。

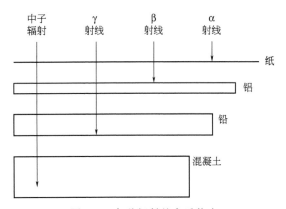

图 9.1 各种辐射的穿透能力

四、主要辐射量

现在广泛用于描述辐射的物理量主要是照射量、吸收计量和剂量当量。

照射量是描述 X 射线或 γ 射线使空气产生电离能力的物理量，它不适于其他辐射，也不适于其他物质。

吸收剂量表示了各种物质吸收电离辐射能量的情况，它适用于任何类型的电离辐射，也适用于任何物质。直接测量吸收剂量是比较困难的，但可以通过仪器测量照射量来计算被辐照物体的吸收剂量。设辐照场中某点的照射量为 X（C/kg），该点空气的吸收剂量为 Da（Gy），则可得到空气的吸收剂量与照射量的关系如式（9-2）所示。

$$Da = 33.7X \tag{9-2}$$

在一定的电子平衡条件下，不同物质的吸收剂量之间存在一定的关系，可以通过空气的吸收剂量求出其他物体的吸收剂量。实际应用中常直接将这种关系写成物体的吸收剂量与照射量的关系，见式（9-3）。

$$D_m = fX \tag{9-3}$$

式中，D_m 为物体的吸收剂量，Gy；X 为物体所在处的照射量，C/kg；f 为换算因子，Gy·kg/C。换算因子的值与射线能量有关，也与被辐照物体性质有关，人体的换算因子值可从有关手册查到。

不同类型的辐射在相同吸收剂量情况下，对人体的损坏程度是不一样的。为此，引入辐射的品质因数常记为 Q，它表示吸收能量微观分布对辐射生物效应的影响；引入修正因子 N，表示吸收剂量的空间、时间等分布不均匀性对辐射生物效应的影响。剂量当量 H 则可用式（9-4）计算，用于统一评价不同类型的电离辐射对生物体产生的辐射损伤。

$$H = DQN \tag{9-4}$$

照射量、吸收剂量和剂量当量的国际单位制计量单位和我国法定计量单位与以前的专用计量单位的关系见表 9.1。

表 9.1　照射量、吸收剂量和剂量当量的计量单位

辐射量	我国法定计量单位	专用单位	两种单位的关系
照射量	库仑/千克（C/kg）	伦琴（R）	$1C/kg = 3.876 \times 10^3 R$
吸收剂量	戈瑞（Gy）	拉德（rad）	$1Gy = 100rad$
剂量当量	希沃特（Sv）	雷姆（rem）	$1Sv = 100rem$

五、辐射对生物的损害

电离辐射作用于生物体，引起组织细胞的分子结构和功能发生变化，电离和激发主要通过对 DNA 分子的作用使细胞受到损伤，导致各种健康危害。辐射的生物效应按其出现的个体，可分为躯体效应和遗传效应；按其出现时间的早晚，可分为早期效应和晚期效应；按其辐射效应的发生与剂量关系，可分为随机效应和确定性效应。

1. 躯体效应

躯体效应是受照个体本身所产生效应。电离辐射对机体的损伤其本质是对细

胞的灭活作用，当灭活的细胞达到一定数量时，躯体细胞的损伤会导致人体器官组织发生疾病，最终可能导致人体死亡。躯体效应产生的疾病主要有急、慢性放射病、白内障、皮肤损伤、致癌及细胞异常等。尤其胚胎和胎儿受到足够大的剂量照射后，可能引起畸形、生长迟缓、死亡和智力障碍等确定性效应，还可能在儿童期诱发白血病和其他癌症。

2. 遗传效应

遗传效应是指当人的生殖细胞受到电离辐射照射时，可以发生突变或染色体畸变。生殖细胞的这种损伤可以传给受照个体的子代并显现出遗传疾患。

3. 早期效应

早期效应是人体受电离辐射照射后几分钟至数月内出现的效应。当机体一次或短时间多次受到大剂量电离辐射照射时，可出现急性放射损伤，也称为急性效应。随着剂量大小的不同，其损伤程度也不相同。只有当剂量足够大时，产生程度不等的放射病，见表9.2。

表 9.2　急性效应与剂量关系

剂量/Gy	<0.1	0.1～0.25	0.25～0.5	1.0	2.0	4.0	6.0
效应	未见生物效应	无明显变化	可见血液学变化,无明显损伤	轻度放射病	中度放射病	重度放射病	极重度放射病

4. 晚期效应

晚期效应是指机体受照射较长时间（6个月以后）出现的效应，也称远后效应或慢性效应，包括急性损伤恢复后出现的晚期效应，也包括小剂量长期照射后引起的生物效应。躯体的晚期效应主要是诱发白血病及各种实体瘤，以及引起白内障、不育等疾病。

5. 确定性效应

一个器官或组织，若因有足够多的细胞被杀死或失去繁殖和正常功能而丧失其功能，这种效应就是确定性效应。这种效应的严重程度与剂量有关，且有一个阈剂量。当低于此阈剂量时，由于细胞丢失较少，不会出现组织或器官的功能损伤。当高于阈剂量时，剂量越大损伤越严重，发生此种效应的概率也越高。国际放射性辐射防护委员会（ICRP）第60号出版物中把原来的非随机效应改为确定效应。一些器官或组织的确定性效应阈值如表9.3所示。

表 9.3　确定性效应的剂量阈值

器官、组织	效应	剂量阈值	
		单次照射/Sv	多次照射/Sv
卵巢	永久绝育	2.5~6.0	6.0
眼晶体	混浊	0.5~2.0	5.0
	视力下降	5.0	>8.0
骨髓	白细胞暂时减少	0.5	无意义
	致死性再生不良	0.15	无意义

6. 随机效应

随机效应的发生概率与剂量大小有关，剂量大的发生概率高，但其严重程度与剂量大小无关。这种效应被认为是无阈值的，即任何小的电离辐射都可能产生这种效应，不过发生概率低而已。

人体受照射时，可能出现的随机性效应主要是晚期躯体效应和遗传效应，前者主要表现为辐射诱发的致死性和非致死性癌症发病率增高。对随机效应进行定量描述的重要概念是危险度和权重因子。危险度定义为单位剂量当量诱发受照器官或组织恶性疾患的死亡率，或出现严重遗传疾病的发生率。权重因子定义为各器官或组织的危险度与全身受到均匀照射的危险度之比，记为 W。表 9.4 列出了人体各器官和组织的危险度与权重因子。

表 9.4　器官和组织的危险度与权重因子

器官、组织	效应	危险度/Sv^{-1}	权重因子 W
生殖腺	二代重大遗传疾病	4×10^{-3}	0.25
乳腺	乳腺癌	2.5×10^{-3}	0.15
红骨髓	白血病	2×10^{-3}	0.12
肺	肺癌	2×10^{-3}	0.12
骨	骨癌	5×10^{-4}	0.03
甲状腺	甲状腺癌	5×10^{-4}	0.03
其他组织	癌	5×10^{-3}	0.30
全身		1.65×10^{-2}	1.0

六、影响辐射生物效应的因素

影响电离辐射生物效应的因素主要有两方面：一是与辐射有关的因素；二是与机体有关的因素。

1. 射线种类和照射方式

不同种类的射线，其电离密度和穿透能力各不相同，引起的生物效应也不同。α射线电荷较高，射程较短，很容易被物质吸收，外照射仅能损伤机体的表皮。但当放射α射线的核素进入人体内时，则因电离密度大，其内照射的危害性最大，对机体损伤远大于X射线、γ射线。X射线、γ射线其电离密度小而穿透力大，能够贯穿机体组织，通过间接电离作用在射程的末端产生极高的电离密度，对深部组织作用大，从外照射角度看，其辐射生物效应大。

2. 照射剂量和剂量率

辐射生物效应与照射剂量大小密切相关，一般是剂量愈大，生物效应愈显著。一般认为，人受 $0.25 \sim 0.5Gy$ 照射，仅出现轻度的血象变化，很快可恢复，并不发生明显的病理改变。$1Gy$ 以上的照射可产生不同程度的急性放射病。

除照射的总剂量外，剂量率（单位时间的照射量）也是影响因素之一。在一定的剂量范围内，高剂量率照射比低剂量率照射的生物效应强。例如，每日 $5 \sim 50mGy$ 的剂量率即使长期累积照射，只能导致慢性放射病的发生。而当剂量率达到每分钟 $50 \sim 100mGy$，则有可能引起急性放射病，其严重程度随剂量率增大而加重。因此，引起急性放射损伤必须要有一定的剂量率阈值。

3. 分次照射和间隔时间

在辐射剂量相同的情况下，分次给予照射，其生物效应低于一次照射的效应，分次愈多，各次间隔时间愈久，则生物效应愈小。这种规律与机体的修复过程有关。

4. 照射部位和面积

机体受照射的部位对生物效应有明显的影响，当照射剂量和剂量率相同时，腹部照射的全身后果最严重，其次为盆腔、头颈、胸部及四肢。当照射的其他条件相同时，受照射面积愈大，生物效应愈明显。因此，受分次照射以减少每次剂量，就可降低正常组织的放射损伤效应。

5. 机体的组织和细胞

当辐射的各种物理因素相同时，不同个体及不同组织和细胞对射线的反应有差别。个体敏感性受年龄、性别、生理和健康状况等因素的影响。如幼儿和老人比壮年为敏感，妊娠、慢性疾病、过冷、过热、饥饿、体力负荷或较重的外伤等都可能使放射敏感性增强。成年人机体的各种细胞的放射敏感性与功能状态有密切关系。总的规律是细胞的分裂活动越旺盛，其敏感性越高。人体高度敏感组织有淋巴组织、胸腺、骨髓组织、胃肠上皮、性腺和胚胎组织。

人体全身受到一次大剂量照射后引起的症状见表9.5。

表 9.5   人体全身受到一次大剂量照射后引起的症状

照射量/(C/kg)	症状	治疗措施
0~0.00645	无明显感觉	可不治疗,注意观察
0.00645~0.0129	极个别人有轻度恶心、乏力等感觉,血液检查有变化	增加营养,注意观察
0.0129~0.0258	极少数人有轻度短暂的恶心、乏力、呕吐症状,工作精力下降	增加营养,注意休息,可自行恢复健康
0.0258~0.0387	少数人有恶心、呕吐、食欲减退、头昏、乏力症状;少数人一时失去工作能力,精力下降	症状明显者要对症治疗
0.0387~0.0516	半数人有恶心、呕吐、食欲减退、头昏、乏力症状;少数人症状较重;有少数人一时失去工作能力	大部分人需要对症治疗。少部分人住院治疗
0.0516~0.1032	大部分人出现上述症状;不少人很严重;少数人可能死亡	均需住院治疗
0.1032~0.1548	全部人均有上述症状,死亡率约50%	均需住院抢救,死亡率取决于治疗的措施
0.1548~0.2064	一般将导致人员全部死亡	尽量抢救,对个别人或许有效

七、放射性事故可能发生的单位和场所

1. 铀矿石开采场所和铀加工厂

铀矿石开采和铀加工是为核工业和核军事工业提供核燃料的基础性产业。天然铀矿石开采之后,需要运输到专门的铀加工厂,经过铀的提纯、铀的精制、铀的浓缩、铀燃料元件的制造等生产环节才能加工成核电站或核反应堆所用的核燃料。

2. 使用核反应堆的有关单位以及核电站

核反应堆是指大量地进行核裂变反应的专门装置,在裂变过程中产生大量的中子射线、β射线、γ射线、放射性的裂变"碎片"以及大量的热能。核反应堆主要应用于:原子核物理学科的基础和应用研究的科研、教学以及医疗单位;有关杀菌消毒和辐射化学应用研究和生产的单位;核军事工业生产单位的铀加工厂和核燃料后处理厂(也称乏燃料处理厂);核电站(厂)。

3. 使用带电粒子加速器进行科研和应用的单位

带电粒子加速器是指用人工方法使电子、离子等带电粒子在电场中加速到高能量状态,并能够产生其他高能粒子的一类电磁装置,属于电离辐射设备。这些加速器主要分布在开展原子核物理基础研究以及进行医学诊断治疗、工业探伤检验、辐射照射加工、离子注入改善产品性能等开发应用单位。带电粒子加速器在屏蔽装置发生故障或者在日常使用、维护、管理出现失误时，容易发生电离辐射照射事故。

4. 使用电离辐射设备和放射性同位素的医疗和医学教学科研单位

这些单位通常使用 X 射线机、X 射线 CT 机等电离辐射设备进行医学诊断或者使用放射性同位素进行放射性治疗。医用放射性同位素主要涉及钴 60(^{60}Co)、碘 131(^{131}I)、磷 32(^{32}P)、碳 11(^{11}C)、氧 15(^{15}O) 等。

5. 生产、经销和使用内置放射性同位素的仪器设备的单位或场所

内置放射性同位素的仪器设备主要是指放射性同位素检测仪表（也称辐射式检测仪表），如 β 或 γ 透射式厚度计、β 或 γ 透射式浓度计及湿度计、中子浓度计及成分分析仪、α 或 β 电离式气体密度计或压强计、离子式感烟火灾探测报警器等。这类检测仪表中安装的放射性同位素辐射源主要涉及钷 147(^{147}Pm)、铊 204(^{204}Tl)、铱 192(^{192}Ir)、钴 60(^{60}Co) 等。另外，内置放射性同位素的仪器设备还包括放射性静电消除器和利用放射性发光涂料作为荧光显示的钟表和仪表等仪器设备。放射性静电消除器中安装的放射性同位素辐射源主要有钋 210(^{210}Po)、钚 238（^{238}Pu) 等。利用放射性发光涂料作为荧光显示的钟表和仪表等仪器设备，其中安装的放射性同位素辐射源主要有镭 226(^{226}Ra)、钷 147(^{147}Pm) 等。

6. 利用辐射照射工艺生产辐照产品的单位和场所

辐射照射工艺通常利用钴 60(^{60}Co)、铯 137(^{137}Cs) 等放射性同位素或带电粒子加速器作为加工工艺所需要的辐射源。这些单位和场所主要包括：利用辐射交联工艺生产某些高分子材料的加工厂；利用辐射照射加工工艺所具有的灭菌、杀虫、消毒以及改善食品品质的功能生产某些食品或医疗用品的工厂；利用辐射照射加工工艺所具有的氧化、还原、分解、凝聚等功能，对三废（废气、废水、固体废物）进行处理回收、治理环境污染的工厂或场所。

7. 放射性物质运输途中和中转储存场所

放射性物质的运输方式通常包括铁路、公路、水路和航空等多种方式。放射性物质运输途中有可能发生交通事故或发生辐射源丢失等事故；在中转储存过程中发生的火灾事故和核辐射事故。

第二节　放射性区域火灾扑救中的危险和困难

1. 事故隐蔽性强

核辐射事故主要是通过辐射照射造成人员辐射伤亡、物质改性变异等，除强辐射造成人员在事故期间伤亡外，一般是通过辐射生物效应和辐射累积效应对人员造成有潜伏期的伤害。由于放射性射线是一种看不见、听不见、闻不着的物质，不借助专用仪器人们无法感知它的存在和大小，因此它的破坏作用具有很强的隐蔽性，给应急救援人员造成不应有的麻痹或不必要的恐惧。

2. 易造成辐射性生物效应

在辐射区域进行火灾扑救，人体受到辐射照射后出现的健康危害可以是超过一定水平照射后出现的必然性效应，也可以是受照水平虽低也不能完全避免的随机性效应。

3. 易造成较大面积放射性沾染

放射性区域发生火灾后，存放放射性物品的物体，如金属容器、玻璃器皿等，有可能遭到破坏使放射性物品泄漏、雾化和气化，在气体、液体和固体之中到处传播和堆积，造成放射性沾染。当密闭的气体辐射源的密封性能受到火灾破坏时，会沾染空气。用水扑救放射性装置已损坏的火灾，被污染的水流渗透到地下有可能沾染水源。放射性物品以粉末、液膜或固态附着层的形式覆盖于物体表面，沾染物体，并会通过皮肤破损处侵入人体，或通过一些媒介物，如食品、日用品等被人体吸收，这些都易造成较大面积放射性沾染。

4. 辐射防护困难

各种射线的放射过程实际上不受任何环境因素（如温度、压力）的影响，只能用适当的材料予以吸收或屏蔽或设法将它清除。在放射性区域进行火灾扑救中对消防人员的防护要求特别高，需要专用的材料进行吸收或屏蔽放射性射线。没有专用的防护材料或防护装备，处在强辐射区域的人员就会遭到辐射伤害。

5. 少数能发生燃烧或爆炸

一些放射性物品不但具有放射性，还能够燃烧，甚至爆炸，如放射性磷、夜光粉、独居石等。

6. 灭火行动的安全防护要求高

放射性区域火灾情况复杂，不利因素多，对放射剂量的侦检、灭火剂的选用、消防人员的个人防护、洗消都有特别的技术要求。火灾扑救中必须使用专用的技术装备，如放射性核素探测仪、剂量仪、辐射仪、沾染检查仪器、移动物体放射性监测系统、多功能洗消装置等。这些设备在技术性能上也有较高的要求，必须具备相关的防护知识。在扑救放射性区域火灾中，要充分利用地形地物和个人防护装备保护自己；通过沾染区域时，要口服抗辐射药物，严格禁止喝水和进食。

第三节 火灾扑救行动的组织与实施

一、行动程序

1. 接警出动

应根据报警信息做出初步判断，依据放射性区域火灾灭火作战预案实施力量调集。根据火情变化，适时调度增援力量。加强调集防辐射防护装备、高压水罐消防车、混凝土车等车辆到现场参战。视情调集防核、医疗、公安、交通运输等力量到场。

2. 火情侦察

侦察应贯穿火灾扑救行动始终，遵循先询情、后检测，先定性、后定量的原则。首批灭火力量到场后，应向火灾现场相关知情人了解放射性物质的种类及危害、辐射的强度和数量、人员遇险和被困等与火灾扑救行动有关的信息。根据对放射性物质的初步情况了解，按放射性物质的标志辨识，使用检测仪器测定其强度，依据获得的信息和数据，分析、判断可能存在的各种危险性，确定处置方案。

3. 战斗展开

应确定人员、装备集结区域，明确位置。首先做好人员防护，作战车辆占领水源，作战人员携带作战器材装备接近火场，铺设水带干线，做好战斗准备。较大火场应划分为若干战斗区域（段），根据战斗区域（段）将灭火救援力量划分为若干作战组，作战组应明确各自任务。

4. 战斗进行

根据火场实际情况，采取相应的扑救行动；规模大、情况复杂的火灾现场，由现场指挥部组织专家对处置方案进行会商。

5. 战斗结束

现场清理残留的火种，有效管控消防水，进行人员和车辆的彻底洗消。现场清理后，视情将现场管理交由物权单位或事权单位，并由负责人签字。交接后，各参战单位应清点人数，整理装备，统一撤离现场。

二、战术措施

坚持消防队与单位、社会处置核辐射专业人员相结合的原则，根据事故现场的实际情况，采取各种有效措施，迅速排除险情，扑灭火灾。

① 要坚持积极抢救和疏散受辐射威胁的人员，迅速查明辐射源，加强防护。

② 要正确部署灭火力量，在不影响扑救的前提下，尽量把灭火力量部署在防辐射区域。

③ 灭火要坚持统一指挥，实行防止辐射、防爆炸、冷却降温、安全堵漏、混凝土浇筑等战术方法，针对各种辐射源的性质准确选用灭火剂。

④ 调集防核专业力量。

三、力量部署

（一）侦察行动

在采取外部观察和询问知情人的同时，迅速组织侦察小组，携带辐射仪、个人剂量仪等侦检设备，在现场专业技术人员的配合下深入火场，查明火场情况：火源的位置、燃烧物质的性能、燃烧范围和火势蔓延的主要方向；火场上放射性物品的种类、数量、辐射剂量、存放地点、危害大小和危害范围；放射性区域中被困人员的位置、数量、危害程度和救人的途径；燃烧建（构）筑物的结构特点，以及消防设施可利用情况等。

（二）警戒行动

实施现场侦察的消防人员，要根据照射量的大小划分隔离、危险、检测三个不同的防护范围，并严格禁止无关人员进入现场。

1. 隔离区域

照射量大于 0.0387C/kg 的区域，划分为禁止入内的隔离区域，设置写有"危及生命、禁止入内"等说明文字及相应核辐射图标的警告标志牌。

2. 危险区域

照射量小于 0.0387C/kg 的区域，划为控制区域，设置写有"辐射危险、请勿接近"等说明文字及相应核辐射图标的标志牌。

3. 检测区域

照射量微弱的区域，要划出监测区，也要设置有说明文字及相应核辐射图标的标志牌。

（三）控源排险行动

放射源位置确定后，在工程技术人员的指导下，全力控制放射性物品的泄漏、燃烧或爆炸。

与放射性区域毗邻的建（构）筑物发生火灾时，应在进行内攻灭火以及堵截火势向放射性区域蔓延的同时，积极组织有关工程技术人员疏散放射性物品。对无法疏散的，则应就地采取技术保护措施。

盛放放射性物品的装置或容器已破损，灭火时切忌搬动，防止放射性沾染范围扩大。当放射性物品失去控制，造成泄漏、燃烧或爆炸时，应启动放射性区域建筑内的固定消防设施灭火，设置水幕水带或屏封水枪阻止放射性沾染物的扩大，以工程技术人员为主，研究制定控制泄漏源及回收方案，并严格按方案实施。

（四）灭火行动

根据火势发展状况、放射性物品的性质、风力和风向等因素，在专业技术人员的指导下，做好防护，扑灭火灾。

消防力量赶赴火场，应从上风或侧上风方向进入，在远离火场的地方停车，选择并建立好灭火阵地。当放射性物品起火后，未引发大面积燃烧时，应使用干粉灭火剂或气体灭火剂扑救，但要防止因灭火剂的冲击，放射性沾染物随灭火剂扩散。

扑救大面积放射性区域火灾，可使用泡沫或高压喷雾水在远距离喷射，同时要在放射性区域外围用黄沙、泥土和麻包围堤，防止已受放射性沾染的水流淌扩散，用高压水枪对空中的放射性灰尘进行压制和稀释。当放射性区域的照射量小于 0.0387C/kg 时，消防人员应迅速展开灭火和抢救人命的战斗行动；当照射量大于 0.0387C/kg 时，消防人员应暂时停止向辐射源纵深进攻，可采取外围堵截火势蔓延的战术，以达到既扑救火灾，又保存自己的目的。当放射性区域的某一方位，其照射量确实不足以危害消防人员安全时，则可以选择其作为突破口，逐步向辐射源纵深进攻。

（五）洗消行动

建立洗消站，利用消防车、沐浴车、洒水车、洗消帐篷等，对所有参战的消防人员、车辆和器材装备等进行全面洗消。不同的洗消剂有不同的洗消效果，要选择使用洗消效果好、费用少、操作安全的洗消剂洗消。根据沾染物的特性、元素、表面介质的性质，以及洗消设施和处理废物（液）的条件等因素选择合适的洗消方法。

洗消时要从沾染较弱处开始，逐渐向沾染较强处伸展。有时为了减少沾染扩散或减弱外部照射，可先对沾染最强处作一次粗略的洗消。洗消剂不能反复使用。洗消过程中产生的废物和废液要集中起来，作技术处理或视情况埋入深坑。

洗消大面积沾染时，要划出"禁区"，严格禁止任何人随意出入。洗消时不仅要防止外部照射，还要防止放射性物质进入人体，形成内部照射。

四、行动要求及注意事项

（一）行动要求

扑救放射性区域火灾，技术性和专业性很强，应在有关单位专业技术人员的指导或配合下实施战斗行动。

① 放射性区域火灾扑救不能采取人海战，应根据火灾的规模和现场的放射性水平的检测结果，预定每批进入的人数和预定灭火的时间。

② 进入放射性区域灭火时，要在专业人员的指导下进行；放射性和废料的回收及处理，要由有关专业部门进行。

③ 充分发挥现有技术装备的作用。使用个人剂量仪、辐射仪、沾染检查仪器、空气取样器、放射性监测系统、辐射监测车等进行侦检；使用大型喷洒车、沐浴车、多功能洗消装置等进行洗消；使用隔绝式呼吸器、防核防化服等进行个

人防护。

④ 加强与事故单位的配合，通过有关人员迅速了解掌握火灾情况，根据事故处置预案实施灭火战斗行动。

⑤ 灭火战斗结束后，所有消防人员、车辆和器材装备等，要用辐射测量仪器检测，如受到沾染，要及时进行洗消，防止伤害人体，避免放射性沾染扩大。

(二) 安全注意事项

① 消防人员进入放射性区域时，必须采取严密的防护措施。佩戴隔绝式防毒面具，如氧气呼吸器或空气呼吸器；进行全身防护，着防核防化服，使全身与空气隔绝；携带个人辐射报警测量仪或剂量笔；行动中尽可能使用吸收、屏蔽材料遮挡身体；尽量缩短在放射性区域内停留的时间。

② 消防人员应在现场辐射防护人员引导下进入辐射控制区，不能随意出入，严格按照预案或规定的行动路线和方法实施火灾扑救。

③ 时刻注意随身佩戴的个人剂量计的显示值和报警，服从辐射防护人员的指挥，利用防辐射掩体进行自我保护。

④ 加强现场放射性检测，根据辐射控制区的辐射水平，控制好灭火作战时间。若现场辐射剂量率小于 12mSv/h，消防人员累计工作时间应控制在 4h 以内。若事故现场辐射剂量率大于 40mSv/h，工作时间应控制在 2h 以内。

⑤ 消防人员替换时不许交换着装和呼吸器具，新进入控制区的消防人员必须使用新的空气呼吸器具。替换下来的人员必须服从现场辐射防护人员的指挥，到指定的场所接受检查不得吸烟、喝水和自行洗头、脸等肩以上部位。

⑥ 消防人员在执行任务时受外伤，必须立即撤离现场，接受医学应急救护小组营救与指导。所有参战消防人员都要登记造册，并进行跟踪随访和治疗。

参 考 文 献

［1］ 毕兴权.谈古建筑火灾特点及扑救措施［J］.消防技术与产品信息，2005（1）.

［2］ 夏强华.古建筑火灾原因分析与防治探讨［J］.中国西部科技，2008（8）.

［3］ 王皎.我国古建筑火灾扑救问题研究［J］.防灾科技学院学报，2011（3）.

［4］ 黄华等人.浅谈古建筑消防安全状况及管理［J］.江西化工，2014（2）.

［5］ 杨首阳.古建筑火灾危险性和扑救对策分析［J］.消防技术与产品信息，2014（5）.

［6］ 庄一凰.古建筑防火初探［J］.科技资讯，2012（8）.

［7］ 任国栋，等.浅谈古建筑防火［J］.科技与经济，2006（3）.

［8］ 谢传欣，叶从胜，黄飞.国内外井喷事故回顾［J］.安全、健康和环境，2004（2）：9-19.

［9］ 姜晓佳，刘峰，耿志强.开县井喷事件应急救援行动效果评析［J］.2013中国指挥控制大会论
      文集.

［10］ 陈新，张华东，等.开县特大井喷事件及严重后果成因与反思［J］.现代预防医学，2007，4
      （12）：2229-2231.

［11］ 李建华，黄郑华.火灾扑救［M］.北京：化学工业出版社，2012.

［12］ 张立岩，代波.气井压裂后放喷点火实现自动化［J］.中国石油报.2007-07-05（002）.

［13］ 公安部消防局.中国消防手册［M］.上海：上海科学技术出版社，2006.

［14］ 董希琳.核电站消防安全和事故应急［M］.北京：原子能出版社，1999.

［15］ 曹保榆.核生化时间的防范与处置［M］.北京：国防工业出版社，2004.

［16］ 危险化学品消防与急救手册编委会.危险化学品消防与急救手册［M］.北京：化学工业出版
      社，1994.

［17］ 马良，杨守生.危险化学品消防［M］.北京：化学工业出版社，2005.